한권으로 끝내는
미용사
{일반} 필기

CONTENTS

Chapter 01 미용이론
1. 미용총론 — 10
2. 미용의 역사 — 12
3. 미용 장비 — 15
4. 헤어샴푸 및 컨디셔너 — 21
5. 헤어커트 — 24
6. 헤어퍼머넌트 웨이브 — 29
7. 헤어스타일 연출 — 33
8. 두피 및 모발 관리 — 42
9. 헤어컬러 — 45
10. 토탈뷰티코디네이션 — 50
11. 피부와 피부 부속 기관 — 52
12. 피부유형분석 — 57
13. 피부와 영양 — 61
14. 피부장애와 질환 — 67
15. 피부와 광선 — 71
16. 피부면역 — 72
17. 피부노화 — 73
▷ 실전문제 — 74

Chapter 02 공중위생관리학
1. 공중보건학 총론 — 96
2. 질병관리 — 101
3. 가족 및 노인보건 — 110
4. 환경보건 — 113
5. 산업보건 — 121
6. 식품위생과 영양 — 124
7. 보건행정 — 127
8. 소독의 정의 및 분류 — 129
9. 미생물 총론 — 137
10. 병원성 미생물 — 142
11. 소독방법 — 146
12. 분야별 위생·소독 — 149
▷ 실전문제 — 152

Chapter 03 화장품학
1. 화장품 개론 — 176
2. 화장품 제조 — 177
3. 화장품의 종류와 기능 — 181
▷ 실전문제 — 190

Chapter 04 공중위생법규
1. 공중위생관리법의 목적 및 정의 — 200
2. 영업의 신고 및 폐업 — 201
3. 영업자 준수사항 — 202
4. 이·미용사의 면허 — 203
5. 이·미용사의 업무 — 206
6. 행정지도감독 — 207
7. 업소 위생등급 — 209
8. 보수교육 — 210
9. 벌칙 — 212
10. 행정처분기준 — 214
▷ 실전문제 — 217

Chapter 05 **실전 모의고사**
1회 실전모의고사	228
2회 실전모의고사	239
3회 실전모의고사	250

Chapter 06 **최신 기출문제**
2011.4.17 최신 기출문제	264
2011.7.31 최신 기출문제	274
2011.10.9 최신 기출문제	285

Chapter 07 **정답과 해설**
1회 실전모의고사	298
2회 실전모의고사	305
3회 실전모의고사	311
2011.4.17 최신 기출문제	318
2011.7.31 최신 기출문제	325
2011.10.9 최신 기출문제	331

출 제 기 준(필기)

직무 분야	이용·숙박·여행 오락·스포츠	중직무 분야	이용 미용	자격 종목	미용사(일반)	적용 기간	2022. 1. 1~2026. 12. 31

• **직무내용**: 고객의 미적요구와 정서적 만족을 위해 미용기기와 제품을 활용하여 샴푸, 두피·모발관리, 헤어커트, 헤어펌, 헤어컬러, 헤어스타일 연출 등의 서비스를 제공하는 직무

필기검정방법	객관식	문제수	60	시험시간	1시간

필기 과목명	주요항목	세부항목	세세항목
헤어스타일 연출 및 두피·모발 관리	1. 미용업 안전위생 관리	1. 미용의 이해	1. 미용의 개요 2. 미용의 역사
		2. 피부의 이해	1. 피부와 피부 부속 기관 2. 피부유형분석 3. 피부와 영양 4. 피부와 광선 5. 피부면역 6. 피부노화 7. 피부장애와 질환
		3. 화장품 분류	1. 화장품 기초 2. 화장품 제조 3. 화장품의 종류와 기능
		4. 미용사 위생 관리	1. 개인 건강 및 위생관리
		5. 미용업소 위생 관리	1. 미용도구와 기기의 위생관리 2. 미용업소 환경위생
		6. 미용업 안전사고 예방	1. 미용업소 시설·설비의 안전관리 2. 미용업소 안전사고 예방 및 응급조치
	2. 고객응대 서비스	1. 고객 안내 업무	1. 고객 응대
	3. 헤어샴푸	1. 헤어샴푸	1. 샴푸제의 종류 2. 샴푸 방법
		2. 헤어트리트먼트	1. 헤어트리트먼트제의 종류 2. 헤어트리트먼트 방법
	4. 두피·모발 관리	1. 두피·모발관리 준비	1. 두피·모발의 이해
		2. 두피 관리	1. 두피 분석 2. 두피 관리 방법
		3. 모발관리	1. 모발 분석 2. 모발 관리 방법
		4. 두피·모발관리마무리	1. 두피·모발 관리 후 홈케어
	5. 원랭스 헤어커트	1. 원랭스 커트	1. 헤어 커트의 도구와 재료 2. 원랭스 커트의 분류 3. 원랭스 커트의 방법
		2. 원랭스커트마무리	1. 원랭스 커트의 수정·보완

필기 과목명	주요항목	세부항목	세세항목
헤어스타일 연출 및 두피·모발 관리	6. 그래쥬에이션 헤어커트	1. 그래쥬에이션 커트	1. 그래쥬에이션 커트 방법
		2. 그래쥬에이션커트 마무리	1. 그래쥬에이션 커트의 수정·보완
	7. 레이어 헤어커트	1. 레이어 헤어커트	1. 레이어 커트 방법
		2. 레이어 헤어커트 마무리	1. 레이어 커트의 수정·보완
	8. 쇼트 헤어커트	1. 장가위 헤어커트	1. 쇼트 커트 방법
		2. 클리퍼 헤어커트	1. 클리퍼 커트 방법
		3. 쇼트 헤어커트 마무리	1. 쇼트 커트의 수정·보완
	9. 베이직 헤어펌	1. 베이직 헤어펌 준비	1. 헤어펌 도구와 재료
		2. 베이직 헤어펌	1. 헤어펌의 원리
			2. 헤어펌 방법
		3. 베이직 헤어펌 마무리	1. 헤어펌 마무리 방법
	10. 매직스트레이트 헤어펌	1. 매직스트레이트 헤어펌	1. 매직스트레이트 헤어펌 방법
		2. 매직스트레이트헤어펌마무리	1. 매직스트레이트 헤어펌 마무리와 홈케어
	11. 기초 드라이	1. 스트레이트 드라이	1. 스트레이트 드라이 원리와 방법
		2. C컬 드라이	1. C컬 드라이 원리와 방법
	12. 베이직 헤어컬러	1. 베이직 헤어컬러	1. 헤어컬러의 원리
			2. 헤어컬러제의 종류
			3. 헤어컬러 방법
		2. 베이직 헤어컬러 마무리	1. 헤어컬러 마무리 방법
	13. 헤어미용 전문제품 사용	1. 제품 사용	1. 헤어전문제품의 종류
			2. 헤어전문제품의 사용방법
	14. 베이직 업스타일	1. 베이직 업스타일 준비	1. 모발상태와 디자인에 따른 사전준비
			2. 헤어세트롤러의 종류
			3. 헤어세트롤러의 사용방법
		2. 베이직 업스타일 진행	1. 업스타일 도구의 종류와 사용법
			2. 모발상태와 디자인에 따른 업스타일 방법
		3. 베이직 업스타일 마무리	1. 업스타일 디자인 확인과 보정
	15. 가발 헤어스타일 연출	1. 가발 헤어스타일	1. 가발의 종류와 특성
			2. 가발의 손질과 사용법
		2. 헤어 익스텐션	1. 헤어 익스텐션 방법 및 관리
	16. 공중위생관리	1. 공중보건	1. 공중보건 기초
			2. 질병관리
			3. 가족 및 노인보건
			4. 환경보건
			5. 식품위생과 영양
			6. 보건행정
		2. 소독	1. 소독의 정의 및 분류
			2. 미생물 총론
			3. 병원성 미생물
			4. 소독방법
			5. 분야별 위생·소독
		3. 공중위생관리법규(법, 시행령, 시행규칙)	1. 목적 및 정의
			2. 영업의 신고 및 폐업
			3. 영업자 준수사항

필기 과목명	주요항목	세부항목	세세항목
헤어스타일 연출 및 두피·모발 관리	16. 공중위생관리	3. 공중위생관리법규(법, 시행령, 시행규칙)	4. 면허 5. 업무 6. 행정지도감독 7. 업소 위생등급 8. 위생교육 9. 벌칙 10. 시행령 및 시행규칙 관련 사항

출 제 기 준(실기)

| 직무 분야 | 이용 · 숙박 · 여행 오락 · 스포츠 | 중직무 분야 | 이용 미용 | 자격 종목 | 미용사(일반) | 적용 기간 | 2022. 1. 1~2026. 12. 31 |

- **직무내용**: 고객의 미적요구와 정서적 만족을 위해 미용기기와 제품을 활용하여 샴푸, 두피 · 모발관리, 헤어커트, 헤어펌, 헤어컬러, 헤어스타일 연출 등의 서비스를 제공하는 직무
- **수행준거**:
  1. 고객에게 청결하고 안전한 서비스를 제공하기 위해 미용사와 서비스공간의 위생을 관리하고 안전사고를 예방하는 능력이다.
  2. 고객의 두피 · 모발상태를 분석한 후 그 결과에 따라 기기와 제품을 선택하여 두피와 모발을 건강하게 관리하는 능력이다.
  3. 고객의 두피 · 모발 상태에 따라 적합한 샴푸제와 트리트먼트제를 선택하여 샴푸 기술을 사용하여 세정하는 능력이다.
  4. 모발에 펌제를 도포하고 로드로 와인딩하여 모발을 웨이브형태로 변화시킬 수 있는 능력이다.
  5. 모발에 펌제를 도포하고 플랫 형태의 매직기를 사용하여 모발을 스트레이트 형태로 변화시킬 수 있는 능력이다.
  6. 블로우 드라이어, 헤어 아이론, 헤어브러시 등의 기기 및 도구를 이용하여 모발을 스트레이트 또는 C컬 형태로 연출하는 능력이다.
  7. 목적에 따라 선정한 염 · 탈색제를 모발에 원터치 또는 투터치 등의 도포법을 사용하여 모발의 색을 변화시킬 수 있는 능력이다.
  8. 층이 없는 형태의 헤어커트 스타일로 두상의 모든 모발을 동일선상에서 커트하는 능력이다.
  9. 모발에 층이 있는 형태의 헤어커트로 헤어스타일에 따라 원하는 부분에 무게감을 주어 볼륨을 만들 목적으로 모발을 커트하는 능력이다.
  10. 모발에 층이 있는 형태의 헤어커트로 가벼운 헤어스타일을 연출할 목적으로 모발을 커트하는 능력이다.

| 실기검정방법 | 작업형 | 시험시간 | 2시간 20분 정도 |

필기 과목명	주요항목	세부항목	세세항목
미용실무	1. 미용업 안전위생관리	1. 미용사 위생 관리하기	1. 고객의 두피나 얼굴 등에 상해를 주지 않도록 손톱을 관리할 수 있다. 2. 고객에게 불쾌감을 주지 않도록 체취와 구취를 관리할 수 있다. 3. 미용 업소 내에서 복장을 청결하게 착용할 수 있다. 4. 미용서비스 전 · 후 손을 깨끗이 씻거나 소독할 수 있다.
		2. 미용업소 위생 관리하기	1. 청소점검표에 따라 미용업소 내 · 외부를 청소할 수 있다. 2. 미용서비스를 위한 수건과 가운 등을 위생적으로 준비할 수 있다. 3. 설비시설과 사용기기 및 도구의 소재별 특성에 따라 소독하여 준비할 수 있다. 4. 미용업소에서 발생하는 쓰레기를 분리한 후 주변을 청결하게 정리할 수 있다.

필기 과목명	주요항목	세부항목	세세항목
미용실무	1. 미용업 안전위생관리	3. 미용업 안전사고 예방하기	1. 전기사고 예방을 위해 전열기, 전기기기 등의 안전 상태를 점검할 수 있다. 2. 화재사고 예방을 위해 난방기, 가열기 등의 안전 상태를 점검할 수 있다. 3. 낙상사고 예방을 위해 바닥의 이물질 등을 수시로 제거할 수 있다. 4. 구급약을 비치하여 상황에 따른 응급조치를 할 수 있다. 5. 긴급 상황 발생 시 비상조치 요령에 따라 신속하게 대처할 수 있다.
	2. 두피·모발 관리	1. 두피·모발 관리 준비하기	1. 두피·모발 관리에 필요한 기기와 도구 및 재료를 준비할 수 있다. 2. 문진, 시진, 촉진 등으로 분석한 두피?모발 상태에 대해 고객과 상담할 수 있다. 3. 두피·모발 분석내용을 고객관리차트에 기록할 수 있다.
		2. 두피 관리하기	1. 두피 분석 결과에 따라 관리방법을 선택할 수 있다. 2. 두피 상태에 따라 관리에 필요한 기기, 기구, 제품을 선택하여 사용할 수 있다. 3. 두피를 샴푸, 스케일링, 두피매니플레이션, 팩, 앰플 등으로 관리할 수 있다.
		3. 모발관리하기	1. 모발 분석에 따라 관리 방법을 계획할 수 있다. 2. 모발 상태에 따라 관리에 필요한 기기, 기구, 제품을 선택하여 사용할 수 있다. 3. 모발을 샴푸, 팩, 앰플 등으로 관리할 수 있다.
		4. 두피·모발 관리 마무리하기	1. 두피·모발 진단기를 사용하여 관리 전?후의 변화를 비교하여 고객에게 설명할 수 있다. 2. 건강한 두피·모발상태 유지를 위한 홈 케어 방법을 고객에게 설명할 수 있다. 3. 두피·모발 관리내용을 고객관리차트에 기록할 수 있다.
	3. 헤어샴푸	1. 헤어샴푸하기	1. 고객의 편의를 위해 가운 및 무릎 덮개, 어깨타월을 착용해 주고 좌식 또는 와식 샴푸를 할 수 있다. 2. 엉킨 모발의 정돈과 이물질 제거를 위해 사전 브러시를 할 수 있다. 3. 고객이 불편하지 않도록 샴푸대의 높이와 수온 및 수압을 조절할 수 있다. 4. 얼굴에 물이 튀지 않도록 모발에 물길을 만들어 모발을 충분하게 물에 적실 수 있다. 5. 모발 길이 및 모량에 따라 적당량의 샴푸제를 사용하여 두피 매니플레이션을 할 수 있다. 6. 샴푸성분이 남지 않도록 페이스라인, 귀, 모발, 두피 등을 충분하게 헹굴 수 있다.

필기 과목명	주요항목	세부항목	세세항목
미용실무	3. 헤어샴푸	2. 헤어트리트먼트 하기	1. 샴푸 후 두피·모발 상태를 파악하여 모발을 트리트먼트를 할 수 있다. 2. 트리트먼트제를 모발에 도포한 후 두피 지압과 매니플레이션을 할 수 있다. 3. 트리트먼트제가 페이스라인, 귀, 두피 등에 남지 않도록 충분하게 헹굴 수 있다. 4. 타월로 모발의 물기를 제거한 후 두상을 타월로 감쌀 수 있다. 5. 샴푸대 및 주변을 깨끗하게 정리한 후 고객을 서비스 공간으로 안내할 수 있다.
	4. 베이직 헤어펌	1. 베이직 헤어펌 준비하기	1. 고객에게 어깨보, 가운 등을 착용해 줄 수 있다. 2. 베이직 헤어펌 전 사전 샴푸를 할 수 있다. 3. 모발 길이 등 모발의 상태에 따라 사용할 호수별 로드, 밴드, 앤드페이퍼 등 필요한 도구 및 재료를 준비할 수 있다. 4. 모발에 사전 처리 작업으로 전처리제 도포 및 연화 또는 유화작업을 할 수 있다. 5. 헤어라인 및 두피에 보호제를 도포할 수 있다.
		2. 베이직 헤어펌 하기	1. 크로키놀식 및 스파이럴식 기법으로 와인딩 할 수 있다. 2. 와인딩 된 모발에 1제를 도포하고 타월밴드 및 비닐캡 처리를 할 수 있다 3. 헤어펌제의 촉진을 위해 가온기나 음이온기기 등을 사용하여 열처리를 할 수 있다. 4. 웨이브의 형성정도를 파악하기 위해 테스트컬을 할 수 있다. 5. 테스트컬의 결과에 따라 중간 세척을 할 수 있다. 6. 헤어펌제의 유형과 펌디자인에 따라 2제를 도포할 수 있다.
		3. 베이직 헤어펌 마무리하기	1. 로드-오프 하여 마무리 세척을 할 수 있다. 2. 헤어펌 디자인에 따라 잔여 수분함량을 조절할 수 있다. 3. 헤어펌 디자인에 따라 헤어스타일링 제품을 사용하여 마무리할 수 있다.
	5. 매직스트레이트 헤어펌	1. 매직스트레이트 헤어펌하기	1. 매직스트레이트 헤어펌에 필요한 도구 일체를 준비할 수 있다. 2. 모발 연화를 위해 펌 1제와 가온기 등을 사용할 수 있다. 3. 연화가 끝난 모발을 충분히 헹군 후 건조시킬 수 있다. 4. 플랫 형태의 매직기로 모발의 큐티클을 정돈하며 스트레이트 형태로 펼 수 있다. 5. 펌 2제가 피부에 흘러내리지 않도록 도포 할 수 있다.

필기 과목명	주요항목	세부항목	세세항목
미용실무	5. 매직스트레이트 헤어펌	2. 매직스트레이트 헤어펌 마무리 하기	1. 매직스트레이트 헤어펌의 마무리 세척을 할 수 있다. 2. 스타일링을 위해 모발에 잔여 수분함량을 조절할 수 있다. 3. 헤어스타일 연출 제품을 사용하여 마무리할 수 있다. 4. 고객에게 홈케어 손질법을 설명할 수 있다.
	6. 기초 드라이	1. 스트레이트 드라이하기	1. 모발 상태와 헤어디자인에 따라 블로우 드라이어, 헤어 아이론, 헤어브러시 등의 기기 및 도구를 선정할 수 있다. 2. 블로우 드라이어를 사용하여 모발을 인컬, 아웃컬로 연출할 수 있다. 3. 헤어 아이론을 사용하여 모발을 인컬, 아웃컬로 연출할 수 있다. 4. 모발 상태와 헤어디자인에 따라 기기의 온도, 각도와 방향, 텐션 등을 조절할 수 있다. 5. 콤아웃 기법과 헤어스타일 연출 제품 등을 사용하여 헤어스타일을 완성할 수 있다.
		2. C컬 드라이하기	1. 모발 상태와 헤어디자인에 따라 블로우 드라이어, 헤어 아이론, 헤어브러시 등의 기기 및 도구를 선정할 수 있다. 2. 블로우 드라이어를 사용하여 모발을 인컬, 아웃컬로 연출할 수 있다. 3. 헤어 아이론을 사용하여 모발을 인컬, 아웃컬로 연출할 수 있다. 4. 모발 상태와 헤어디자인에 따라 기기의 온도, 각도와 방향, 텐션 등을 조절할 수 있다. 5. 콤아웃 기법과 헤어스타일 연출 제품 등을 사용하여 헤어스타일을 완성할 수 있다.
	7. 베이직 헤어컬러	1. 베이직 헤어컬러하기	1. 고객의 의복, 피부 등에 염모제 묻지 않도록 가운, 어깨보 등을 착용해 줄 수 있다. 2. 고객에게 염모제를 사용하여 패치테스트 및 스트렌드 테스트를 할 수 있다. 3. 두피 및 모발 상태에 따른 전처리 제품과 도구 및 재료를 준비할 수 있다. 4. 원터치 및 투터치 등의 방법으로 염모제를 도포할 수 있다. 5. 염모제의 발색 촉진을 위해 가온기나 음이온기기 사용여부를 선택할 수 있다.
		2. 베이직 헤어컬러 마무리하기	1. 염모제를 제거하기 위한 마무리 샴푸를 할 수 있다. 2. 피부에 묻은 염·탈색제를 제거할 수 있다. 3. 타월 드라이 및 핸드드라이 기법으로 모발을 건조시킬 수 있다.
	8. 원랭스 헤어커트	1. 원랭스 커트하기	1. 고객에게 어깨보, 커트보 등을 착용해 줄 수 있다. 2. 헤어커트 유형에 따라 모발의 수분 함량을 조절하거나 오염이 심한 모발은 사전 샴푸를 할 수 있다.

필기 과목명	주요항목	세부항목	세세항목
미용실무	8. 원랭스 헤어커트	1. 원랭스 커트하기	3. 헤어커트 공간을 정리한 후 커트 목적에 따라 도구를 선택하여 바른 자세로 블런트 커트할 수 있다. 4. 원랭스 스타일에 따라 블로킹과 섹션을 정확하게 구분하여 수평, 사선의 형태로 커트 할 수 있다. 5. 커트 후 균형 및 완성도를 체크할 수 있다.
		2. 원랭스 커트 마무리하기	1. 고객의 얼굴과 목 등에 남아있는 머리카락을 제거할 수 있다. 2. 헤어커트 후 고객 만족을 파악하여 필요한 경우 수정 및 보정커트를 할 수 있다. 3. 헤어커트 후 원랭스 스타일에 따라 모발을 건조하여 마무리할 수 있다. 4. 사용한 헤어커트 도구는 청결하게 관리하고 주변을 정리·정돈할 수 있다.
	9. 그래쥬에이션 헤어커트	1. 그래쥬에이션 커트하기	1. 그래쥬에이션 스타일에 따른 블로킹과 섹션을 할 수 있다. 2. 그래쥬에이션 스타일에 따른 빗질의 방향과 각도를 조절할 수 있다. 3. 빗과 커트도구를 정확하게 사용하여 그래쥬에이션 커트를 할 수 있다. 4. 모량조절이 필요한 부분에 틴닝가위를 사용할 수 있다. 5. 가위 또는 클리퍼를 사용하여 아웃라인을 정리할 수 있다.
		2. 그래쥬에이션 커트 마무리하기	1. 고객의 얼굴과 목 등의 머리카락을 제거할 수 있다. 2. 헤어커트 후 고객 만족을 파악하여 필요한 경우 수정 및 보정 커트를 할 수 있다. 3. 그래쥬에이션 커트에 어울리는 스타일로 마무리 할 수 있다. 4. 사용한 헤어커트 도구는 청결하게 관리하고 주변을 정리·정돈할 수 있다.
	10. 레이어 헤어커트	1. 레이어 헤어커트 하기	1. 레이어 헤어커트 스타일에 따른 블로킹과 섹션을 할 수 있다. 2. 레이어 헤어커트 스타일에 따른 빗질의 방향과 각도를 조절할 수 있다. 3. 헤어커트 빗과 가위를 정확하게 사용하여 레이어 커트를 할 수 있다. 4. 모량조절이 필요한 부분에 틴닝 가위를 사용할 수 있다.
		2. 레이어 헤어커트 마무리하기	1. 고객의 얼굴과 목 등의 머리카락을 제거할 수 있다. 2. 레이어 헤어커트 마무리 후 고객 만족도를 파악하여 필요한 경우 수정·보완커트를 할 수 있다. 3. 레이어 헤어커트 마무리가 종료 된 후 사용한 헤어커트 도구와 주변을 즉시 정리·정돈할 수 있다. 4. 레이어 헤어커트에 어울리게 헤어스타일을 마무리 할 수 있다.

한권으로 끝내는
미용사(일반)

미용이론

1. 미용총론
2. 미용의 역사
3. 미용 장비
4. 헤어샴푸 및 컨디셔너
5. 헤어커트
6. 헤어퍼머넌트 웨이브
7. 헤어스타일 연출
8. 두피 및 모발 관리
9. 헤어컬러
10. 토탈뷰티코디네이션
11. 피부와 피부 부속 기관
12. 피부유형분석
13. 피부와 영양
14. 피부장애와 질환
15. 피부와 광선
16. 피부면역
17. 피부노화
▷ 실전문제

1 미용의 개요

1. **미용의 정의**: 퍼머넌트 웨이브, 결발, 세발, 염발, 두피처리, 매니큐어, 미안술 및 화장 등의 방법에 의하여 용모를 아름답게 하는 것을 말한다.

2. **미용의 목적**: 인간의 심리적 욕구와 생산의욕을 높이고 미를 추구하는 모든 여성에게 노화를 방지하여 아름다움을 유지하는데 목적이 있다.

3. **미용의 특수성**
   ① 자기의 의사표현이 극히 제한되어 있다.
   ② 소재선정도 손님신체의 일부이므로 제한되어 있어 자유롭지 못하다.
   ③ 시간적인 제약을 받는다.
   ④ 미적 효과의 표현을 고려해야 한다.

4. **미용의 사명**
   ① 미용사는 미용업을 통해 미적, 문화적으로 사회에 헌신한다는 사명을 잊어서는 안된다.
   ② 직업인으로서의 인간적 자질을 갖추는데 힘써야 한다.
   ③ 미용 기술에 대한 전문적 지식을 배양해야 한다.
   ④ 미학, 색채학, 심리학 등 미적 감각에 대한 지식이 있어야 한다.
   ⑤ 원만한 인격자여야 한다.
   ⑥ 건전한 지식을 배양해야 한다.

5. **미용의 과정**
   소재-구상-제작-보정
   ① 소재: 개성미를 파악하여 연출 시킬 수 있는 첫 단계이다.
   ② 구상: 특징을 살려서 계획하는 단계이다.
   ③ 제작: 자유자재로 표현하는 단계로 제일중요한 단계이다.
   ④ 보정: 수정, 보완하여 전체적인 조화미를 살리는 단계이다.

6. **미용의 통칙**
   미용술을 시행하면서 지켜야 할 여러 가지 공통된 사항을 말한다.
   ① 연령에 따라야 한다.
   ② 계절에 따라야 한다.
   ③ 경우(때와 장소)에 따라야 한다.
   ④ 직업에 따라야 한다.

2 미용작업의 자세

① 선자세로 시술할 때는 다리가 어깨 넓이보다 벌어지지 않아야 한다.
② 작업 대상의 위치는 심장의 높이와 평행하게 해서 일해야 한다.
③ 힘의 배분이 적절해야 한다.
④ 명시 거리를 25cm정도 유지하여 시술하여야 한다.
⑤ 미용 작업 시 실내조도는 100Lux이상을 유지하도록 한다.

3 미용과 관련된 인체의 명칭

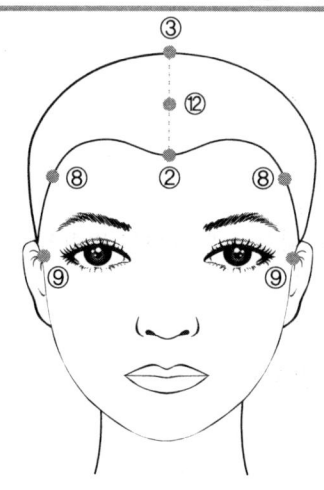
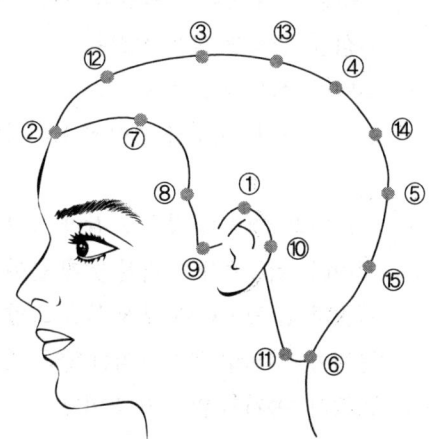

번호	기호	명칭
1	E.P	EAR POINT / 이어포인트 (좌/우)
2	C.P	CENTER POINT / 센타 포인트
3	T.P	TOP POINT / 톱 포인트
4	G.P	GOLDEN POINT / 골덴 포인트
5	B.P	BACK POINT / 백 포인트
6	N.P	NAPE POINT / 네이프 포인트
7	F.S.P	FRONT SIDE POINT / 프론트 사이드 포인트 (좌/우)
8	S.P	SIDE POINT / 사이드 포인트 (좌/우)
9	S.C.P	SIDE CORNER POINT / 사이드 코너 포인트(좌/우)
10	E.B.P	EAR BACK POINT / 이어 백 포인트 (좌/우)
11	N.S.P	NAPE SIDE POINT / 네이프 사이드 포인트 (좌/우)
12	C.T.M.P	CENTER TOP MEDIUM POINT / 센타 톱 미디움 포인트
13	T.G.M.P	TOP GOLDEN MEDIUM POINT / 톱 골덴 미디움 포인트
14	G.B.M.P	GOLDEN BACK MEDIUM POINT / 골덴 백 미디움 포인트
15	B.N.M.P	BACK NAPE MEDIUM POINT / 백 네이프 미디움 포인트

1 한국의 미용

고대 우리나라의 미용은 중국 당나라의 영향을 받았으며 근대미용은 구미와 일본의 영향을 받았다.

1. 고대미용
① **삼한시대**: 머리 형태로 귀천의 차이를 두었다.
  ㉠ **수장급**: 관모를 착용하였다.
  ㉡ **일반인**: 상투를 틀었다.
  ㉢ **포로나 노예**: 머리를 깎아서 표시하였다.
② **고구려 시대**
  ㉠ **얹은머리**: 머리를 앞으로 감아 올려 끄트머리를 가운데로 감아 꽂은 모양의 머리이다.
  ㉡ **쪽머리**: 뒤통수에 머리를 낮게 틀어 올린모양이다.
  ㉢ **증발머리**: 뒷머리에 낮게 묶은 모양이다.
  ㉣ **풍기병식 머리**: 일부머리를 양쪽 귀 옆으로 늘어뜨린 모양이다.
  ㉤ **민머리**: 쪽지지 않은 머리이다.
  ㉥ **댕기 머리**: 두 갈래로 땋아 늘어뜨린 머리이다.
③ **신라시대**
  ㉠ 가체를 사용하였으며 장발 기술이 뛰어나다.
  ㉡ 머리의 형태로 귀천의 차이를 나타내었다.
  ㉢ 화장은 백분, 연지, 눈썹먹을 사용한다.
  ㉣ 남자의 화장이 성행하였다.
④ **백제시대**
  ㉠ **미혼여성**: 댕기머리를 하였다.
  ㉡ **기혼여성**: 쌍쌍투머리를 하였다.
  ㉢ **남자**: 상투를 틀었다.
⑤ **통일신라시대**
  ▶중국의 영향으로 화장이 짙어지고, 화려한 치장, 화장품제조기술이 발달하였다.
  ▶화장합, 분을 담는 토기분합, 향유병을 제조하였다.

㉠ 슬슬 전대모빗: 자라등껍질에 자개로 장식을 하였다.
㉡ 자개장식빗: 자개로 장식을 하였다.
㉢ 대모빗: 장식이 없다.
㉣ 소아빗: 상아로 만들었으며 장식이 없다.
㉤ 나무빗: 뿔과 함께 평민들이 사용하였다.

⑥ 고려시대
▶두발염색, 얼굴용 화장품 면약을 사용하였다.
㉠ 분대화장: 궁녀나 기생 중심의 짙은 화장법을 말한다.
㉡ 비분대화장: 여염집 여인들의 옅은 화장법을 말한다.
㉢ 염색기술이 행하여졌다.
㉣ 머리다발 중간에 틀어 성홍색의 갑사로 만든 댕기로 묶어 쪽진 머리와 비슷한 모양을 하였다.

⑦ 조선시대
㉠ 조선초기
ⓐ 피부손질 위주인 담장이 성행하였다.
ⓑ 쪽진머리, 조짐머리(땋아틀어올린모양), 큰머리(생머리위에 가체 얹음), 둘레머리(장식품) 등이 성행하였다.
ⓒ 비녀(유일한 장식품)
• 모양을 따서 만든 비녀: 용잠, 봉잠, 각잠, 국잠, 석류잠, 호도잠 등이 있다.
• 재료이름을 붙여만든 비녀: 산호잠, 금잠, 옥잠 등이 있다.

㉡ 조선중기
ⓐ 첩지: 조선시대 왕비를 비롯한 내외명부가 머리를 치장하던 장신구의 하나로 머리의 정수리 부분에 꽂던 것이다. 장식과 재료에 따라 신분을 나타내기도 했다.
ⓑ 분화장(주로 신부화장에 사용): 장분을 물에 기여 발랐다.
ⓒ 밑화장: 참기름, 눈썹은 모시실로 밀어내었다.
ⓓ 양 뺨에는 연지, 이마에는 곤지를 찍었다.

㉢ 조선 말기
일본, 서양문물의 영향에 의해 새로운 화장법이 도입되었다.

2. 현대미용(한일합방 이후 유학여성들에 의해서 발달함)

① 1920년대
㉠ 이숙종 여사: 높은머리(다까머리)
㉡ 김활란 여사: 단발머리

② 1933년대
㉠ 오엽주 여사(일본에서 미용 연구): 화신미용실을 최초로 개설하였다.

③ 해방이후
　㉠ 김상진 선생: 현대 미용학원을 설립하였다.
　㉡ 권정희 선생: 정화 미용고등기술학교를 설립하였다.
　㉢ 임형선 선생: 예림 미용고등기술학교를 설립하였다.

❷ 외국의 미용

1. 중국
① 당나라 동양문화의 정점에 달한 시대로 높이 치켜 올리는 것과 내리는 머리형이 성행하였다.
② 이마에 액황을 바르고, 백분을 바른 후 다시 연지 바르는 홍장을 하였다.
③ 현종 때 십미도(열가지 눈썹형)이 소개되었다.

2. 구미의 미용
① 고대미용
　㉠ 이집트: 퍼머넌트의 기원, 가발, BC 1,500년경 염모제로서 헤나가 사용되었다.
　㉡ 그리스: 결발사의 출현, 키프로스풍의 두발형이 성행하였다.
　㉢ 로마: 탈색과 염색 향료품을 연구, 화장품용기와 향수를 제조하였다.
② 중세미용: 백연사용, 비누를 제조하기 시작하였다.
③ 근세미용
　㉠ 남자: 결발사샴페인, 18세기 화장수 오데코롱이 발명되었다.
④ 근대미용
　㉠ 캐더린 오프 메디시아 여왕(각국 유명 결발사 초빙연구): 프랑스 근대미용의 기초를 다졌다.
　㉡ 18세기에 오드콜론 화장수가 발명되었다.
　㉢ 뭇슈 끄로샤뜨가 아폴로롯드를 발명하였다.
⑤ 미용계의 선각자
　㉠ 프랑스
　　ⓐ 마셀 그라또: 1875년에 마셀 웨이브를 창안하였다.(부인 결발법 유행시킴)
　㉡ 영국
　　ⓐ 찰스 네슬러: 1905년 퍼머넌트 웨이브를 창안하였다.(스파이럴식)
　　• 스파이럴식: 가장 먼저 사용된 방법으로 두피에서부터 두발 끝으로 말며 긴 머리에 적당하다.

　　ⓑ 스피크먼: 1936년 콜드웨이브 발명, 화학약품을 이용한 넌스티밍 프로세스를 창안하였다.
　　• 콜드웨이브: 전기나 기타 열을 사용하지 않고 약품을 이용하여 상온으로 환원작용을 일으켜서 웨이브를 주는 방법이다.
　ⓒ 독일
　　ⓐ 조셉 메이어: 1925년 퍼머넌트웨이브를 창안하였다.(크로크놀식)
　　• 크로크놀식: 두발 끝에서 두피 쪽으로 말며 짧은 머리에 적당하다.

03 미용 장비

1 미용도구

1. 빗

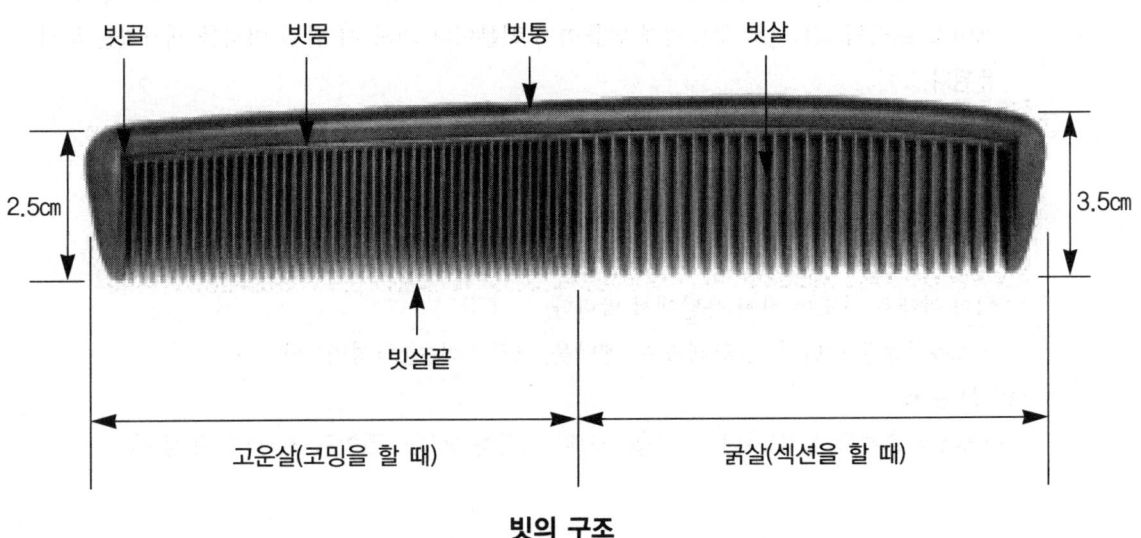

빗의 구조

① 빗의 발생년도: 2,500~3,000년 전
② 빗의 종류: 셋트빗, 얼레빗, 레트테일빗 등이 있다.
③ 빗의 선정방법
 ㉠ 빗살이 고르고 전체적으로 균등해야 한다.
 ㉡ 빗살의 형은 끝이 가늘고 둥근 것이 좋다.
 ㉢ 빗살의 뿌리나 등이 튼튼한 것이 좋다.
 ㉣ 빗살 사이가 균등하고 두께가 일정할 것
 ㉤ 빗허리 부분이 너무 매끄럽지 않을 것
④ 빗의 작용
 ㉠ 증발작용과 비듬을 제거한다.
 ㉡ 머릿결을 가지런하게 해준다.
 ㉢ 모발이 엉키거나 흩어지는 것일 방지해준다.
 ㉣ 웨이브의 폭을 정기적으로 가지런하게 해주고, 흐르는 방향을 이끈다.
⑤ 빗의 소독
 ㉠ 자비 소독이나 증기 소독은 피한다.
 ㉡ 소독 후 마른 수건으로 잘 닦아 놓는다.
 ㉢ 소독액은 석탄산수, 크레졸수, 포르말린수, 자외선, 역성비누액 등이 있다.

2. 브러시

① 브러시의 종류
 헤어브러시, 비듬 터는 브러시, 메이컵용 브러시, 네일 브러시, 페이스 브러시 등이 있다.
 ㉠ 헤어브러시: 엉킨 머리털을 자연스럽게 고르고 광택을 내며, 웨이브의 모양을 가다듬는 외에 먼지와 비듬을 제거하고 두피에 자극을 주어 피지의 분비를 촉진시키는 효과가 있다.
 ㉡ 페이스 브러시: 긴 털로 부드럽게 만들어져 백분이나 커트 시 잘린 머리를 제거하는데 사용된다.
② 브러시의 선정방법
 브러시는 딱딱하고 탄력성이 있는 것을 서정하는 것이 좋다.
③ 브러시 세정법
 ㉠ 탄산소다수나 비눗물에 담그고 부드러운 손으로 가볍게 비벼 빤다.
 ㉡ 털이 아래로 가도록 하여 응달에서 말린다.
  • 소독약품은 석탄산수, 크레졸수, 에탄올, 포르말린수, 역성비누액
④ 브러싱 순서
 톱→크라운(오른쪽 상부)→네이프→톱→크라운(왼쪽 상부)→네이프→크라운(두정부)

3. 가위(시저스)

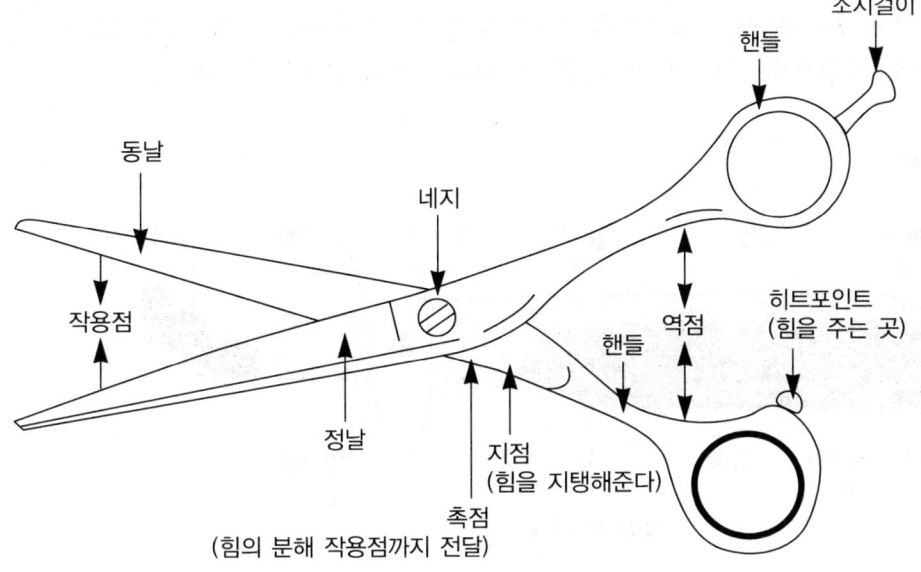

가위의 구조

① 가위의 분류
  ㉠ 재질에 따른 분류
    ⓐ **착강가위**: 협신부는 연철, 날은 특수강으로 제작된 가위로 모발부분 수정에 좋다.
    ⓑ **전강가위**: 전체가 특수강으로 제작된 가위를 말한다.
  ㉡ 사용 목적에 따른 분류
    ⓐ **커팅 가위**: 두발을 커트하고 세이핑 하는데 사용된다.
    ⓑ **틴닝 가위**: 두발의 길이는 줄이지 않고 숱을 고르는데 사용된다.
  ㉢ 기타
    ⓐ **미니가위**: 4~5.5인치의 범위에 속하는 가위로 정밀한 블런트 커팅에 이용된다.
    ⓑ **R 가위**: 협신 부분이 R자와 같이 휘어진 가위를 말한다.
    ⓒ **빗 겸용 가위**: 가위의 날 등에 빗이 붙어있는 가위를 말한다.

② 가위의 선택과 주의 사항
  ㉠ 몸체가 약간 안쪽(내곡선상)으로 굽어진 것이 좋다.
  ㉡ 두께는 얇으면서 허리가 강한 것이 좋다.
  ㉢ 양날이 견고한 것이 동일해야 한다.
  ㉣ 잠금 나사가 느슨하지 않고 도금되지 않은 것이 좋다.
  ㉤ 손에 쥐기 쉬우며 조작하기 편한 것이 좋다.

③ 가위 소독법
  ㉠ 소독 후 마른 수건으로 수분을 잘 닦은 뒤에 가위 전용 기름을 칠한 후 보관한다.
  ㉡ 소독약품으로는 석탄산수, 에탄올, 크레졸수, 포르말린수 등이 있다.

4. 레이저

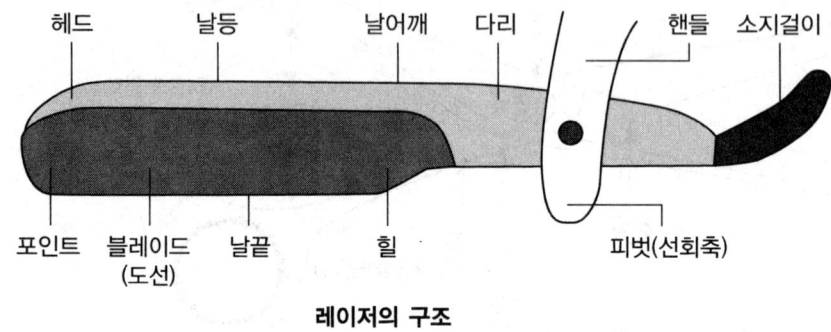

레이저의 구조

① 종류

종류	오디러니 레이저(일상용 레이저): 칼날의 전체를 사용한다.	세이핑 레이저: 일상용 레이저에 보호기구를 씌운 것으로 틴닝가위와 유사하다.
장점	세밀한 작업이 용이하고 시간상 능률적이며 숙련자에게 적합하다.	톱니식으로 조금씩 잘려 안전성이 있어 초보자에게 적합하다.
단점	지나치게 자를 우려가 있어 초보자에게는 부적합하다.	시술 시간이 길어 비능률적이다.

② 레이저 선택법
  ㉠ 날 등과 날 끝이 평행을 이루고 있으며 비틀어지지 않은 것을 선택해야 한다.
  ㉡ 양면의 콘 케이브가 날 등에서부터 날 끝까지 평균한 곡선으로 되어있고, 날 어깨의 두께가 일정한 것을 선택하는 것이 좋다.

2 미용기구

1. 샴푸도기
① 온수와 냉수가 일정하게 조절되는 것으로 사용해야 한다.
② 수압의 조절이 일정한 것을 사용하는 것이 좋다.
③ 각도가 고객의 목이 편한 것을 사용해야 한다.

2. 디지털 펌기
① 열을 필요로 하는 히트 펌(heat pem)에 사용된다.
② 자연스러운 웨이브 연출을 가능하게 해준다.

3. 두피 진단기
① 두피의 진단과 모발의 손상정도를 알 수 있다.
② 모발의 굵기, 밀도, 다공성 등의 측정이 가능하다.

4. 소독기
빗이나 가위 등을 소독하는 기구로 반드시 갖추고 있어야 하는 기구이다.

3 미용기기

1. 헤어드라이어
① 두발을 빨리 건조시켜준다.
② 혈액 순환이나 피지 분비량을 조절시켜 준다.
③ 헤어스타일을 원하는 데로 연출해준다.
④ 사용이 지나치면 두발손상과 비듬이 발생할 수 있다.

2. 헤어스티머
① 180℃에서 190℃의 스팀을 발생하는 기기이다.
② 파마, 염색, 스캘프트리트먼트, 헤어트리트먼트, 미안술 등에 사용한다.

3. 히팅캡
스캘프트리트머트, 헤어트리트먼트, 가온식콜드액 시술에 사용한다.

4. 헤어아이언
① 아이언에 전류를 통하여 전열작용에 의해 머리털에 웨이브를 넣는 기구이다.
② 소형의 트랜스가 달려 있어 열을 자유롭게 조정할 수 있다.

5. 바이브레이터
① 전자석 원리를 응용하여 적당한 진동을 인체에 주어서 미용효과를 올리는 기계이다.
② 머리나 얼굴 마사지에 사용된다.

6. 적외선등
① 650~1400㎛의 적외선을 조사(照射)하여 피부에 온열자극을 줌으로써 모공을 열게 하고 혈액 순환을 촉진한다.

7. 자외선등
① 220~320㎛의 자외선을 조사하여 살균작용과 비타민D 생성작용을 한다.

 헤어 샴푸 및 컨디셔너

1 헤어 샴푸

1. 샴푸의 정의
두피 및 모발을 세정하여 두피의 비듬과 가려움을 덜어주고 두피 및 모발을 건강하게 유지시키기 위한 것이다.

2. 목적
① 두피와 두발을 청결히 하고 아름다움을 유지하는데 있다.
② 두발의 성상에 따라 시술을 조절함으로서 발육을 촉진한다.
③ 혈액의 순환을 촉진시켜 모근을 강화하는 동시에 상쾌감을 준다.
④ 두발시술의 기초이다.

3. 샴푸의 작용
① 물리적 작용
  ㉠ 샴푸의 물리적 작용은 두피와 모발 표면에 샴푸제가 도포되었을 경우에 일어난다.
  ㉡ 두피나 모발에 남아있는 이물질을 무르게 하여 들뜨게 한다.
② 화학적 작용
  ㉠ 두피나 모발에 남아있는 이물질을 무르게 하여 들뜨게 한 후에 일어나는 것이다.
  ㉡ 샴푸 과정에서 모발에 있는 이물질을 빨아들이며, 빨아들인 이물질은 두피와 모발을 헹굴 때 제거된다.

4. 샴푸의 종류와 특징
① 웨트 샴푸
  ㉠ 플레인 샴푸: 합성세제나 비누를 세정주제로 하여 샴푸제와 물을 사용하여 실시한다.
  ㉡ 스페셜 샴푸
    ⓐ 핫 오일 샴푸: 플레인 샴푸를 하기 전에 실시한다. 연수, 경수 겸용 샴푸로 건성일 때 사용한다.
    ⓑ 에그 샴푸: 건조, 표백, 염색의 실패, 노화된 두발에 사용한다. 계란의 흰자는 세정작용을 노른자는 영양과 광택을 부여하는 작용을 한다.

ⓒ 컬러샴푸: 과산화수소가 주제료이며 색을준다.
② 드라이 샴푸
▶물을 사용하지 않는다.
▶환자나 임산부 등 물과 직접적인 접촉이 제한되는 특수한 경우에 사용한다.
㉠ 파우더 드라이 샴푸: 사용되는 분말로는 지방성 물질을 흡수하는 작용과 기계적인 세정 작업을 하는 탄산마그네슘, 붕사 등을 사용한다.
㉡ 에그 파우더 드라이 샴푸: 계란의 흰자를 이용하는 샴푸로 세정작용과 잔주름을 제거하는 작용을 한다.
㉢ 리퀴드 드라이 샴푸: 벤젠이나 알코올을 사용해서 실시하는 방법으로 가발의 세정에 사용된다.
㉣ 토닉샴푸: 비듬제거, 두발과 두피의 생리기능을 높인다.(탈모 방지용 제품에 특히 많이 쓰임)

5. 샴푸제의 선정
① 산성 샴푸제: 모발의 안정을 주며 린스가 필요하지 않다.
② 알카리성 샴푸제: pH가 약 7.5~8.5를 띄고 있으며, 비누나 합성세제로 이루어져 있다.
③ 비듬제거용 샴푸제: 두피의 노화각질과 피지의 분해 산화물이 혼합된 노폐물로서 비듬을 제거하는데 사용하며 노화각질을 용해시키는 작용을 갖고 있다.
④ 염색모의 샴푸제: pH가 낮은 산성 샴푸제, 두발을 자극하지 않는 논스트리핑 샴푸제이다.
⑤ 다공성모의 샴푸제: 두발에 탄력을 주는 샴푸제, 프로테인 샴푸제이다.

6. 샴푸의 물
① 경수
㉠ 일시경수(중탄산염): 끓여서 사용한다.
㉡ 영구경수(황산염): 탄산소다, 붕사를 넣어 이온화 시킨다.
② 연수(수돗물, 빗물)
- 샴푸는 38~40℃의 미온수에 하며 연수이어야 한다.(주 1~2회 실시)

7. 샴푸 시 주의할 점
① 콜드 웨이브나 염발 전의 샴푸는 두피를 깨끗하게 해야한다.
② 물은 경수도 가능하지만 가능하면 연수를 사용하는 것이 좋다.
③ 손톱을 세워 두피를 긁지 않도록 하며 손가락 끝으로 맛사지를 하듯이 한다.
④ 샴푸 시 일반적인 순서
전두부→측두부→두정부→후두부

❷ 헤어 컨디셔너

1. 헤어린스의 목적
① 샴푸 후 두발에 남아 있는 불용성 알칼리 성분중화와 금속성 피막을 제거한다.
② 엉킨 두발을 풀어주고, 윤기와 유분을 공급한다.
③ 샴푸에 의해 건조해진 두발에 대전성을 방지한다.

2. 헤어린스의 종류
① 유성린스: 플레인 린스, 크림린스, 오일린스 등이 있다.
  ㉠ 플레인 린스: 보통 물이나 따뜻한 물로 헹구는 방법(파마시 중간 린스)으로, 적정한 물의 온도는 38~40℃이다.
  ㉡ 크림린스: 기름을 유화한 것으로 높은 농도의 상태를 보유하고, 사용할 때에는 유제(乳劑)가 잘 분산되어야 한다. 파마, 염색, 탈색에 의해 건조해진 두발에 효과적이다.
  ㉢ 오일린스: 머리를 감은 후에 사용하는 린스제로 정전기의 발생을 방지하며 머리를 부드럽게 한다.
② 산성(에시드)린스(pH3~4, 산 농도 0.5~1%)
  ▶두발에 남아있는 알칼리 성분을 중화시키며, 금속성 피막을 제거한다.
  ▶시술 전의 샴푸 후에는 산성린스를 하지 않는다.
  ▶표백 작용이 있어 장시간 사용은 하지 않는 것이 좋다.
  ▶비니거 린스(식초), 구연산 린스, 레몬린스 등이 있다.
  ㉠ 비니거(식초) 린스: 식초를 약 10배정도 희석시켜 사용한다.
  ㉡ 구연산 린스: 구연산 결정 약 1.5g를 약 1.5L의 따뜻한 물에 타서 사용한다.
  ㉢ 레몬린스: 레몬 1개의 즙을 약 0.5L의 따뜻한 물에 타서 모발을 헹궈낸다.
③ 약용린스: 염화벤젠, 코늄 같은 살균, 소독물질을 배합한다.

05 헤어커트

1 헤어커트의 기초 이론

1. 헤어커트의 정의
모발을 자른다든지 모발량을 적게 하는 것에 따라서 헤어스타일을 만드는 미용 기술로 가위, 레이저 커트 등을 이용하여 자르는 것을 말한다.

2. 헤어 커트의 종류
① 웨드 커트: 두발에 물을 적신 상태로 커트하는 것으로 두발의 손상이 적고 커팅이 정확하게 된다.
② 드라이 커트: 두발에 물을 적시지 않은 상태로 커트하는 것이다.
③ 프레 커트: 퍼머넌트 웨이브 시술 전의 커트를 말한다.
④ 에프터 커트: 시술 후 디자인에 맞춰하는 커트를 말한다.

3. 커트의 방법
① 블런트 커트
　㉠ 원랭스 커트: 밑라인을 평행하게(두발을 일직선으로) 자르는 커트로 이사도라, 스파니엘 등이 있다.
　　ⓐ 이사도라: 앞쪽머리가 짧고 뒤쪽머리가 긴 원랭스 커트이다.
　　ⓑ 스파니엘: 앞쪽머리가 길고 뒤쪽머리가 긴 원랭스 커트이다.

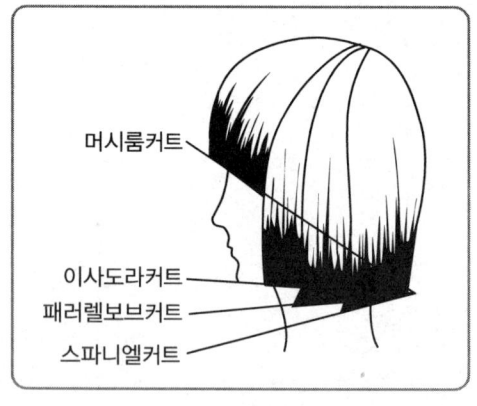

원렝스커트의 기본

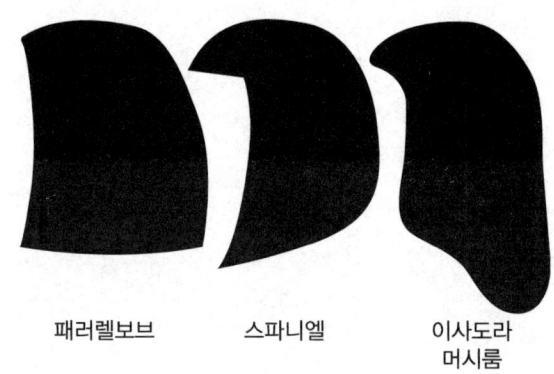

원렝스커트의 종류

ⓒ 그라데이션 커트: 층이 약간 들어가고 무게감 있어 매우 품위 있고 고급스러워 보이는 스타일 커트이다.
  ⓐ 로우 그라데이션: 0° 이상 45° 이하로 낮은층을 형성.(볼륨감＜무게감)
  ⓑ 미디어 그라데이션: 가장 볼륨감을 이상적으로 유도하는 각도.(45°)
  ⓒ 하이 그라데이션: 45° 이상 90° 이하로 높은층을 형성(볼륨감＞무게감)

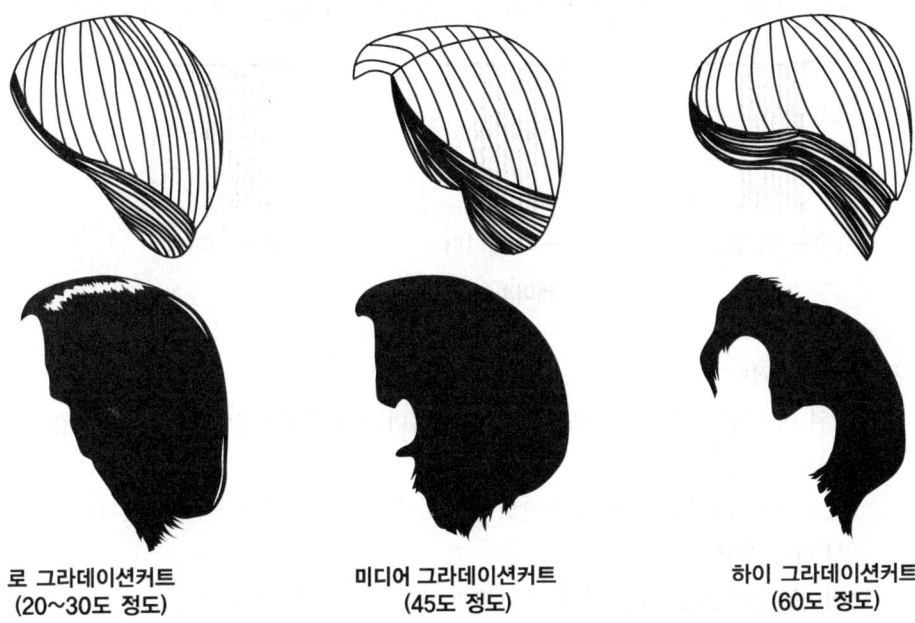

로 그라데이션커트
(20~30도 정도)

미디어 그라데이션커트
(45도 정도)

하이 그라데이션커트
(60도 정도)

ⓒ 스퀘어 커트: 사각형의 느낌이 가도록 자르거나 두피로부터 90°의 각도로 커트하는 것이다.
ⓓ 레이어 커트: 전체적으로 층이나 있으며 상부로 올라갈수록 두발이 짧아지고 하부로 갈수록 길어지는 커트로 단차가 큰 커트를 말한다.

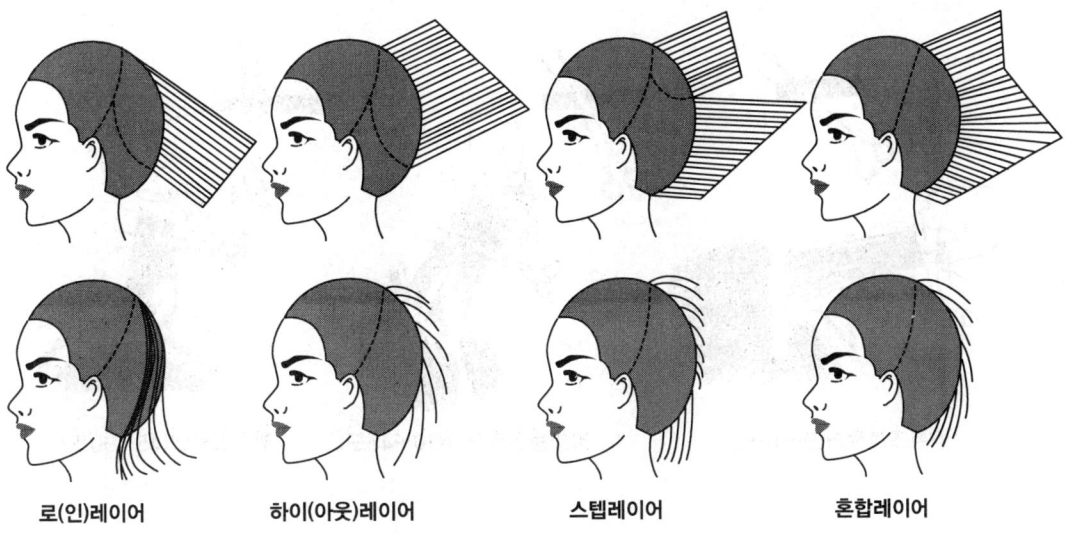

로(인)레이어　　**하이(아웃)레이어**　　**스텝레이어**　　**혼합레이어**

② 테이퍼링
▶두발끝을 점차적으로 가늘게 커트하는 테크닉으로 두발의 양을 쳐내어 두발 끝으로 갈수록 붓끝과 같이 가늘게 커트하는 법이다.
㉠ 엔드 테이퍼: 1/3 이내의 두발 끝을 테이퍼 하는 것으로 두발 숱이 적을 때 사용한다.
㉡ 노멀 테이퍼: 1/2 이내의 두발 끝을 테이퍼 하는 것으로 두발 숱이 보통일 때 사용한다.
㉢ 딥 테이퍼: 2/3 지점에서 테이퍼 하는 것으로 두발 숱이 많을 때 사용한다.

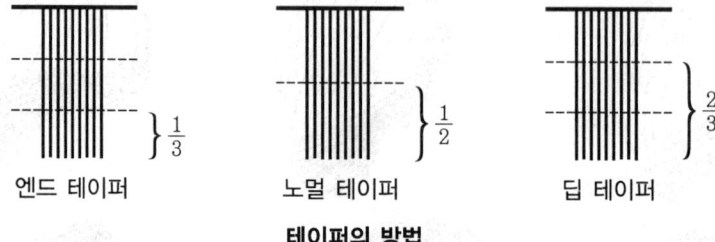

테이퍼의 방법

③ 스트로크 커트
▶가위 테크닉을 이용하여 모발을 가볍게 하며 모발에 율동감, 공기감, 방향감, 질감 등을 부여하는 것이다.
㉠ 쇼트 스트로크: 모발에 대한 가위의 각도가 0~10°로 쳐내는 스트랜드의 길이가 짧고 모발의 양도 적다.
㉡ 미디움 스트로크: 모발에 대한 가위의 각도가 10~45° 정도이다.
㉢ 롱 스트로크: 모발에 대한 가위의 각도가 45~90° 정도이다. 롱 스트로크는 쳐내는 모발의 양이 많으므로 움직임이 자유로워 가벼운 느낌을 준다.
• 커트하는 모발의 양이 많아지면 모발에 대한 가위의 각도가 크게 되는 동시에 쳐내는 스트랜드의 길이도 길게 된다.

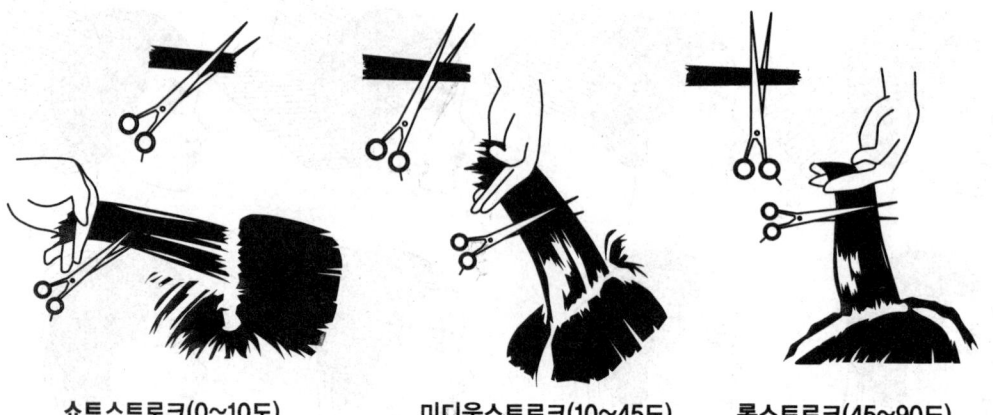

쇼트스트로크(0~10도)   미디움스트로크(10~45도)   롱스트로크(45~90도)

④ 틴닝: 두발의 길이는 그대로 두고 틴닝가위로 두발 숱을 쳐내는 것이다.
⑤ 슬리더링: 가위로 두발을 틴닝하는 방법이다.
⑥ 트리밍: 완성된 두발선을 마무리하는 것으로 손상된 모발 같은 불필요한 두발 끝을 제거하기 위한 커트방법이다.
⑦ 클리핑: 튀어나온 모발을 제거하거나 손상된 모발의 끝부분만을 잘라내는 것이다.
⑧ 싱글링: 목덜미 쪽은 짧게, 뒤통수 쪽은 길게 하는 커트이다.

2 헤어커트의 시술

1. 커트가위를 이용한 커트
① 적당한 모발의 스트랜드를 잡아 빗질을 해준다.
② 엄지로 스트랜드의 끝을 강하게 눌러주며 잡는다.
③ 가위질은 모근 쪽으로 닫듯이 해주면서 모발을 잘라주며, 가위가 두발 끝을 향할 때에는 협신을 조금 열면서 사용해야 한다.
④ 롱스트로크: 가위날의 각도를 눕혀서 사용한다.
⑤ 쇼트스트로크: 가위날을 롱스트로크보다는 세워서 사용한다.

2. 틴닝 가위를 이용한 커트
① 엉켜있는 모발을 풀어주기 위해 빗질을 해준다.
② 모발의 스트랜드를 가지런하게 해준다.
③ 모근 쪽: 5~6cm정도 띄어 모량을 틴닝 기위로 조절한다.
④ 모발 끝 쪽: 3~5cm 정도 위치에서 틴닝 가위로 모량을 조절한다.
⑤ 틴닝 가위로 모발의 양을 조절 한 후에 빗질을 하여 털어 낸다.
⑥ 모발의 양을 조절 한 후에 클립으로 모발을 고정해 준 뒤 다음 단계로 넘어가 처음과 같은 방법으로 시술을 해준다.

3. 레이저를 이용한 컷트
① 모발의 스트랜드를 나누어서 레이저로 시술을 한다.
② 롱스트로크: 레이저의 칼날을 디자이너의 앞쪽으로 향하게 하여 시술한다.
③ 쇼트 스트로크: 레이저의 칼날을 세워 모발의 끝 부분부터 시술한다.
④ 스트랜드는 모근부터 모발 끝 쪽으로 시술하고 빗으로 잘라낸 두발을 털어낸다.

4. 슬리더링, 싱글링, 백코밍

① 슬리더링
   ㉠ 모발의 길이를 짧게 하지 않으면서 가위를 사용해서 모발의 숱을 쳐내는 방법이다.
   ㉡ 스트랜드를 쥐고 가위를 위쪽 방향으로 올렸다가 모근 쪽으로 움직여 가며 모발을 자른다. 모근 쪽에서 가위를 닫아주고 모발의 끝 쪽으로 가면서 벌려주도록 한다.

② 싱글링
   ㉠ 빗살을 위로 향하고 커트할 모발의 양을 조금씩 잡고 위쪽으로 이동하며 가위 동작을 빠르게 한다.
   ㉡ 윗부분으로 올라갈수록 모발을 길게 잘라야 한다.

③ 백코밍
   ㉠ 머리에 풍성한 느낌이 나도록 모발 끝부분에서 모발 쪽으로 빗질하는 것을 말한다.
   ㉡ 모량을 슬리더링 할 때와 비슷한 양을 잡고 모발 끝부분에서 모발 쪽으로 빗질하는 것을 말한다.

5. 그라데이션 보브스타일의 변화

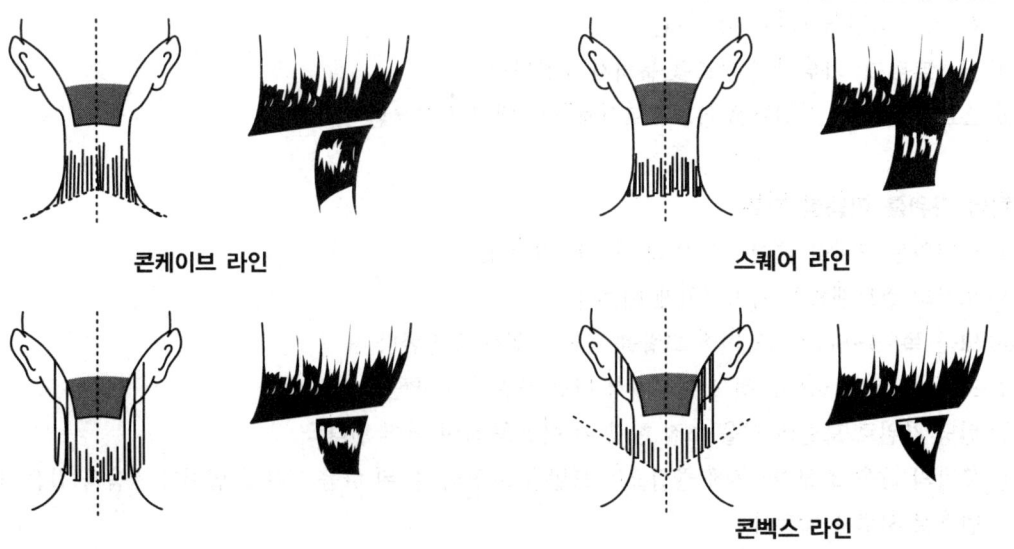

콘케이브 라인   스퀘어 라인

콘벡스 라인

06 헤어퍼머넌트 웨이브

1 헤어퍼머넌트 웨이브 기초이론

① 자연모에 물리적, 화학적 방법으로 두발에 아름다운 웨이브 스타일을 만드는 것을 말한다.
② 1905년 영국의 찰스 네슬러가 최초로 발표했으며 1936년 영국의 스피크먼이 콜드 웨이브원리를 발표하였다.

1. 헤어퍼머넌트 웨이브의 종류
① 머신 웨이브: 전기나 증기 등의 열을 이용하는 방법이다.
② 프리히드 웨이브: 기계를 사용하지 않고 클립 위에서 열을 가하는 방법이다.
③ 케미컬 퍼머넌트: 약품의 화학반응에 의해 얻어진 반응열을 이용한 방법이다.
④ 콜드 웨이브: 전기나 기타 열을 사용하지 않고 약품을 이용하여 상온으로 환원작용을 일으켜 웨이브를 주는 방법이다.

2. 콜드 웨이브의 종류
① 1욕법: 한 종류의 솔루션을 이용하는 방법으로 티오클리오산 암모늄이 주성분이다.
② 2욕법: 제1액과 제2액의 두 종류의 솔루션을 이용하는 방법으로 현재 가장 많이 사용하는 방법이다.
  ㉠ 제1액: 프로세스 솔루션이라고도 하며, 싸이오글리콜산 2~7%를 주성분으로 하는 알칼리의 수용액으로서 머리털의 환원작용을 한다.
  ㉡ 제2액
    ⓐ 뉴트럴라이저라고도 하며, 산화제로서 브로민산 염류가 많이 쓰인다.
    ⓑ 제1액을 중화하여 머리털을 다시 원래의 탄력 있는 상태로 복원하여 정착시키는 작용을 한다.

3. 블로킹, 와인딩, 컬링로드
① 블로킹: 미용 기술을 시술할 때, 시술의 편의를 위하여 두부를 구분하는 것이다.
  ㉠ 블로킹의 크기는 모발의, 질감, 모발의 밀집도, 로드의 크기 등에 의해서 결정이 된다.
  ㉡ 스트랜드의 굵기는 1.2~2cm, 네이프에는 6mm, 폭은 컬링로드 길이보다는 조금 짧게 잡아주는 것이 좋다.

② 와인딩: 모발을 로드에 마는 기법으로 랩핑이라고도 한다.
　㉠ 텐션을 일정하게 하고 모발을 균등하게 말아주어야 한다.
　㉡ 너무 팽팽하게 모발을 말아주게 되면 모발이 상하게 되거나 솔루션이 모발에 골고루 스며
　　 드는 것을 방해하여 웨이브가 잘 형성되지 않는다.
　㉢ 와인딩 할 때 스트랜드에 제1액을 바라주면 말기가 쉬워진다.
　㉣ 와인딩의 각도
　　 ⓐ 와인딩 각도는 모근에서 120° 정도 기울인 각도로 말아준다.
　　 ⓑ 뿌리를 줄이려고 할 때는 모근의 각도를 60° 정도 눕혀서 말아준다.
　　 ⓒ 뿌리를 살리려고 할 때는 모근 부분을 앞쪽으로 일으켜 주어 90° 정도로 말아준다.

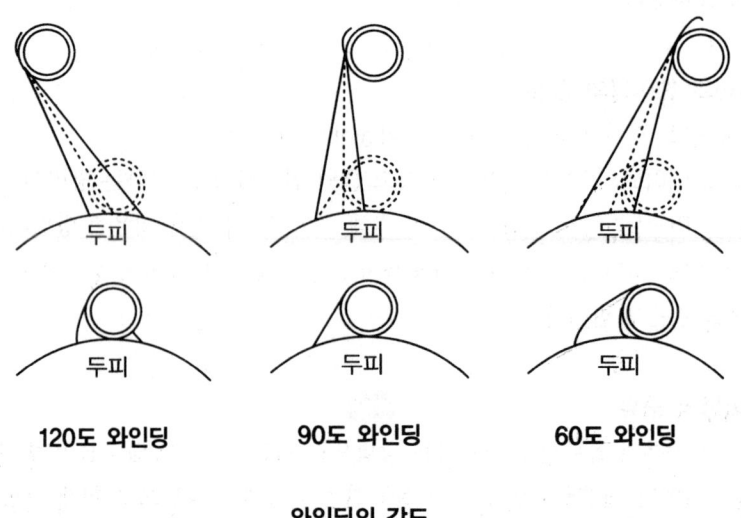

와인딩의 각도

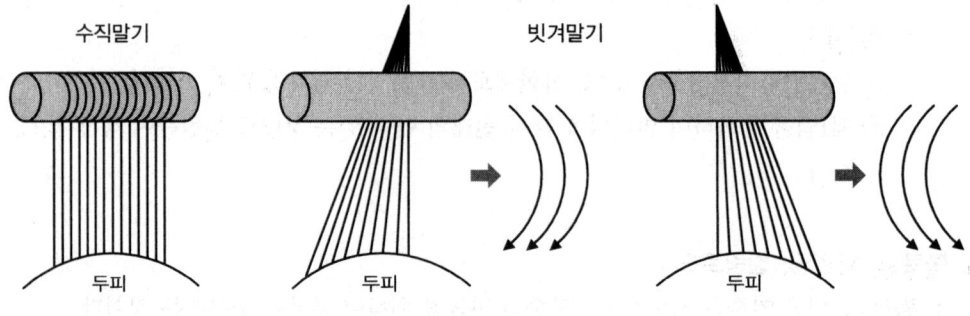

와인딩의 방법

③ 컬링로드: 퍼머넌트 웨이브, 롤러, 컬링 아이론 등의 시술 시에 머리카락을 마는 기구이다.
　㉠ 모발의 길이와 부위에 따라서 컬링로드의 사이즈가 달라진다.
　㉡ 톱에서 크라운의 앞부분에는 큰 것을 사용하며, 크라운의 하부에서 양 사이드에 걸친 부분에는 중간 크기의 것을 사용하고, 네이프에는 작은 것을 사용한다.
④ 블로킹, 와인딩, 컬링로드의 관계
　㉠ **굵은 두발**: 블로킹을 작게, 컬링 로드도 작은 것을 사용한다.
　㉡ **가는 두발**: 블로킹을 크게, 컬링로드도 큰 것을 사용한다.
　㉢ 빳빳한 모발, 긴머리, 숱이 많은모발 등에는 블로킹을 작게 해준다.

2 퍼머넌트 웨이브 시술

1. 모발 및 두피진단
① 모발이나 두피에 질환이 있는 경우엔 그 질환이 완전히 회복되기 전에는 퍼머넌트 웨이브 시술을 하지 않는다.
② 수분이 잘 스며들지 않는 저항성 모발엔 프로세싱 타임을 길게 갖는 것이 좋다.
③ 다공성 모발인 경우 용액이 빠르게 스며들기 때문에 프로세싱 타임을 짧게 하고 용액은 부드러운 것을 사용하는 것이 좋다.
④ 신축성이 떨어지는 모발은 웨이브를 형성하기 어렵기 때문에 작은 로드를 사용하여 퍼머넌트 웨이브 시술을 하는 것이 좋다.

2. 사전처리
① 퍼머넌트 웨이브의 시술 전에 모발이나 두피가 손상되는 것을 방지하며, 웨이브가 균일하게 되도록 하는 특수처리이다.
② 손상모발과 다공성 모발엔 트리트먼트와 PPT용액을 도포한다.
③ 발수성 모발은 지방과다모발로 수분을 밀어내는 성질이 있어 특수활성제를 도포한다.

3 퍼머넌트 웨이브의 시술 순서

1. 사전처리방법
① 꼬리빗
② 클립이나 핀
③ 수건, 솜이나 거즈, 헤어밴드
④ 용액을 감는 비닐 팩
⑤ 샴푸액과 단백질 컨디셔너제, 린스
⑥ 고객용 가운과 어깨 보
⑦ 퍼머넌트 용액(제1액, 제2액)
⑧ 고무장갑
⑨ 스틱과 엔드 페이퍼
⑩ 컬링로드, 고무밴드, 비닐 캡
⑪ 제2액 받침대
⑫ 스티머, 히팅캡 또는 적외선 기기

2. 웨이브 프로세스
① 블로킹(blocking, 모발을 구분함)
② 와인딩(winding, 컬링로드에 모발을 감음)
③ 프로세싱
④ 테스트컬(웨이브의 상태 조사)
⑤ 중간린스(rinse)
⑥ 옥시다이제이션(oxidizytion, 산화작용)
⑦ 린싱(모발을 헹굼)

3. 후처리
① 핸드 드라이
② 오리지널 세트
③ 드라잉 그리고 콤아웃

 헤어스타일 연출

1 헤어스타일 기초이론

두발과 모발을 만들어 마무리하는 것으로 오리지널세트와 리세트로 나눌 수 있다.

1. 헤어 디자인
① 얼굴형에 따른 디자인
  ㉠ 달걀형 얼굴: 가장 균형이 잘 잡힌 아름다운 형으로 미인의 표준이다.
  ㉡ 원형 얼굴: 얼굴을 길어보이도록 할 필요가 있기 때문에 전부의 뱅을 높게 하고 헤어파트는 센터파트보다는 사이드파트를 하는 것이 좋다.
  ㉢ 장방형 얼굴: 전두부를 낮게 하고 사이드에 볼륨을 주는 것을 원칙으로 한다.
  ㉣ 삼각형 얼굴: 상부의 폭을 넓게 하려면 큰 뱅을 하고, 헤어파트를 잡을 때는 다운 다이애거널 파트가 적당하다.
  ㉤ 역삼각형 얼굴: 큰뱅으로 이마를 좁게 하고 동시에 하부에 볼륨감을 주는 것이 원칙으로 하며 헤어파트를 잡을 때는 약간 센터 쪽으로 파트를 하여 크라운을 좁게 보일 필요가 있다.
  ㉥ 사각형 얼굴: 딱딱한 느낌을 피하고 곡선적인 느낌을 내어 옆폭을 좁게 보이도록 구상해야 하며, 헤어파트를 잡을 때는 라운드 사이드 파트가 적당하다.
  ㉦ 마름모형 얼굴: 톱을 약간 높이고 큰뱅으로 이마를 좁게하며, 사이드는 양볼 위에 밀착되게 하면 하부에 양감을 많게 해 가는 턱선에 볼륨이 생겨 보이는 동시에 하부에 뾰족함을 보충할 수 있다.

2. 오리지널세트
최초의 세트이며 주요 요소로는 헤어 파팅, 헤어 세이핑, 헤어 컬링, 롤러컬링, 헤어 웨이빙 등이 있다.
① 헤어 파팅: 자연적인 가르마를 말하며 얼굴형의 단점을 커버해주는 역할을 한다.
  ㉠ 헤어파팅의 종류
    ⓐ 센터파트: 앞가르마라고 하며 전두부 헤어라인 중앙부터 두정부를 향해 직선으로 나눈 것을 말한다.

ⓑ 사이드 파트: 옆 가르마로 전두부와 측두부를 구분하는 경계선의 앞 헤어라인 지점부터 뒤쪽을 향해 수평하게 가른 것을 말한다.

ⓒ 라운드 사이드 파트: 사이드 파트가 곡선상으로 동그스름한 느낌으로 가른 것으로 골든 포인트를 향해 구상으로 동그스름한 느낌을 살려 나눈다.

ⓓ 업 다이애거널 파트: 사이드 파트의 선이 뒤쪽으로 향하여 위로 올려지게 가른 것으로 사이드 파트의 분활선이 뒤쪽을 향해 위로 경사지게 올려진 파트이다.

ⓔ 다운 다이애거널 파트: 사이드 파트의 선이 뒤쪽으로 향하여 아래로 내려지게 가른 것으로 사이드 파트의 분활선이 뒤쪽 아래로 경사지게 내려진 파트이다.

ⓕ 크라운 파트: 사이드 파트 뒤쪽에서 귀의 위쪽을 향해 수직으로 나눈 파트이다.

ⓖ 귀파트(이어파트): 좌측 귀 위쪽에서 두정부를 지나 우측 귀 상부를 향해 수직으로 나눈 파트이다.

ⓗ 센터 백 파트: 후두부를 정 중앙으로 나눈 파트이다.

ⓘ 렉탱귤러 파트: 양 측두부와 후두부를 연결하여 두정부에서 수평으로 나눈 파트이다.

ⓙ 스퀘어 파트: 이마에서 사이드 파트하여 두정부 근처에서 이마의 헤어 라인에 수평하게 나눈 파트이다.

ⓚ 브이파트: 이마의 양각과 두정부의 중심을 연결시킨 파트로 삼각 가리마라고도 한다.

ⓛ 카우릭 파트: 두정부의 가리마로부터 방사선으로 나눈 파트이다.

② 헤어 세이핑: 헤어스타일 구성의 기초로 두발의 결을 갖추고, 모양을 만든다는 의미이다.
▶다운세이핑: 모발의 진행 방향이 아래로 향한 형태를 만드는 것을 말한다.

③ 헤어컬링: 한 묶음의 두발 루프 또는 돌기 모양으로 된 말은 두발을 말한다.

㉠ 헤어컬링의 목적
ⓐ 웨이브를 만들기 위해서이다.
ⓑ 플랩을 만들기 위해서이다.
ⓒ 볼륨을 만들기 위해서이다.

㉡ 헤어컬링의 명칭
ⓐ 베이스: 두피에서 적당량의 모발을 떠내는 부위로 컬링을 행할 모발의 주요 근원이다.
ⓑ 스템: 베이스에서 부터 컬을 말기 시작한 곳까지를 말한다.
ⓒ 피봇포인트: 컬이 말리기 시작한 지점을 말한다.
ⓓ 루프: 원형으로 컬이 말려진 부분을 말한다.

컬의 각부 명칭

ⓔ **앤드오브컬**: 컬 상태로 만들어진 모발의 선단 부분을 말한다.

④ **스템의 방향**
 ㉠ **풀 스템**: 모발에 컬의 형태와 방향을 부여하는 것으로 컬의 움직임이 가장 크다.
 ㉡ **하프 스템**: 반 정도의 스템에 의하여 서클이 베이스로부터 어느 정도의 움직임을 유지한다.
 ㉢ **논 스템**: 컬이 오랫동안 지속되며 움직임이 가장 적다.

⑤ **컬의 종류**
 ㉠ **스탠드 업 컬**
  ⓐ 루프가 두피에 90° 각도로 세워져 있는 것이 특징이다. 주로 볼륨을 내기 위해 이용된다.
  ⓑ 웨이브의 흐름이 없고 스캘롭 컬과 함께 헤드의 정수리부분과 프런트 부위에 이용된다.
  ⓒ 각도가 커질수록 컬의 볼륨도 커지게 된다.
 ㉡ **리프트 컬**
  ⓐ 루프가 두피에 45° 각도로 세워진 컬이다.
  ⓑ 원칙적으로는 스탠드 업 컬에 속하는데 스탠드 업 컬보다 스템의 방향성(웨이브의 흐름)이 있다.
  ⓒ 어느 정도의 볼륨이 있는 웨이브를 만들고자하는 경우에 사용된다.
 ㉢ **포워드 컬**
  ⓐ 안 말음과 반대로 프롱이 위로 오도록 하여 그루프 사이에 헤어 스탠드를 끼운다.
  ⓑ 페이스 라인을 갸름하게 보일 때나, 페이스 라인을 돋보이게 할 때 사용된다.
 ㉣ **리버스 컬**
  ⓐ 아래에서 위로 향해 말려진 컬로 즉 모발 끝이 뒤쪽 방향을 향한 모든 컬을 말한다.
  ⓑ 바람머리 스타일에 사용되는 컬이다.
 ㉤ **플랫컬**
  ⓐ 루프가 두피에 0° 각도로 얄팍하게 세워져 있는 것을 말한다.
  ⓑ **스컬프쳐 컬**: 모발 끝이 컬의 중심이 된 컬을 말한다.
  ⓒ **핀컬**(메이폴 컬): 모발의 끝이 컬의 바깥쪽이 된 컬을 말한다.

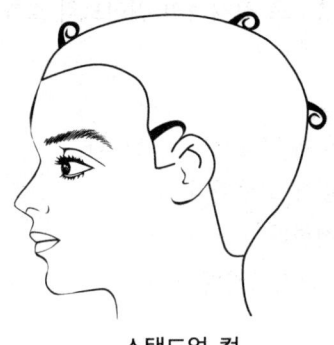
스탠드업 컬

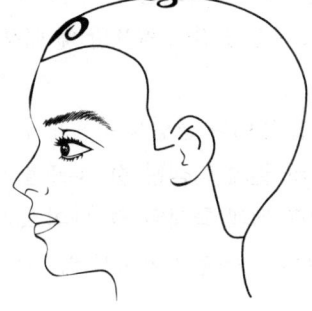
플랫컬

컬의 종류

⑥ 베이스
　㉠ 스퀘어 베이스: 정방향 베이스로 평균적인 컬이나 웨이브를 만들 때에 적당하며 하나씩 독립된 컬에 사용된다.
　㉡ 오블롱 베이스: 장방향 베이스로 베이스가 길어 헤어라인으로부터 떨어진 웨이브를 만들며 측두부에 사용된다.
　㉢ 트라이앵귤러 베이스: 삼각형 베이스로 콤 아웃할 때 두발이 갈라지는 것을 막기 위해 이마의 헤어 라인에 사용된다.
　㉣ 아크 베이스: 후두부에 큰 모양의 웨이브를 만들 경우에 사용된다.

⑦ 말린 방향에 의한 분류
　㉠ 시계 방향에 따른 분류: 두부의 좌우에 따라 달라진다.
　　ⓐ C컬(클록 와이즈 와인드 컬): 시계방향(오른쪽 방향)으로 된 컬이다.
　　ⓑ CC컬(카운터 클록와이즈 와인드 컬): 반시계방향(왼쪽 방향)으로 된 컬이다.
　㉡ 귓바퀴 방향에 따른 분류: 두부의 좌우에 관계하지 않는다.
　　ⓐ 포워드 스탠드 업 컬: 컬의 루프가 귓바퀴 따라 말린 스탠드 업 컬이다.
　　ⓑ 리버스 스탠드 업 컬: 컬의 루프가 귓바퀴 반대방향을 따라 말린 스탠드 업 컬이다.

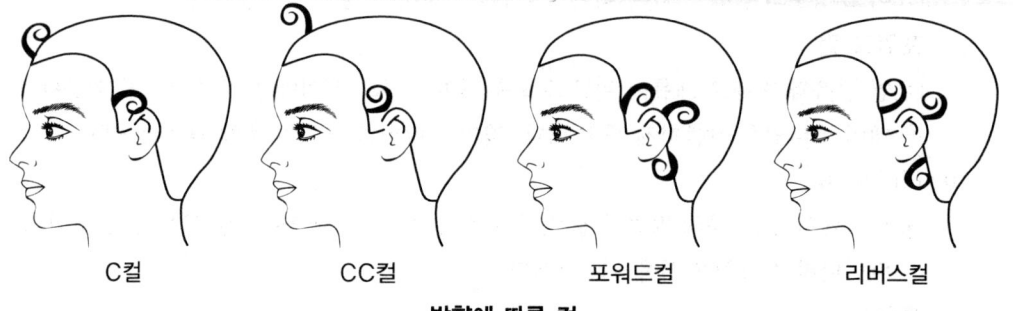

C컬　　CC컬　　포워드컬　　리버스컬
방향에 따른 컬

　㉢ 컬을 마는 방법에 따른 분류: 플랫 컬에 속한다.
　　ⓐ 스컬프처 컬: 두발 끝이 앤드 오브 컬인 경우로 리지가 높고 트로프가 낮다.
　　ⓑ 메이플 컬(핀컬): 모근쪽이 앤드 오브 컬인 경우로 전체적인 웨이브의 흐름보다는 부분적으로 나선형 컬이 필요할 때 이용한다.

⑧ 컬 피닝
　▶완성된 컬을 핀이나 클립을 사용해서 적당한 위치에 고정시키는 것이다.
　▶각도에 따라 길게 형성된 컬: 루프를 스트랜드 컬에 고정한다.
　▶각도에 따라 짧게 형성된 컬: 베이스 부위에 고정한다.
　▶중복 컬: 웨이브를 감아가면서 웨이브 위에 컬을 고정시킨다.

㉠ 고정 방법과 도구
  ⓐ 사선고정: 실핀, 싱글핀, W핀
  ⓑ 수평고정: 실핀, 싱글핀, W핀
  ⓒ 교차고정: U핀

사선고정　　　　수평고정　　　　교차로고정

㉡ 컬의 종류에 따른 컬 피닝 방법
  ⓐ 스탠드 업 컬의 피닝: 스탠드 업 컬(90각도)은 베이스의 중심에 단단히 고정하고 루프에 대해 직각으로 피닝한다.
  ⓑ 핀컬의 피닝: U자 핀을 루프 안쪽의 양면 꽂기에 꽂은 후에 이것과 크로스 형태로 교차해 U자 핀을 꽂아 주어 루프의 바깥쪽을 고정한다.
  ⓒ 스컬프쳐 컬의 피닝: 루프의 중심으로부터 핀을 넣어 피벗 포인트에서 고정해 주며, 스템과 루프를 같이 고정한다.
⑨ 롤러컬링: 볼륨을 주기 위한 원통형의 롤러를 사용하여 만든 컬을 말한다.
  ㉠ 롤러컬링의 종류
    ⓐ 논스템 롤러 컬: 가장 볼륨감이 있으며, 전방 45°로 세이프에서 와인딩(후방 135°)
    ⓑ 하프스템 롤로 컬: 볼륨감이 적은 것으로 수직으로 세이프해서 와인딩
    ⓒ 롱스템 롤로 컬: 볼륨이 적어 네이프쪽에 많이 사용하며 후방 45°로 세이프해서 와인딩

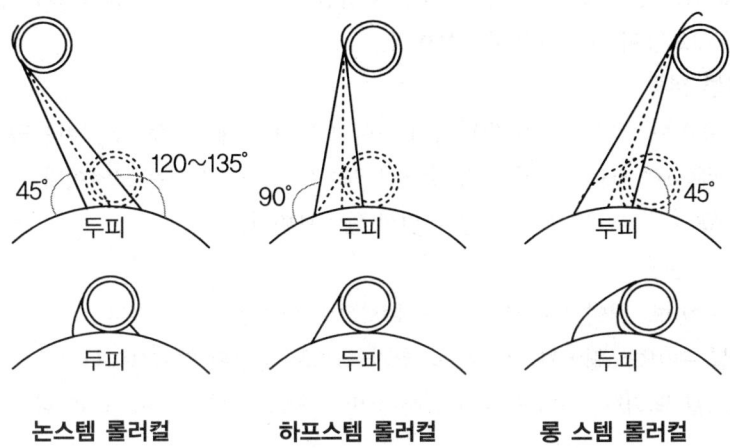

논스템 롤러컬　　하프스템 롤러컬　　롱 스템 롤러컬

ⓒ 롤러컬의 와인딩
  ⓐ 롤러컬에 말 때 모발의 끝도 넓게 말 경우가 있는데 이것은 콤 아웃 할 때 모발의 끝이 갈라지는 것을 막기 위함이다.
  ⓑ 모발의 끝을 중앙에 대고 마는 경우에는 볼륨을 내거나 방향을 정할 때 사용된다.
⑩ 헤어 웨이빙: 두발 웨이브의 물결 모양이 S자형으로 물결모양을 이룬 것을 말한다.

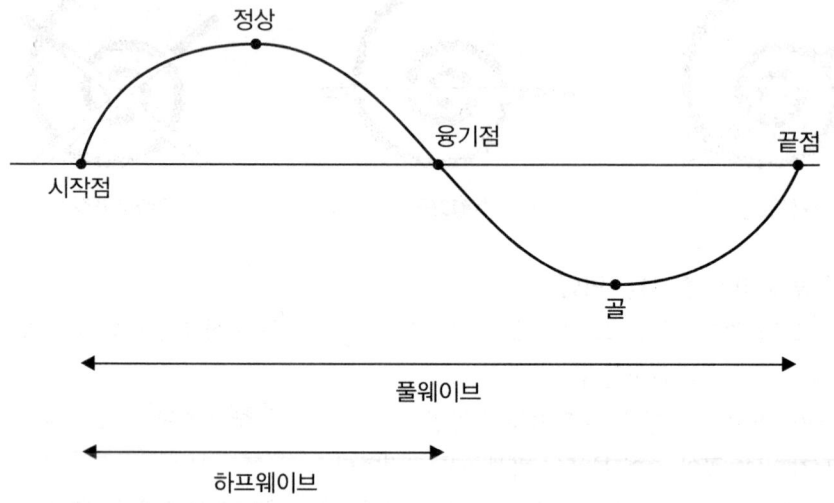

㉠ 웨이브를 만드는 방법에 따른 분류
  ⓐ 마셀 웨이브: 마셀 아이론의 열에 의해 형성된 웨이브로 일시적 웨이브이다.
  ⓑ 컬 웨이브: 컬링로드를 사용하여 컬을 2줄로 조합시킨 웨이브이다.
  ⓒ 핑거 웨이브: 세팅로션이나 물을 사용하여 모발을 적신 후에 손가락과 세팅 빗에 의해 형성된 웨이브이다.
  • 핑거 웨이브의 주요 3대 요소: 크레스트(정점), 리지(융기), 트로프(골)
  ⓓ 스킵 웨이브: 핑거웨이브나 핀컬 패턴의 결합으로 핀컬과 핑거웨이브가 서로 엇갈리면서(교대로)모양이 만들어진 웨이브이다.
㉡ 형상에 따른 분류
  ⓐ 새도우 웨이브: 크레스트가 뚜렷하지 못하고 느슨한 웨이브로 가장 아름답다.
  ⓑ 내로우 웨이브: 크레스트가 가장 뚜렷한 웨이브로 곱슬거리는 모양이다.
  ⓒ 와이드 웨이브: 크레스트가 가장 뚜렷한 웨이브이다.
㉢ 위치에 따른 분류
  ⓐ 버티컬 웨이브: 웨이브 리지가 수직(세로)으로 형성된 웨이브이다.
  ⓑ 호리존틀 웨이브: 웨이브 리지가 수평(가로)으로 형성된 웨이브이다.
  ⓒ 다이애거널 웨이브: 웨이브 리지가 사선(비스듬)으로 형서된 웨이브이다.

　　　ⓔ 핑거 웨이브의 종류
　　　　ⓐ **다이애거널 웨이브**: 웨이브 리지가 사선(비스듬)으로 형서된 웨이브이다.
　　　　ⓑ **올 웨이브**: 두부 전체를 웨이브 한 것이다.
　　　　ⓒ **로우 웨이브**: 리지가 낮은 웨이브이다.
　　　　ⓓ **하이 웨이브**: 리지가 높은 웨이브이다.
　　　　ⓔ **덜 웨이브**: 리지가 뚜렷하지 않은 느슨한 웨이브이다.
　　　　ⓕ **스월 웨이브**: 물결이 소용돌이치는 것 같은 소용돌이 모양의 웨이브이다.
　　　　ⓖ **스윙 웨이브**: 큰 움직임을 보는 것 같은 웨이브이다.
　⑪ **롤**: 두발을 말아 넣어 원통 상으로 만든 것을 말하며 컬보다는 폭이 넓다.
　　㉠ **포워드 롤**: 안 말음이라고도 하며 귓바퀴 방향으로 말린 롤을 말한다.
　　㉡ **리버스 롤**: 겉 말음이라고도 하며 귓바퀴 반대방향으로 말린 롤을 말한다.
　⑫ **뱅**: 이마에 장식효과를 주기 위해 늘어뜨린 앞머리를 말한다.
　　㉠ **플러스 뱅**: 불규칙한 모양의 컬을 일정한 모양을 갖추지 않고 깃털처럼 부풀려 볼륨을 준 뱅으로 자연스런 흐름이다.
　　㉡ **웨이브 뱅**: 풀 웨이브 또는 하프 웨이브를 앞머리에 형성한 뱅으로 두발 끝을 라운드 처리한다.
　　㉢ **프린지 뱅**: 가리마 근처에 적게 만든 뱅이다.
　　㉣ **프렌치 뱅**: 두발 끝이 너풀너풀하게 부풀린 느낌의 뱅으로, 뱅으로 만든 부분의 두발을 치켜 빗기고 두발 끝을 라운드 플러스 처리하는 뱅이다.
　　㉤ **롤뱅**: 롤로 형성된 뱅이다.
　⑬ **앤드 플러프**: 두발 끝을 모양이 갖추어 지지 않은 너풀너풀한 느낌이 들도록 표현한 것이다.
　　㉠ **라운드 플러프**: 두발 끝이 원형 또는 반원형으로 구부러진 것이다.
　　　　ⓐ **업라운드 플러프**: 위쪽으로 구부러진 것이다.
　　　　ⓑ **다운 라운드 플러프**: 아래쪽으로 구부러진 것이다.
　　㉡ **덕 테일 플러프**: 두발 끝이 정돈되어 위쪽으로 구부러진 것이다.
　　㉢ **페이지 보이 플러프**: 두발 끝이 갈고리 모양으로 한 바퀴 구부러져 반원형 플러프로 끝나는 것을 말한다.

3. 리세트

최종의 끝마무리로 재차 고치는 작업으로 콤 아웃 또는 브러시 아웃 등으로 불린다.
① **브러싱**: 머리를 가지런히 정리하기 위해 브러시로 빗는 것을 말한다.
② **코밍**: 빗을 이용하여 머리를 빗는 것이다.
③ **백콤잉**: 빗을 두발 스트랜드의 뒷면에 직각으로 넣고 두피 쪽을 향해 빗을 내리누르듯이 빗질하여 머리카락을 세우는 것을 말한다.

2 헤어 아이론 및 블로우 드라이

1. 헤어 아이론

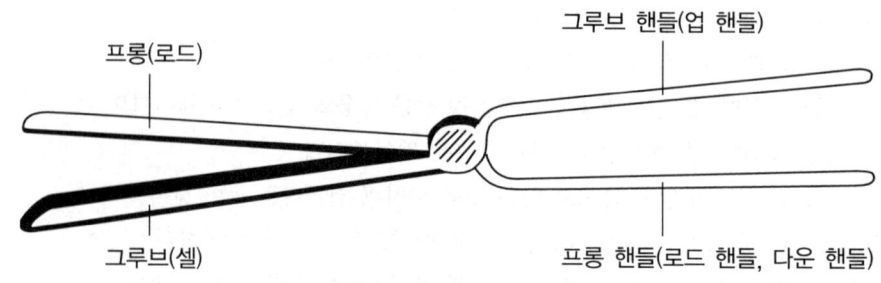

헤어아이론의 구조

① 프롱(prong): 쇠막대기부분으로 위에서 누르는 작용을 한다.
② 그루브: 홈 부분으로 웨이브를 고정시키는 작용을 한다.
③ 핸들(손잡이)
  ㉠ 사용온도는 120~140℃이기 때문에 아이론을 잡을 때는 프롱을 위로 향하게 하여 잡는다.
  ㉡ 열이 가열되었을 때는 핸들의 한 쪽을 잡고 여러 번 회전시켜 식힌다.
④ 아이론의 회전각도는 45°이다.
⑤ 좋은 아이론 선택방법: 프롱과 핸들의 길이가 균등한 것이 조작하기 좋고, 접합 지점이 잘 죄어져 있는 것, 전체적으로 비뚤어지지 않은 것이 좋다.

2. 블로우 드라이

① 블로우 드라이의 목적: 커트와 펌 등의 부족한 부분을 보완하는 이미지 메이킹이다.
② 블로우 드라이 중요요소
  ㉠ 습도
    ⓐ 수분이 적당히 있을 때 드라이를 시작하여야 하며, 드라이가 끝났을 때에도 수분이 10~15%정도는 남아 있어야 한다.
    ⓑ 수분이 없는 건조한 상태에서 드라이를 하게 되면 건조 후에도 모발에 남아있어야 하는 수분이 없어 모발 손상의 원인이 된다.
  ㉡ 텐션: 모발을 윤기 있게 드라이를 하려면 롤 브러쉬를 항상 회전시켜줘야 하며 힘도 골고루 줘야 한다.
  ㉢ 속도
    ⓐ 모발의 흐름을 정리하기 위해 하는 드라이는 빠르게 진행해야 한다.
    ⓑ 모발의 윤기를 내기 위해 하는 드라이는 천천히 해준다.

　　ⓔ 온도

　　　ⓐ 드라이의 열이 지나치게 높으면 모발의 수분이 없는 건조한 상태가 되어 모발의 윤기가 없어지고 거칠어지게 된다.

　　　ⓑ 드라이의 적당한 온도는 70~90℃ 정도이다.

　　ⓜ 각도: 두상은 둥근 형태이기 때문에 두상의 위치에 따라 각도가 다르다는 것을 잘 알고 있어야 한다.

③ 블로우 드라이가 잘 안 되는 경우

　ⓐ 때나 먼지가 있는 모발

　ⓑ 기름기가 많은 모발

　ⓒ 린스나 트리트먼트제의 세척이 덜 된 모발

④ 블로우 드라이의 주의사항

　ⓐ 머리카락이 바람출구에 빨려 들어갈 수 있기 때문에 블로우 드라이를 바짝 대지 않는다.

　ⓑ 블로우 드라이는 적당한 수분이 있을 때 하는 것이 좋다.

　ⓒ 드라이 과정 중 섹션을 뜰 때 서로 엉키지 않게 빗질 후 브러쉬를 회전하며 드라이 한다.

　ⓓ 블로우 드라이의 코드가 고객에게 닿는 불편함이 없게 한다.

　ⓜ 블로우 드라이의 바람이 나오는 곳을 고객의 얼굴이나 두피에 직접적으로 향하지 않게 한다.

# 두피 및 모발 관리

🖵 두피 관리(스캘프 트리트먼트)

1. 두피 손질

① 두피의 상태
  ㉠ 지성두피: 피지의 분비량이 과잉된 상태를 말한다.
  ㉡ 건성두피: 피지의 분비량이 부족하여 건조한 상태를 말한다.

② 두피 손질의 목적
  ㉠ 먼지나 비듬을 제거한다.
  ㉡ 혈액순환을 왕성하게 하고 두피의 생리기능을 높여준다.
  ㉢ 두피의 성육을 조장한다.
  ㉣ 두피나 두발에 지방을 보급하고 두발에 윤기를 준다.

③ 두피 손질의 종류와 특징
  ㉠ 플레인 스캘프 트리트먼트(노멀스캘프): 두피가 보통상태일 때 사용한다.(건강모)
  ㉡ 드라이 스캘프 트리트먼트: 두피의 지방이 부족하여 건조한 상태일 때 사용한다.(건조모)
  ㉢ 오일리 스캘프 트리트먼트: 지방성분이 너무 많을 때 사용한다.(지성모)
  ㉣ 댄드러프스캘프 트리트먼트: 비듬제거를 위한 두피손질에 사용한다.

🖵 두발관리(헤어 트리트먼트)

1. 두발 손질

① 두발 손질의 목적
  ㉠ 두발의 가장 바깥층인 모표피를 단단하게 하고 두발의 적정한 수분을 원상태로 회복시키는 것이다.
  ㉡ 일반적으로 건강모인 경우 수분 함량은 10% 내외이다.

② 두발 손질의 기술의 종류
- ㉠ 헤어 리컨디셔닝: 이상이 있는 두발을 될 수 있는 한 정상적인 상태로 변화시키는 것을 말한다.
- ㉡ 헤어 클리핑: 손상된 두발을 제거해 버리는 것을 말한다.
- ㉢ 헤어팩: 두발의 영양을 공급하기 위하여 실시한다.
- ㉣ 신징: 전기 신징기 등을 사용하여 두발을 적당히 그슬리거나 지진다.

2. 두발 손상의 원인
① 젖은 상태로 급속 드라이를 하거나 드라이 온도가 과열되었을 때 일어난다.
② 컷트 솜시의 미숙 및 지나친 백코밍과 백브러싱이 원인이 된다.
③ 두발 용품의 남용과 오버 프로세싱이 원인이 된다.
④ 일광 자외선에 장시간 노출될 경우에 일어난다.
⑤ 바닷물에 머리를 감았을 때 일어난다.

3 두피 매니플레이션의 기초 및 방법

1. 두피 매니플레이션이란
두피에 마사지를 시술하는 손동작을 말하는 것이다.

2. 두피 매니플레이션의 종류
① 경찰법
- ㉠ 가볍게 문지르는 마사지의 가장 첫 동작으로 손가락과 양 손바닥을 이용한다.
- ㉡ 지각신경을 자극하여 피부의 휴식, 진정작용, 혈액순환을 촉진시킨다.
- ㉢ 피로 회복에도 좋다.

② 강찰법: 강하게 문지르는 방법으로 소혈관의 충혈을 높이고 피하의 노폐물을 제거해 준다.

③ 유연법: 주무르며 펴는 동작으로 피부의 노폐물을 조직 밖으로 보내며, 정맥 림프관의 작용을 높인다.
- ㉠ 풀링: 근육이 많은 부분을 주름잡듯이 리딩한다.
- ㉡ 롤링: 나선형으로 리딩한다.
- ㉢ 처킹: 뼈에 따른 상하운동이다.
- ㉣ 런징: 근육을 비튼다.

④ **진동법**: 바이브레이션과 동일한 효과를 내는 것으로, 경련과 마비에 효과가 있고 지각 신경에 쾌감을 준다.
⑤ **고타법**
  ㉠ 규칙적으로 두드리는 방법으로 근육의 수축력 증가와 신경 기능 조절에 효과가 있다.
  ㉡ 처진 근육이나 감수성이 강한 부분은 피한다.
    ⓐ **태핑**: 손가락 옆면으로 두드리는 방법이다.
    ⓑ **슬래핑**: 손바닥으로 두드리는 방법이다.
    ⓒ **커핑**: 손바닥을 우묵하게 한 뒤 두드리는 방법이다.
    ⓓ **해킹**: 손등으로 두드리는 방법이다.
    ⓔ **비이팅**: 살짝 주먹을 쥐고 두드리는 방법이다.

3. 두피 매니플레이션 시술 시 주의사항
① 섹션을 나눌 때 꼬리빗을 이용하여 정확하게 나눈다.
② 도포 시 모발이 엉키지 않게 주의한다.
③ 모발이 길 경우에는 고객의 앞면으로 모발이 넘어가지 않게 고정시킨다.
④ 크림 타입의 경우 두피에 남아있으면 좋지 않은 영향을 미칠 수 있으므로 충분히 유화한 뒤 헹궈낸다.
⑤ 제품별 사용법은 정확히 숙지를 해둔다.
⑥ 시술을 한 후의 미용도구는 항상 깨끗하게 소독을 하며, 주변의 정리와 정돈은 철저히 한다.

09 헤어컬러

1 염색 이론 및 방법

1. 정의
모발의 색을 변화시키는 것으로 바탕색에 다양한 변화를 주어 아름다움을 추구하는 예술적 행위이다.

2. 목적
개성적인 자기표현과 이미지 변신, 헤어 디자인에 생명력과 활동감을 부여하기 위해 사용되고 있다.

3. 종류
① **일시적 염모제**: 색소가 모발의 최외각층인 큐티클의 겉면에 부착하는 것으로 색상이 오랫동안 지속되지 못하고 샴푸1~2회로 색상이 제거되는 염모제이다.
  ㉠ **컬러 파우더**: 전분, 소맥분 및 초크 등을 원료로 한 것으로 두발에 뿌리는 것이다.
  ㉡ **컬러 크레용**: 왁스나 유지(油脂)로써 두발에 착색한다.
  ㉢ **컬러 크림**: 크림 타입의 착색료로써 브러쉬 등으로 도포한다.
  ㉣ **컬러 스프레이**: 에어졸 타입으로 스프레이식으로 두발에 뿌린다.
  ㉤ **워터 린스**: 파우더에 물을 섞어 사용하는 것으로 반영구적인 컬러린스와 같은 종류이다.
② **반영구적 염모제**: 염색 후 지속 기간이 보통 2~6주 정도의 제품을 말하며 산성 염모제가 여기에 속한다.
  ㉠ **컬러 린스**: 아주 낮은 농도의 산성염료와 염기성 염료를 포함시킨 것으로 털의 겉면만을 착색하는 것이어서 염착(染着)의 유지는 머리를 감으면 빠진다.
  ㉡ **산화 염모제**: 산화 염료를 두발층에 침투시켜서 산화종합시켜 색소를 생성시켜 염색하는 것으로 모발의 손상이 적고 보기에 결이 좋아보이기도 하다.
  ㉢ **프로그레시브**: 샴푸하는 것처럼 염색하는 것이다.
③ **영구적 염모제**: 1제염모제와 2제 산화제로 구성되어 있으며 큐티클을 지나 코텍스 층에서 그 작용이 일어난다. 코텍스 층에 존재하는 멜라닌 색소의 파괴 및 염착을 통해 색상이 표현된다.(가장 많이 사용되고 있는 염모제로 다양한 색상을 가질 수 있다.)

⊙ **식물성 염모제**: 독성과 자극성이 없어 알레르기 체질에도 안전하나 적색으로 한정되어 있고 염색시간이 1시간정도로 오래 걸리고 색상이 지나치게 짙어서 부자연스럽다. 종류로는 인디고(남색), 캐머마일(짙은밤색), 이집트산 헤나(붉은색)등이 있다.

ⓛ **금속성 염모제**: 케라틴 속에 존재하는 유황과 금속이 반응하고 모발에 금속의 피막을 형성해 색이 나오며, 염색 후 콜드 웨이브가 나오지 않으며 특유의 둔한 광택을 내며 색조 범위가 제한적이다. 납의 화합물이며, 그 밖에 구리, 니켈, 코발트 등의 화합물도 사용한다.

ⓒ **합성 염모제**: 산화제가 함유되어 있어 산화염모제라고도 하며 주성분인 1액과 과산화수소수 등의 산화제를 주성분으로한 2액으로 나눠져 있다.

ⓐ **제1액**
- 산화염료가 암모니아수에 녹아있어 알칼리성을 띠며 모발에 침투하는 작용과 제 2제인 과수를 분해하는 작용을 한다.
- 암모니아와 산화원료(색조), 계면활성제(침투제, 유화제), 양모제 등으로 구성되어 있다.
- 암모니아는 모발을 팽윤시켜 큐티클을 열어 색조의 코텍스층의 침투를 돕는다.

ⓑ **제2액**
- 모발의 멜라닌 색소를 파괴하여 탈색을 일으키는 동시에 화염료를 산화해서 발색시킨다.
- 색의 입자를 피질층에 넣어주는 역할을 하며 잔존해 있는 자연모의 색상과 화학적인 인공염료가 더해져 모발에 최종 색상을 만든다.

4. 헤어 틴트 시술

① **패치 테스트**: 염모제나 퍼머액 등을 사용할 때 많이 행해지는 것으로 향료, 색소, 특수 성분 등이 피부에 미치는 자극성을 시험하기 위한 테스트이다. 대개 24~72시간 정도 방치하여 가려움이나 물집이 없었는가를 조사한다.

② **다이터치 업**: 염색 후 새로 자라난 두발에 대한 염색을 말한다.

③ **컬러 테스트**: 염색 또는 탈색 시 색의 정도를 시험하는 것이다.

④ **스트랜드 테스트**: 염색 전 염색에 소요되는 시간과 색상조절을 시험하는 것이다.

▶ **염색에 소요되는 시간**
- **정상모**: 20~30분 정도 소요된다.
- **손상모**: 15~25분 정도 소요된다.
- **발수성모**: 35~40분 정도 소요된다.

2 탈색 이론 및 방법

1. 정의
모발 중의 멜라닌을 산화·분해시켜 모발을 탈색시키는 기술로 산화제에서 배출된 산소는 먼저 유멜라닌을 제거하고 점차적으로 페오멜라닌을 없앤다.

2. 목적
① 피부색, 화장, 복식과의 조화를 이루도록 자연스럽게 전체적으로 탈색한다.
② 특정한 색조로 탈색효과를 내거나 부분적인 탈색으로 무늬를 만든다.
③ 틴트한 두발색이 마음에 들지 않거나 너무 진하면 제거한다.

3. 블리치제의 조제 비율
6% 과산화수소 90cc+28%의 암모니아수 3~4cc(30~40방울)의 비율로 제조한다.
(이 때 발생하는 산소의 힘을 이용해서 멜라닌색소를 파괴해서 이루어진다.)

4. 종류
① 액상 블리치: 모발에 대한 탈색작용이 빠르고 진행정도를 관찰하면서 시술할 수 있는 장점이 있지만 탈색의 정도가 심하게 되는 경우가 발생하는 단점도 가지고 있다.
② 호상 블리치: 시술 도중에 과산화수소가 건조될 염려가 없는 장점이 있으나 모발의 탈색진행 정도를 알기 어려운 단점이 있다.
③ 샴푸 블리치: 일시적 또는 반영구적 염모제에 의해 생성된 원하지 않는 색을 지우거나 금속염 된 염모제를 없앨 때 사용한다.

5. 탈색에 소요되는 시간
탈색에 소요되는 시간은 10~30분 정도 소요된다.

6. 블리치제 바르는 순서
모근부에서 2.5cm정도는 맨 나중에 바르는데 체온에 따라 탈색작용이 빠르기 때문이다.

7. 헤어 블리치 시술의 예
① 버진 헤어 시술
  ㉠ 블리치를 처음으로 시술한 두발로 블리치 전에는 샴푸를 하지 않는다.
  ㉡ 블리치제를 직접 만들어 쓸 경우에 약 90cc의 과산화수소에 약 3~4cc(약 30~40방울)의 암모니아수를 더해 점착제를 첨가하여 점성을 더한다.

② 블리치 터치 업 시술
  ㉠ 블리치를 행한 후 어느 정도 시간이 지나면 새로운 두발이 자라나는데, 이곳에 블리치 하는 것을 말한다.
  ㉡ 블리치제를 직접 만들어 쓸 경우에 약 45cc의 과산화수소에 약 1~3cc(약 10~30방울)의 암모니아수를 더하고 다시 점착제를 넣는다.

8. 탈염
염모제에 의해 염색된 두발의 색을 다시 빼는 것을 말한다.
① 탈염 시술 상 주의 점
  ㉠ 두피에 상처가 있을 시에는 시술을 하지 않는다.
  ㉡ 시술자는 손 보호를 위하여 고무장갑을 착용해야 한다.
  ㉢ 시술 전 샴푸 시 브러싱과 두피자극을 하지 말아야 한다.
  ㉣ 퍼머넌트 웨이브는 일주일이 지난 후에 해야 한다.
  ㉤ 블리치제 조합은 정확히 해야 하며 남은 것은 버려야 한다.
  ㉥ 과산화수소는 직사광선을 피해 서늘하고 건조한 곳에 밀폐하여 보관한다.
  ㉦ 사후 손질로 헤어 컨디셔닝을 해야 한다.
  ㉧ 고객 카드에 필요사항을 기재한다.

3 색채이론

1. 색체 원리
① **색상환**: 색의 변화를 계통적으로 표시하기 위해서 색표를 둥근 모양으로 배열한 것이다.

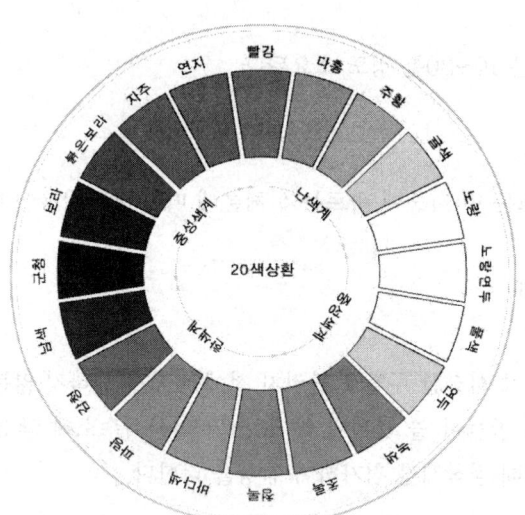

　　㉠ **무채색**: 명도에는 차이가 있으나 색상과 순도가 없는 색으로 흰색과 회색, 검정색 등이 있다.
　　㉡ **유채색**: 무채색과는 달리 색상을 갖는 모든 색을 일컷는 말로 순색과 중간색으로 이루어져 있다.
　　㉢ **등화색**: 원색의 보색인 색들로 노란색의 반대편에 있는 녹색, 주황, 보라는 서로 보색 관계이다.

2. 색의 혼합
① **가산혼합**: 빛을 가하여 색을 혼합할 때, 혼합한 색이 원래의 색보다 밝아지는(명도가 높아지는) 혼합이다.
② **감산혼합**: 혼합색이 원래의 색보다 명도가 낮아지도록 색을 혼합하는 방법이다.

3. 색채의 대비
① **명도대비**: 명도가 다른 두 색을 이웃하거나 배색하였을 때, 밝은 색은 더욱 밝게, 어두운 색은 더욱 어둡게 보이는 현상이다.
② **채도대비**: 채도가 다른 두 색을 인접시켰을 때 서로의 영향을 받아 채도가 높은 색은 더욱 높아 보이고 채도가 낮은 색은 더욱 낮아 보이는 현상이다.
③ **보색대비**: 색상 대비 중에서 서로 보색이 되는 색들끼리 나타나는 대비 효과로 보색끼리 이웃하여 놓았을 때 색상이 더 뚜렷해지면서 선명하게 보이는 현상이다.

4. 색의 3속성
① **색상**: 색의 3속성의 하나로 빨강, 파랑, 녹색이라는 이름 등으로 서로 구별되는 특성이다.
② **명도**: 물체가 가지는 색의 밝기의 정도를 나타내며, 명도가 높을 때는 '밝다', 낮을 때는 '어둡다' 라고 표현한다.
③ **채도**: 색상의 진하고 엷음을 나타내는 포화도(飽和度)라고도 하며, 아무것도 섞지 않아 맑고 깨끗하며 원색에 가까운 것을 채도가 높다고 표현한다.

10 토탈뷰티코디네이션

1 토탈뷰티코디네이션

1. 토탈뷰티코디네이션의 정의
인간의 몸에 장식하는 모든 장식품들을 포함하는 것으로 헤어스타일, 메이크업, 의상, 악세사리와 소품, 피부색과 질감 등의 적절한 배치와 전반적인 조화를 이뤄 통일된 이미지를 형상화 하려는 것이다.

2. 연령별 여성 코디법
① 20대 여성: 의상 선택의 폭이 가장 넓고 어떤 스타일이나 가장 잘 소화해 내는 시기로 20대 여성들의 원피스는 튜닉 스타일로 입어서 스키니 진이나 레깅스와 같은 하의와 어울리게 입으면 몸매 결점도 커버된다.
② 30대 여성: 너무 나이들어 보이지 않으면서도 어느 정도 여성스러움을 강조해주는 것이 좋다. 30대 여성에게 적합한 꽃무늬 원피스 스타일은 너무 여성스럽거나 노출이 많은 스타일보다는 단순한 스타일을 선택하는 것이 좋다. 무늬 자체가 여성스럽고 화려한 느낌을 주기 때문에 디자인까지 화려한 스타일을 할 필요는 없다.
③ 40~50대: 나이를 먹을수록 화려한 옷이 잘 어울린다. 따라서 중년 여성일수록 레드, 옐로우 등 진하고 밝은 색을 선택해 주는 것이 좋다. 원색의 화려한 컬러에는 흰색이나 흐린 회색처럼 연한 컬러를 코디해 주는 것이 좋다.

2 가발

1. 가발의 사용목적
① 신체적 문제로 인해 대머리 현상이 일어나므로 가발을 쓰는 경우가 많다.
② 암 치료에 따른 약물 치료로 인하여 머리카락이 빠지거나 원형 탈모증 같이 머리의 일부가 빠지는 경우에 사용한다.
③ 다른 나라 사람이나 환경을 묘사할 때 사용한다.

2. 가발의 종류
① 위그(전체가발): 전체가발은 가발 망을 쓰고 가발을 통째로 쓰는 것으로 통가발일고도 한다.
② 헤어피스(부분가발)
  ㉠ 폴: 일시적으로 짧은 머리를 긴 머리스타일로 바꾸는 데 사용된다.
  ㉡ 스위치: 긴 머리모양으로 땋은 머리 상태의 가발로 원하는 부위에 붙이는 방법으로 사용된다.
  ㉢ 위글렛: 두부의 특정 부위에 사용되는 가발로 특별한 효과를 연출해 내기 위하여 사용된다.
  ㉣ 웨스트: 실습용 부분가발로, 블룩에 T핀으로 고정시켜 핑거 웨이브의 연습 등에 사용된다.

3. 가발 세정법
① 1단계: 따뜻한 물에 2~3분 정도 담갔다 샴푸로 세척한다.
② 2단계: 맑은 물로 깨끗이 헹구어 준다.
③ 3단계: 깨끗이 헹군 가발에 린스를 해준다.
④ 4단계: 린스를 깨끗이 헹군 뒤 한쪽 방향으로 빗질을 해준다.
⑤ 5단계: 빗질을 하고난 뒤 수건으로 감싸 가볍게 두드리며 물기를 제거해 준다.
⑥ 6단계: 어느 정도 물기가 제거된 가발은 한 곳에 고정한 뒤 스타일을 만들어 준다.

4. 가발의 치수 측정
① 길이: 이마 정 중앙선에 있는 헤어라인에서 네이프의 헤어라인 까지를 말한다.
② 높이: 좌측 이어 톱의 헤어라인에서 우측 이어 톱의 헤어라인 까지를 말한다.
③ 둘레: 페이스라인과 귀 뒤의 1cm부분, 네이프 미디움 위치의 둘레를 말한다.
④ 이마 폭: 페이스 헤어 라인의 한쪽 끝에서 다른 한쪽 끝을 말한다.
⑤ 네이프 폭: 양쪽 네이프의 사이드 코너에서 코너까지의 길이를 말한다.

 피부와 피부 부속 기관

1 피부구조 및 기능

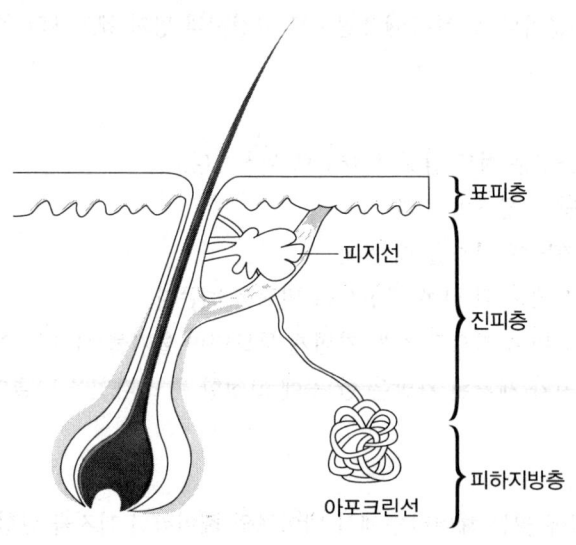

피부의 구조

1. 표피층
① **각질층**: 핵이 존재하지 않는 죽은 세포들로, 외부의 자극으로부터 보호해주며, 수분증발을 억제해 준다(구성성분: 세라마이드50%, 지방산30%).
② **투명층**: 핵과 색이 없는 세포로 모든 피부에 있으나 주로 손, 발바닥에 많이 분포한다. 반유동성 물질을 함유하고 있으며 수분침투방지, 자외선 반사충격을 흡수한다.
③ **과립층**: 각화과정이 시작되는 층으로 외부물질로부터 침투하는 수분을 막는다(레인방어막). 또한 피부내부로의 수분상실을 막아준다.
④ **유극층**: 표피에서 가장 두꺼운층이며 수분과 영양을 많이 함유하고 있다. 피부의 면역반응에 관여하는 랑게르한스세포가 존재하며 림프액이 흐른다.
⑤ **기저층**: 표피의 가장 아래에 있는 층으로 세포분열을 한다. 각질형성세포와 멜라닌형성세포가 존재한다.

2. 진피층
① **유두층**: 기처층에 산소와 영양을 공급하고, 촉각이나 통각과 같은 감각기관과 신경종말세포

　　　가 분포한다.
② **망상층**: 결합조직이 그물모양으로 되어있고 피하지방과 연결되어 있다. 혈관, 피지선, 한선, 랑거선, 모낭이 분포한다.
　㉠ **콜라겐(교원섬유)**: 피부의 주름에 관여하는 조직이다.
　㉡ **엘라스틴(탄력섬유)**: 피부의 탄력성을 부여한다.
　㉢ **무코다당류**: 진피에서 수분을 함유하는 역할을 하며 주성분으로는 하아루론산, 황산콘드로이친 등이 있다.

3. 피하지방층
① 유분공급이 되어 피부가 부드럽다.
② 피부와 근육 층 사이에 구조를 담당하고 있으며 탄력성 유지 및 완충작용을 한다.
③ 그물모양의 느슨한 결합조직으로 이루어져 있으며 지방세포가 그 사이에 자리 잡고 있다.
④ 외부에서 오는 충격을 흡수해 신체 내부의 손상을 막는다.

❷ 피부 부속기관의 구조 및 기능

1. 피지선
① **피지선의 의의**
　㉠ 모낭에 부속되어 중간 부분에 위치한다.
　㉡ 피부표면에 피지를 분비하는 부속기관으로 진피층에 위치하고 있다.
② **특징**
　㉠ 큰 피지선은 인체의 중심부인 두피, 얼굴, 가슴부위에 집중적으로 분포되어 있으며, 손바닥이나 발바닥에는 존재하지 않는다. 하루의 분비량은 1~2g정도이다.
　㉡ 남성이 여성보다 많고, 지성피부에 많은 것을 볼 수 있다.
　㉢ 피지선은 부위, 나이, 성별, 계절, 피부의 온도 등에 따라 다르다.
　㉣ 피지선의 활동은 남성 호르몬인 테스토스테론의 영향을 많이 받는다.
③ **피지의 역할**
　㉠ 피지선에서 분비되는 물질로 피부 표면에 보호막을 형성하여 외부에서 오는 충격에서 피부를 보호한다.
　㉡ 피부와 털에 광택을 주어 수분이 손실되는 것을 막아주며 피부를 부드럽게 해준다.
　㉢ 산성을 띠며 외부로부터 세균이나 유해물질이 들어오는 것을 막아준다.

2. 땀샘
   ① 땀샘의 의의: 땀샘은 포유류에서만 볼 수 있는 피부샘으로, 땀을 분비하는 곳이다.
   ② 특징
      ㉠ 신체의 전체 표면에 분포되어 있는데, 특히 손바닥과 발바닥에 많고 큰 것은 겨드랑이에 있다.
      ㉡ 땀샘은 땀의 형태로 노폐물과 수분을 몸 밖으로 배설하고, 피부표면에서 주위의 열을 흡수하면서 증발하므로 체온을 낮추어 우리 몸의 체온을 일정하게 유지시킨다.
   ③ 땀샘의 역할
      ㉠ 혈액이 땀샘 주위의 모세혈관 속을 흐를 때 혈액 속의 노폐물이 땀샘으로 걸러져서 땀으로 배설된다.
      ㉡ 체온이 올라가면 몸에서 많은 땀이 나는데, 이 땀이 증발 할 때 몸에서 열을 빼앗아 가므로, 체온이 내려간다.
      ㉢ 밖의 기온과 체온의 변화에 따라 땀샘을 열고 닫음으로써 체온이 적당한 상태로 유지될 수 있도록 한다.
      ㉣ 체온이 내려가면 땀샘을 막아 땀이 나지 않도록 한다.

3. 손톱과 발톱(조갑)

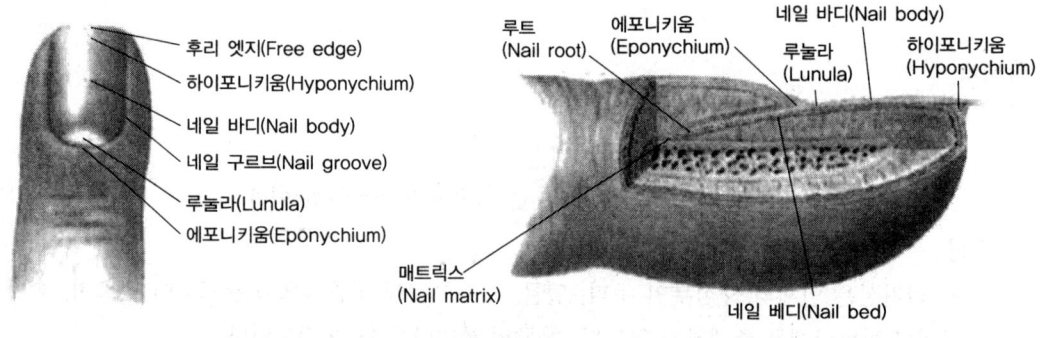

손톱의 구조

   ① 구성
      ㉠ 손톱과 발톱은 수족의 등 부위의 표피에서 생겨난 각질층의 얇은 판으로 피부의 부속기관의 하나이다.
      ㉡ 케라틴 단백질로 구성되어 있으며, 건강한 사람인 경우 하루에 0.1~0.15mm정도 자란다.
   ② 손톱의 구조
      ㉠ 조근: 손톱의 뿌리로 얇고 부드러운 피부이며, 조갑이 시작되는 부분이기도 하다.

ⓛ 조곽: 조갑의 주위를 에워싸고 있는 피부로 조곽에 의해 손톱이 조근과 좀 더 밀착될 수 있다.
ⓒ 반월: 완전히 케라틴화 되지 않은 부분으로 반달 모양의 유백색을 띠고 있다. 사람에 따라 차이가 있으며 반월이 없더라도 건강하지 않다는 것은 아니다.
② 조상: 손톱 속의 조체를 받쳐주는 살로 이 부분은 손톱의 신진대사를 도와 조체에 수분을 공급하는 역할을 하고 있다.
ⓜ 조구: 조곽과 손톱 사이의 옴폭한 홈이다.
ⓑ 조체: 손톱 자체를 조체라 하며 손톱의 근원인 매트릭스로 이루어져 있으며 세 겹으로 되어 있다.
ⓢ 조기질: 손톱을 만들고 있는 형질로서 손톱성장에 필요한 영양을 공급하는 역할을 한다. 조기질이 손상되면 손톱이 성장하는데 방해를 받으며 흰색의 반점이 손톱 위에 생기기도 한다.
ⓞ 조소피: 큐티클이라고도 하며 손톱 주위를 덮고 있는 피부로 미생물의 침입으로부터 네일을 보호해주며, 신경이 없는 피부이다.
ⓩ 조하막: 후리 엣지 밑의 피부로 박테리아의 침입으로부터 손톱을 보호한다.
ⓒ 자유연: 자라나는 손톱으로 길이를 자신의 취향대로 조절할 수 있다.

③ **손톱과 발톱의 역할**
   ⓛ 물건을 집을 때 받침대 역할을 해 준다.
   ⓒ 손가락과 발가락의 끝을 보호하는 역할을 해준다.
   ⓒ 걸음을 걷는 것을 용이하게 해 준다.

4. 모발

① **모발의 특징**
   ⓛ 모발은 털이 난 부위에 따라서 두발, 수염, 액모, 음모, 미모, 첩모, 비모, 이모, 체모로 구별한다.
   ⓒ 모발은 모모(毛母)의 상피세포가 그 속에 케라틴 섬유를 만들면서 자란다.
   ⓒ 모발은 두부를 보호하며 신체에서 필요로 하지 않는 수은, 비소, 아연 등의 중금속을 모발 내의 모모세포에서 흡수하여 체외로 배출한다.
   ② 모발은 장식의 기능이 있어 아름다움을 표현할 수 있다.

② **모발의 구조와 역할**
   ⓛ 모간부
      ⓐ 표피층: 딱딱한 각질층으로 모발을 보호하기 위해 7~8겹으로 되어 있다.
      ⓑ 피질층: 모발의 탄력과 형태를 유지해 주며 수질층을 둘러싸고 있고 케라틴이라는 단백

질로 이루어져 있다.
- ⓒ **수질층**: 둥근 세포가 3~4층을 이룬다. 굵은 모발일수록 수질이 들어 있고 가는 모발일수록 수질이 없을 확률이 크다. 금발인 서양인은 검은머리의 동양인보다 수질층이 부족하기 때문에 머리카락에 힘이 없어 부드럽게 보인다.

ⓛ 모근부
- ⓐ **모공**: 모발이 자라서 나오는 곳으로 피지도 모공에서 나온다. 기온과 호르몬 등의 변화에 따라 모공이 커지기도 하고 작아지기도 한다.
- ⓑ **피지선**: 지방으로 이루어져 있으며 피지를 분비하는 곳이다. 피지의 일부는 모발을 통해 두피 쪽으로 올라와 머릿결에 윤이 나게 하고, 일부는 피부 표면으로 올라와 피부를 촉촉하게 하고 수분이 증발하는 것을 방지하며 피부를 보호해 준다.
- ⓒ **입모근**: 교감신경의 영향을 받아 머리카락을 바로 세우는 근육이다.
- ⓓ **모구**: 모발의 뿌리를 둘러싸고 있는 곳으로 머리카락을 뽑으면 희고 두툼한 것이 딸려 오는데 이것을 모구라 한다.
- ⓔ **모유두**: 모구의 가장 아래에 존재하며 모발에 영양을 공급해 준다. 유두의 모양으로 생겨 모유두라 하며, 모세혈관이 복잡하게 엉켜 있으나 각종 영양소와 산소를 모발에 공급한다. 모발이 생성되고 성장하는 것을 조절하는 기능을 한다.
- ⓕ **모모세포**: 모유두를 뒤덮고 있고, 모유두 로부터 영양분을 공급받아 모발의 세포분열을 일으키는 세포이다.
- ⓖ **모낭**: 모발의 근원이 되는 곳으로 모발이 생겨나 성장하고 보호를 받는 곳이다. 따라서 모낭에 문제가 생기면 모발 자체가 생성되지 않으며, 모낭이 두피 쪽으로 이동하게 되면 모발이 저절로 빠진다. 모낭의 숫자는 태어날 때 정해지고 20대 후반부터 그 수가 감소하기 시작한다.
- ⓗ **모세혈관**: 소동맥과 소정맥을 연결하는 그물 모양의 가는 혈관으로 모모세포에 영양분을 공급하고 노폐물을 배출한다.

12 피부유형분석

1 정상피부의 성상 및 특징

1. 정상피부의 특징
① 피부에 수분이 적당하고 촉촉하며 색이 맑다.
② 피부결이 곱고 모공이 촘촘하다.
③ 주름과 기미가 없고 피지가 적당히 분비된다.
④ 혈액순환이 잘되며 수분이 적당히 있어 피부가 촉촉하며 잡티가 없다.
⑤ 세안 후 당기거나 번들거림이 없고 화장이 오랫동안 지속된다.
⑥ 모공이 적당하고 주름이 없으며 탄력이 좋다.
⑦ 피부 유분함량이 정상적이며 피부표면이 윤기 있고 매끄럽다.
⑧ 피부결이 부드럽고 윤기가 있으며 각질층의 수분이 10%이다.

2 건성피부의 성상 및 특징

1. 건성피부
다른 피부타입에 비해 피지분비량이 비교적 적고, 땀을 적게 흘린다.

2. 건성피부의 특징
① 파운데이션이 잘 받지 않는 등 화장이 잘 먹지 않고 들뜬다.
② 피부가 푸석 거리고 건조하며 윤기가 없다.
③ 세안 후 손질을 하지 않으면 피부가 심하게 당기며 거칠다.
④ 피부가 얇고 거칠며 잔주름이 많고 푸석 푸석하다.
⑤ 모공이 촘촘하고 잔주름이 많으며 피부결이 섬세하다.
⑥ 각질이 쉽게 생기고 다른 부위에 비하여 노화가 빨리 온다.
⑦ 각질층의 수분이 10% 이하이고 눈 주위에 잔주름이 보인다.

3. 원인
① 연령의 증가, 주위 환경의 변화, 계절의 변화 등에 의한 피부의 변화 때문이다.
② 혈액순환이 잘 되지 않거나 신진대사 기능이 떨어지면 피지와 땀의 분비가 줄어들어 건조함의 원인이 된다.
③ 피부를 건조하게 만드는 알코올이 함유된 화장품을 장기간 사용해도 피부가 건조해지는 원인이 되기도 한다.

③ 지성피부의 성상 및 특징

1. 지성피부
건성피부와는 반대로 피지분비량이 많고 활발한 피부타입으로 보통 젊은 사람들에게서 많이 볼 수 있는 피부타입이다.

2. 지성피부의 특징
① 피지의 분비량이 많아서 오염물질이나 먼지 등이 피부에 달라붙기 쉽다.
② 모공이 막혀 여드름이나 뾰루지 같은 피부트러블이 자주 생긴다.
③ 유분기가 많기 때문에 얼굴이 번들거려 보이기도 한다.
④ 모공이 넓어서 색조화장이 피지 때문에 금방 지워져 피부가 더 어둡게 보일 수도 있다.

3. 원인
① 유전적 원인이나 사춘기 때의 호르몬의 영향이 있다.
② 향신료, 자극적인 음식, 기호 식품의 과잉 섭취가 원인이 되기도 한다.
③ 더위와 습한 기온 같은 환경적인 요인이 원인이 되기도 한다.

④ 민감성피부의 성상 및 특징

1. 민감성피부
외부의 자극성물질, 알레르기성 물질 혹은 환경변화 또는 인체내부 원인에 대해 더 민감하게 반응하여 자극반응이나 피부염을 잘 일으키는 피부타입이다.

2. 민감성피부의 특징
① 화학적, 물리적인 것에 예민한 반응을 보인다.
② 피부결은 깨끗하고 섬세하나 건조하기 쉽고 자극에 민감하다.
③ 계절이 바뀔 때마다 피부가 일시적으로 불안정해진다.
④ 외부 자극에 의한 주름이나 염증성, 알레르기 현상을 일으킬 수 있다.

3. 원인
① 유전적으로 피부 조직 각화과정이 정상적인 경우, 4주는 주기로 박리되는데 그 이전에 조기 박리되어 각질층이 얇아지고 어린 세포층이 피부표면에 노출되면서 외부자극에 대해 민감한 반응을 보인다.
② 강한 화학 성분 등이 피부에 접촉하게 되는 경우 피부보호막이 변화를 일으켜 방어능력이 떨어지고 피부에 수분이 빠져나가게 되면서 피부가 민감해 진다.
③ 냉, 열, 마찰, 자외선 등을 비롯한 광선이 피부를 예민하게 하는 자극적 요소가 된다.
④ 질병이나 부신피질호르몬제 투여는 각질세포층을 얇게 하여 감수성을 높게 한다.
⑤ 비타민, 칼슘, 마그네슘 등의 부족은 자율신경계가 불안정해지면서 혈관운동이 항진된다.
⑥ 정신적 스트레스는 말초신경을 자극함으로서 피부의 예민성향을 높인다.

5 복합성 피부의 성상 및 특징

1. 복합성 피부
U존(뺨과 턱)은 당기고 건조하지만 T존(이마나 코 주변)은 번들번들 거리는 피부로 과도한 피지와 피부 건조함이 한꺼번에 나타나는 피부타입이다.

2. 복합성피부의 특징
① 피지분비가 많은 곳에는 여드름이나 뾰루지가 나기도 하고 모공이 크고 피부결은 거칠다.
② 눈이나 입 주위는 건조하고 당기는 듯한 느낌이 있다.
③ 민감한 피부에 주로 나타난다.

3. 원인
① 화장을 처음 시작하거나 기후 변화가 심할 때 일시적으로 피부가 균형을 잃어 부분적인 이상으로 생기기 쉽다.

② 수면부족이나 피로한 경우에도 피부가 당기며 건조해져 복합성 피부가 되기 쉽다.
③ 30대 중반이 넘으면 대체로 복합성피부로 되는 경향이 있다.

6 노화피부의 성상 및 특징

1. 노화피부
나이가 들며 생기는 자연스러운 현상이나 유전적, 환경적 요인에 따라서 같은 나이에서도 노화의정도 차이가 있다.

2. 노화피부의 특징
① 유분함량의 감소로 인해 피부가 건조해진다.
② 파괴된 콜라겐이 피부를 제대로 지탱해주지 못하기 때문에 탄력이 떨어지고 주름이 생성된다.
③ 멜라닌 세포수의 감소와 기능약화로 색소 침착 불균형이 일어나고 얼룩 반점이 생기며 자외선에 대한 방어능력이 저하된다.

3. 원인
① 햇빛이나 유해한 환경에 의해 발생한다.
② 일교차가 심한 계절과 급격한 온도의 변화는 피부의 탄력을 저하시킨다.
③ 스트레스를 받으면 활성 산소가 발생하는데 이것은 노화 촉진물질이다.
④ 질병이나 수면부족에 의해 노화피부가 발생할 수 있다.

13 피부와 영양

1 5대 영양소

1. 영양소
인간을 비롯한 생물이 외부로부터 받아들인 물질 중에서 생물체의 몸을 구성하거나, 에너지원으로 사용되거나 또는 생리작용을 조절하는 물질을 말한다.

2. 탄수화물
▶ 녹말, 셀룰로스, 포도당 등과 같이 일반적으로 탄소, 수소, 산소의 세 원소로 이루어져 있는 화합물이다.

▶ 생물체의 구성성분이거나 에너지원으로 사용되는 등 생물체에 꼭 필요한 화합물이다.

① **단당류**($C_6H_{12}O_6$): 탄수화물의 단위체로 다당류를 산 또는 효소로 가수분해했을 때 생기는 당류로 포도당(glucose), 과당(fructose), 갈락토오스(galactose) 등이 있다.

　㉠ 포도당(glucose)
　　ⓐ 환원당이며 과일이나 혈액중에 함유, 이당류의 구성성분이다.
　　ⓑ 탄수화물 대사의 중심적 화합물로서 한 분자당 38개의 ATP를 합성할 수 있다.

　㉡ 과당(fructose)
　　ⓐ 환원당이며 과일이나 꿀에 존재한다.
　　ⓑ 흡습성과 조해성을 갖고 있다.
　　ⓒ 용해도는 크고, 점성은 낮다.
　　ⓓ 이눌린의 가수분해로 생성된다.

　㉢ 갈락토오스(galactose)
　　ⓐ 환원당이며, 단독으로 존재하지 못하고 포도당과 결합해 젖당의 형태로 존재한다.
　　ⓑ 포유동물의 젖에만 존재한다.
　　ⓒ **유당의 구성성분**: 우유 4.8%, 모유 6.9%, 분유 50~51%

② **이당류**($C_{12}H_{22}O_{11}$): 2분자의 단당류가 서로 에테르 모양으로 결합을 한 당으로 맥아당(maltose), 설탕(sucrose), 젖당(lactose) 등이 있다.

　㉠ 맥아당(엿당, maltose)
　　ⓐ 효소 말타아제에 의해 2개의 포도당으로 분해된다.

ⓑ 곡식이 발아할 때 생성된다.(엿기름 속에 존재)
ⓒ 환원당이며, 전분의 노화 방지 효과와 보습효과가 있다.
ⓒ 설탕(자당, sucrose)
ⓐ 효소 인베르타아제에 의해 포도당과 과당으로 분해된다.
ⓑ 비환원당이다.
ⓒ 당류의 단맛 비교 기준이다.
ⓓ 가수분해 되어 전화당을 생성한다.(50%과당+50%포도당)
ⓒ 젖당(유당, lactose)
ⓐ 효소 락타아제에 의해 포도당과 갈락토오스로 분해된다.
ⓑ 물에 잘 녹지 않고 단맛이 적다.
ⓒ 환원당이다.

③ 다당류: 단당류 2개 이상이 글리코시드결합하여 큰 분자를 만들고 있는 당류로 덱스트린(dextrin), 전분(starch) 등이 있다.
㉠ 덱스트린(dextrin)
전분 또는 곡물을 산, 열, 효소 등으로 가수분해시킬 때 전분에서 말토오스에 이르는 중간 단계에서 생기는 여러 가지 가수분해 산물을 총칭하여 덱스트린이라 한다.
㉡ 전분(녹말, starch)
ⓐ 포도당의 기본 구성 분자이다.
ⓑ 무미, 무취의 백색분말이다.
ⓒ 식물의 저장당질, 곡류, 근채류, 두류에 있다.
ⓓ 분자 구조에 따른 분류
- 아밀로오스
  - 요오드 용액에 의해 청색반응을 한다.
  - β-아밀라아제에 의해 소화되면 거의 맥아당으로 바뀐다.
  - 쉽게 노화하고 침전하는 경향이 있다.
- 아밀로펙틴
  - 요오드 용액에 의해 적자색반응을 한다.
  - 아밀로오스보다 분자량이 크다.
  - 노화가 늦게 진행된다.

3. 지방
▶탄소, 수소, 산소로 이루어져 있다.
▶생물체에 함유되어 있고 물에 녹지 않으나, 지용성 용매에 녹는다.

① 지방의 구조
　㉠ 지방산
　　ⓐ 포화지방산
　　　• 상온에서 고체이며 돼지기름, 버터 같은 동물성유지에 많이 들어 있다.
　　　• 카프로산, 미리스트산, 팔미트산, 스테아르산, 부티르산 등이 있다.
　　ⓑ 불포화지방산
　　　• 상온에서 액체이며 참기름, 콩기름, 옥수수유 등과 같은 식물성유지가 들어 있다.
　　　• 올레산, 리놀레산, 리놀렌산 등이 있다.
　㉡ 필수지방산
　　ⓐ 우리 몸에는 꼭 필요하나 체내에서 합성되지 못하는 것으로 반드시 음식으로 먹어야 하는 지방산이다.
　　ⓑ 리놀렌산, 리놀레산, 아라키돈산이 대표적이다.
　㉢ 글리세롤
　　ⓐ 지방의 가수분해로 얻어진다.
　　ⓑ 무색, 무취, 감미를 가진 시럽과 같은 액체이다.
　　ⓒ 비중은 물보다 크다.
　　ⓓ 수분을 끌어들여 보유하는 보습성이 있다.
　　ⓔ 물-기름 유탁액에 대한 안정성이 있다.
　　ⓕ 용매작용으로 빵, 과자에 유용한 특성을 지니고 있다.

② 지방의 화학적 반응
　㉠ 가수분해
　　ⓐ 지방의 글리세린과 지방산의 결합 시 분해되는 것으로 유리지방산과 모노-글리세리드, 디-글리세리드가 생성된다.
　　ⓑ 유리지방산의 함량이 높아지면 튀김기름은 거품이 많아지고 유리지방산가가 높아지고 발연점이 낮아진다.
　㉡ 산화
　　ⓐ 유지가 대기 중의 산소와 반응하여 산패되는 것을 말한다.
　　ⓑ **지방의 산화를 가속시키는 요소**: 지방산의 불포화도, 금속(철, 구리), 생물학적 촉매, 자외선(햇빛), 온도 등이 있다.

4. 단백질
아미노산으로 구성되는 한 무리의 고분자량 질소 화합물의 총칭이다.
① 단백질의 조성
단백질은 지방, 탄수화물과 달리 탄소, 수소, 산소이외에 반드시 질소를 함유하고 있으며 평균적으로 질소를 16%정도 함유하고 있기 때문에 식품의 질소함량을 측정하고 여기에 100/16=6.25(단백계수)를 곱하여 단백질 함량으로 한다.

② 아미노산의 종류
   ㉠ **중성아미노산**: 아미노그룹(1개)+카복실그룹(1개)
   ㉡ **산성아미노산**: 아미노그룹(1개)+카복실그룹(2개)
   ㉢ **염기성아미노산**: 아미노그룹(2개)+카복실그룹(1개)
   ㉣ **함유황아미노산**: 유황(S)을 함유하는 아미노산으로 시스테인, 시스틴, 메티오닌 등이 있다.

③ 단백질의 구조
   ㉠ **1차구조**: 아미노산과 아미노산의 펩타이드 결합
   ㉡ **2차구조**: 아미노산 사슬이 코일구조
   ㉢ **3차구조**: 코일구조로 단백질(2차구조)이 구부러진 구상구조
   ㉣ **4차구조** : 3차구조의 단백질이 화합하여 고분자를 이룸

④ 단백질의 분류
   ㉠ **단순단백질**
      ⓐ 아미노산만으로 되어 있는 단백질이다.
      ⓑ 알부민, 글로불린, 글루테린, 프롤라민, 알부미노이드, 히스톤, 프로타민 등이 있다.
   ㉡ **복합단백질**
      ⓐ 다른물질과 결합되어 있는 단백질이다.
      ⓑ 핵단백질, 인단백질, 지단백질, 당단백질, 색소단백질, 금속단백질 등이 있다.
   ㉢ **유도단백질**
      ⓐ 부분적인 분해로 생성된 단백질이다.
      ⓑ 메타단백질, 프로테오스, 펩톤, 펩티드 등이 있다.

5. 비타민

▶탄수화물, 지질, 단백질, 무기질 외에 고등동물의 성장, 생명유지에 꼭 필요한 유기영양소이다.
▶3대 영양소, 즉 탄수화물, 지질, 단백질의 대사에 필요한 조효소 역할을 한다.
▶호르몬과 마찬가지로 신체기능을 조절하지만 호르몬은 내분비 기관에서 체내 합성되는 반면, 비타민은 체내에서 합성되지 않는다.
▶음식물에서 섭취해야 한다.
▶부족하면 영양 장애가 일어나나, 에너지를 발생하거나 체물질이 되지는 않는다. 약 20여종이 있다.

① 비타민의 분류
   비타민은 녹이는 대상이 기름이냐 물이냐에 따라 크게 지용성 비타민(비타민A, D, E, K)과 수용성 비타민(비타민 B1, B2, B6, B12, C, 니코틴산(니아신), 엽산, 판토텐산)으로 나뉜다.

② 중요비타민
　㉠ 지용성 비타민
　　ⓐ 비타민A(악세로프톨): 생선, 간유, 버터, 김, 새나짐승의 내장, 노른자, 녹황색 채소, 감, 귤, 토마토 등에 함유
　　ⓑ 비타민D(칼시페롤): 간유, 버터, 새나짐승의 내장, 노른자, 청색을 띤 어류, 표고버섯 등에 함유
　　ⓒ 비타민E(토코페롤): 밀의 배아유, 옥수수기름, 면실유, 노른자, 우유, 버터, 두류, 녹황색채소 등에 함유
　　ⓓ 비타민K(필로퀴논): 양배추, 시금치, 토마토 등 녹황색채소, 간유, 난황 등에 함유
　㉡ 수용성 비타민
　　비타민B1(티아민), 비타민B2(리보블라빈), 비타민B3(피리독신), 비타민B12(시아노코발라민), 니아신, 엽산, 판토텐산, 비타민C(아스코르브산) 등이 있다.
③ 비타민 결핍 시 나타나는 증상

비타민A	야맹증, 안구 건조증	비타민C	괴혈병, 체중저하
비타민D	구루병, 골연화증, 불면증	비타민E	적혈구 파괴, 빈혈
비타민B1	각기병, 부정맥	비타민B2	성장부진, 피부 건조증

6. 무기질
▶미네랄이라고도하며 탄소, 수소, 질소를 제외한 나머지 원소들로 이루어져 있다.
▶생물체내에서 직접적인 열량원은 되지 못하나 신체를 구성하고 있는 중요한 요소이다.
▶골격 구성에 큰 역할을 하여 근육의 이완,수축 작용을 쉽게 해준다.
① 무기질의 구분
　㉠ 다량무기질: 칼슘, 칼륨, 인, 황, 나트륨, 염소, 마그네슘
　㉡ 미량무기질: 철, 요오드, 불소, 아연, 코발트, 구리
② 중요무기질
　칼슘(Ca), 철(Fe), 구리(Cu), 요오드(I) 등이 있으며, 이밖에 칼륨(K), 불소(F), 코발트(Co), 아연(Zn), 나트륨(Na), 황(S), 염소(Cl), 마그네슘(Mg), 셀렌(Se) 등이 있다.
③ 산, 알칼리의 평형
　㉠ 단백질과 무기질은 산과 염기에 대한 완충작용을 한다. 따라서 혈액과 체액의 정상 pH(pH7.35~7.65)가 유지된다.
　㉡ S, P, Cl과 같은 산성을 띠는 무기질을 많이 포함한 산성식품에는 곡류, 육류, 어패류, 난황 등이 있다.
　㉢ Ca, K, Na, Mg, Fe 같은 알칼리성 무기질을 많이 포함한 염기성 식품에는 채소, 과일 등의 식물성 식품과 우유 등이 있다.

2 피부, 체형과 영양

1. 피부와 영양
영양과 피부의 관계는 많은데 올바른 영양소를 섭취하는 것이 피부의 영양적, 건강적 측면에서 중요한 것이다.

2. 피부와 영양의 공급
① 음식물을 통해 좋은 영양소를 섭취하면 피부조직은 정상적으로 기능을 발휘한다.
② 잘못된 영양소의 섭취나 공급과잉 또는 결핍은 피부조직의 이상증상을 초래한다.

3. 체형과 영양
체형관리는 유전적인 요인도 작용하지만 식생활이나 생활습관의 변화 등으로 아름답고 건강하게 가꿀 수 있다.

4. 체형관리의 방법
① **식사요법**: 영양가가 높고 에너지가 적은 식품, 그리고 섬유소가 많이 함유 된 채소류를 다양하게 섭취한다.
② **운동요법**: 체지방을 연소 시키는 유산소 운동이나 본인에게 맞는 적당한 운동을 지속적으로 하는 것이 중요하다.

14 피부장애와 질환

1 원발진과 속발진

1. 원발진(primary lesion)
건강한 피부에 처음으로 나타나는 병적 변화를 말한다.
① 반점(macule): 피부 표면에 원형이나 타원형으로 색깔 변화만 있는 것으로 융기나 함몰은 없으며 경계는 명확하나 주변으로 갈수록 색이 차차 흐려지기도 한다.
② 홍반(erythema): 여러 가지 외적, 내적인 자극에 의해서 발생하는 가장 흔한 피부 반응 중 하나로서, 피부가 붉게 변하는 것과 혈관의 확장으로 피가 많이 고이는 것을 말한다.
③ 구진(papules): 피부가 솟아올라가 있는 것으로 크기는 직경 0.5~1cm 정도이다. 끝이 편평하거나 중심부가 함몰되어 배꼽 모양으로 나타나기도 하지만, 끝은 보통 뾰족하거나 둥글게 생겼다.
④ 결절(nodules): 구진과 형태가 같으나 그 직경이 약 5~10mm 정도로 더 크거나 깊이 존재한다. 일반적으로 사라지지 않고 지속되는 경향이 있는 피부 병변을 가리킨다.
⑤ 종양(tumors): 체내의 세포가 자율성을 가지고 과잉으로 발육한 것 또는 그 상태를 말하는 것으로 개체의 전체성과는 관계없이 발육한다.
⑥ 소수포(vesicles): 직경 1cm 미만의 물집으로 집단으로 분포하기도 하며 일렬로 분포하기도 한다.
⑦ 대수포(bulla): 맑은 액체를 포함하는 1cm 이상의 수포를 말한다.
⑧ 농포(pustules): 피부에 생기는, 고름이 차있는 작은 융기로 염증 세포와 액체 물질의 혼합물로 구성된다. 하나씩 생기거나 여러 개의 군집으로 발생한다.
⑨ 팽진(wheals): 두드러기의 대표적인 증상으로 부종성의 평평한 융기이며 대부분 타원형 또는 불규칙한 모양으로 나타난다.

2. 속발진
원발진에 이어서 일어나는 병적 변화를 말한다.
① 미란(erosion): 피부 또는 점막의 표층이 결손된 것으로 피부염이나 누공 주변 또는 화상·외상 등으로 작은 물집 혹은 고름집이 터진 자리에 생긴다.
② 찰상(excoriation): 스치거나 문질러서 생긴 상처로 찰과상이라고도 한다.

③ 가피(crust): 상처가 나거나 헐었을 때 피부표면의 결손부에 생기는 썩은 부위에 괸 조직액, 혈액, 고름 등이 말라 굳은 것으로 보통 부스럼딱지라고 한다.
④ 궤양(ulcer): 피부 또는 점막에 상처가 생기고 헐어서 출혈하기 쉬운 상태로 치유되어도 대부분 흉터가 남는다.
⑤ 인설(scale): 피부에서 하얗게 떨어지는 부스러기를 말한다.
⑥ 균열(fissure): 질병이나 외상에 의해 표피에 선모양의 틈이 생기는 것을 말한다.
⑦ 반흔(scare): 손상되었던 피부가 치유된 흔적을 말한다.
⑧ 태선화(lichenification): 단단하고 거친 잔주름들이 커져서 더 뚜렷이 나타나는 피부병으로 피부염이 오래 경과할 때 생긴다.

2 피부질환

1. 습진성 피부질환
① 접촉성 피부염: 외부 물질과의 접촉에 의하여 생기는 모든 피부염으로 원발성 접촉피부염과 알레르기성 접촉피부염으로 구분된다.
  ㉠ 원발성 접촉피부염: 일정한 농도의 자극을 주면 모든 사람에게 피부염이 일어나는 물질에 접촉 후 생긴 피부염을 말한다.
  ㉡ 알레르기성 접촉피부염: 정상인에게는 피부병을 일으키지는 않으나 그 물질에 감작된 즉 예민한 사람에게만 일어나는 피부염을 말한다.
② 아토피성 피부염: 유아기나 소아기에 시작되는 만성적이고 재발성의 염증성 피부질환으로 가려움증과 피부건조증, 특징적인 습진을 동반한다. 피부가 건조하기 쉬운 가을이나 겨울에 발생빈도가 높다.
③ 지루성 피부염: 장기간 지속되는 습진의 일종으로, 주로 피지샘의 활동이 증가되어 피지 분비가 왕성한 두피와 얼굴, 겨드랑이, 가슴, 서혜부 등에 발생하는 만성 염증성 피부 질환이다. 유전, 호르몬, 스트레스 등이 원인으로 알려져 있고, 두피의 경우 탈모의 원인이 되기도 한다.
④ 화폐상 습진: 경계가 명확한 동그란 동전 모양의 습진이라고 하여 '화폐상'이라 명명된 질환으로 작은 수포들로 시작하여 부위가 둥글게 점점 커지며, 가려움증이 심한 것이 특징이다. 원인은 불분명하나 아토피성 피부, 금속알레르기, 유전 등과의 관련성이 보고되고 있다.
⑤ 건성 습진: 50대 이후 나이 든 사람에게서 많이 발생하는 피부 질환으로, 춥고 건조한 겨울철에 우리 피부를 찾아오는 가장 흔한 피부병 중 하나이다.

2. 여드름

털 피지선 샘 단위의 만성 염증질환으로 면포, 구진, 고름물집, 결절, 거짓낭 등 다양한 피부 변화가 나타나며 그로 인해 오목한 흉터 또는 확대된 흉터를 남기기도 한다.

① 여드름의 생성과정
  ㉠ 1단계: 여드름의 초기상태이며 가벼운 면포성 여드름의 증상이 나타나지만 심하게 발전하지는 않는다.
  ㉡ 2단계: 면포성 여드름인 화이트헤드와 블랙헤드가 육안으로 느껴진다.
  ㉢ 3단계: 포도상구균의 감염에 의해 구진과 농포가 심해진다.
  ㉣ 4단계: 가장 심각한 상태로 구진과 농포 그리고 낭종과 결절이 진피까지 침투해 치료한 뒤에도 흉터가 남는다.

② 여드름의 종류와 형태
  ㉠ 염증 전 단계
    ⓐ 화이트헤드: 모공입구가 막힌채 노폐물과 피지가 가득차 피부 표면으로 하얗게 돌출된 것으로 방치하게 되면 고름이 차고 염증이 생기는 화농성 여드름으로 발전할 수 있다.
    ⓑ 블랙헤드: 모공에서 분비된 피지와 오래된 각질이 공기에 닿아 산화되면서 검게 변한 것이다.
  ㉡ 염증 단계
    ⓐ 구진: 세균 감염에 의해 모낭이 파열되어 염증이 터진 여드름으로 염증부위의 붉고 부풀어 오르며 통증이 있다.
    ⓑ 농포: 피부에 생기는, 고름이 차있는 작은 융기로 피부는 붉은 색과 갈색을 띠게 되는데 치료 후, 색소침착이 일어날 수 있다.
    ⓒ 낭포: 육안으로 보았을 때 1cm 또는 그 이상의 큰 크기의 종기성 여드름으로 주변 조직의 붕괴로 형성된 액체의 반고체의 고름을 포함하고 있으며 피부 속으로 움푹 들어간 큰 자루 모양의 구조를 가지고 있다. 피부세포의 파괴로 영구적인 흉터를 남긴다.

3. 감염성 질환

① 세균성 질환
  ㉠ 농가진: 여름철에 소아나 영유아의 피부에 잘 발생하는 얕은 화농성 감염으로 물집 농가진과 비수포 농가진의 두 가지 형태로 나타난다.
    ⓐ 물집 농가진: 신생아에게 주로 발생되는 질환으로 피부에 물집이 발생하며 무력증, 발열, 설사 등이 동반되며 전염성이 높다.
    ⓑ 비수포 농가진: 흔히 발생하는 것으로 작은 수포와 농포로 나타나며 터지면 노란색의 딱딱한 외피가 남는다.

ⓒ 종기(절종): 모낭에 세균이 감염 되어 노란 고름이 잡히면 그것을 모낭염이라고 하는데, 그것이 심해지고 커져서 결절이 생긴 것을 종기라고 한다. 얼굴이나 목, 겨드랑이, 엉덩이, 허벅지 부분에 주로 발생한다.

ⓒ 봉소염: 진피와 피하 조직에 나타나는 급성 세균 감염증으로 세균이 침범한 부위에 홍반, 열감, 부종, 통증이 있다. 주로 A군 용혈성 사슬알균이나 황색 포도알균에 의해 발생한다.

② 바이러스성 질환

㉠ 단순포진: DNA 바이러스인 헤르페스 바이러스감염에 의한 것으로 성기 바깥 부분과 항문의 피부가 붉게 되고 물집이 생기며 피부가 짓무르고 헐게 되는 질환이다.

ⓒ 대상포진: 수두-대상포진 바이러스가 소아기에 수두를 일으킨 뒤 몸속에 잠복해 있다가 다시 활성화되면서 발생하는 질병으로 피부에 발진과 특징적인 물집 형태의 병적인 증상이 나타나고 해당 부위에 통증이 있다.

ⓒ 사마귀: 피부나 점막에 유두종 바이러스의 감염이 발생하는 것으로 표피의 과다한 증식이 일어나 임상적으로는 표면에 오돌도돌한 구진이 나타나는 것이다. 심상성사마귀, 족저사마귀, 첨규사마귀, 편평사마귀 등 종류가 다양하다.

㉣ 수두: 수두-대상포진 바이러스에 의한 급성 바이러스성 질환으로 급성 미열로 시작되고 신체 전반이 가렵고 발진성 물집이 생긴다. 잠복기간은 2~3주, 보통 13~17일 정도이다.

③ 진균성 질환

㉠ 족부백선(무좀): 진균이 피부의 가장 바깥층인 각질층이나 손발톱, 머리카락에 감염되어 발생하는 질환으로 환자에게서 떨어진 인설을 통해 감염된다.

ⓒ 수부백선(손무좀): 곰팡이균인 피부사상균이 피부 바깥층에 감염되어 나타나는 것으로, 손등이나 손가락 사이에 많이 발생하며 손바닥의 각질이 두꺼워져 허물이 벗겨지기도 한다. 이차적으로 주부습진이 올 수 있다.

ⓒ 완선: 사타구니 피부에 곰팡이가 피부 표면에 감염된 것으로 여름에 흔히 발생하며, 사타구니 등 피부가 접히고 습기가 잘 차는 부위에 주로 발생한다. 발무좀이나 손발톱무좀이 있는 경우에 곰팡이가 파급되어 생기는 경우가 많다.

㉣ 조갑백선(손, 발톱 무좀): 손톱이나 발톱에 곰팡이가 침입하여 일으키는 병으로 주로 발에 무좀이 있다가 발톱으로 균이 들어가게 되므로 발톱 백선이 흔하고, 장기적으로 진행이 되다가 손톱까지 올라가게 된다.

㉤ 칸디다증: 칸디다에 의해 신체의 일부 또는 여러 부위가 감염되어 발생하는 감염 질환으로 피부와 점막, 손발톱에 발생한다.

15 피부와 광선

1 자외선

1. 자외선의 특징
① 화학선, 건강선이라고도 하며 단파장이다.
② 살균작용 및 소독작용을 하며 혈액작용을 촉진한다.
③ 멜라닌 색소를 증가시켜 주근깨나 기미 등이 발생한다.
④ 피부에 홍반을 생기게 하여 화상을 입히곤 한다.

2. 자외선의 종류
① **장파장**(자외선A): 파장이 긴 파동의 파장이며 피부에 색소를 침착시키며 인공선탠에 이용된다.
② **중파장**(자외선B): 400~700nm 범위에서 중간에 해당하는 영역으로 가시광선 영역이다. 기미의 원인이 된다.
③ **단파장**(자외선C): 일반적으로 400~500nm 범위로 가시광선의 범위에서 파장이 짧은 영역이다. 살균작용에 효과적이며 피부암을 유발한다.

2 적외선

1. 적외선의 특징
① 침투력이 강하며 혈액순환과 신진대사를 촉진하는 붉은색의 열선이다.
② 온열치료나 피부병 등의 치료에 응용한다.

2. 적외선의 종류
① **근적외선**: 적외선 가운데서 1~30㎛의 파장범위의 것들로 소독이나 멸균 관절과 근육 치료에 사용된다.
② **원적외선**: 파장이 25㎛ 이상인 적외선으로 가시광선보다 파장이 길어서 눈에 보이지 않고 열작용이 크며 침투력이 강하다. 각종 질병의 원인이 되는 세균을 없애는데 도움이 되며, 모세혈관을 확장시켜 혈액순환과 세포조직의 생성을 돕는다.

16 피부면역

1 면역의 종류와 작용

1. 피부면역
생체에서 항체를 만들 수 있게 하는 물질로 인체엔 1차 방어계인 피부나 점막 등이 있고, 2차 방어계인 식세포가 있으며, 3차 방어계인 림프구로 이루어져 있다.

2. 면역의 종류
① 자연면역(선천면역)
  ㉠ 동물의 체질에 따라 선천적으로 어떤 전염병에 감염하지 않는 것으로 생리, 환경, 환경 상태 등에 따라 차이가 있다.
  ㉡ 자연면역의 종류에는 종속면역, 동족면역, 개체면역이 있다.
    ⓐ **종속면역**: 종에 따라서 동물에게 걸리는 병이 사람에게는 걸리지 않는다.
    ⓑ **동족면역**: 같은 사람이라도 백인종이냐 황인종이냐에 따라서 어떤 질병에 반응하는 정도가 다른 것이다.
    ⓒ **개체면역**: 두 사람이 병균이 있는 음식을 먹었어도 어떤 사람은 병에 걸릴 수 있지만 다른 사람은 안 걸릴 수도 있다.
② 획득면역(능동면역)
  ㉠ 자연면역보다 반응은 느리지만 세포표면에 자기만의 전문화된 항원 인지 수용체를 가지고 있다.
  ㉡ 획득면역에는 자연능동면역과 수동면역이 있다.
    ⓐ **자연능동면역**: 태아가 모체로부터 태반을 통해서 항체를 받거나 생후에 모유를 통해서 항체를 받는 방법이다.
    ⓑ **수동면역**: 사람이나 동물에게 이미 형성된 항체를 투여함으로써 질병의 예방 또는 치료에 도움을 주는 것이다.

3. 면역의 작용
① **랑게르한스세포**: 표피세포의 2~8%를 차지하는 골수 기원성 세포로 세포의 골수로부터 유래되어 표피의 유극층의 상부와 과립층에 분포되어 있으며 진피, 림프절, 흉선에서도 발견된다. 이 랑게르한스세포가 손상되면 침입한 이물질이 잡히지 않아 전체 면역 시스템에 침입 사실을 알릴 수 없다.
② **각질형성세포**: 표피가 약 0.03~1mm의 얇은 조직으로, 외부자극에 대해 내부를 보호하는 역할로 케라틴을 형성하는 것이 가장 주된 기능이다.

 피부노화

1 피부노화의 원인

1. 피부노화의 정의
나이나 환경적인 요인에 의해 피부에 나타나는 생리적인 변화 현상이 피부 구조에까지 영향을 미치는 것을 의미한다.

2. 피부 노화의 원인
① 내인성 노화: 세월이 흐르면서 어쩔 수 없이 발생하는 피부 노화로 햇빛에 노출되지 않은 피부에서도 발생한다.
② 내인성 노화의 특징
　㉠ 표피와 진피의 경계면이 감소하여 상호작용이 덜 일어나게 되므로 노인에겐 진피와 표피의 분리가 잘 일어날 수 있다.
　㉡ 표피 지질의 감소와 수분의 함유량이 떨어지게 되어 피부가 건조해지기 쉽다.
　㉢ 멜라닌 세포의 수가 감소하여 흰털이 생기고 자외선에 대한 방어 능력도 떨어진다.
　㉣ 부분적인 멜라닌 형성세포의 변성으로 인해 색소 형성이 증가되어 얼룩덜룩한 색소성 반점이 나타나게 된다.
③ 외인성 노화: 외부 요인으로 생긴 주름과 색소침착이 심한 경우로 장시간 동안 자외선 노출에 의한 광노화가 대표적이다.
④ 외인성 노화의 특징
　㉠ 깊은 주름과 색소침착이 일어나 피부가 거칠고 탄력이 심하게 떨어진다.
　㉡ 피부가 거칠어지고 메마른 느낌이 들며 화장이 잘 먹지 않는다.
　㉢ 눈과 입 주위의 잔주름이 깊어지고 팔자주름이나 미간주름 등 표정주름도 자리를 잡는다.
　㉣ 얼굴과 손등에 잡티와 검버섯이 생기고, 피부 탄력이 떨어져 원상태로의 회복이 더디게 된다.

2 피부노화현상

① 기름샘과 땀샘의 분비가 감소한다.
② 혈액순환의 저하와 탄력성이 떨어진다.
③ 피부가 건조하고 각질 형성이 잘되며 표피가 얇아진다.
④ 주름반점이 생기며 피부에 균열이 생긴다.
⑤ 면역기능이 떨어진다.

Chapter 01 실전문제

01 미용의 의의(意義)와 가장 거리가 먼 것은?

① 복식을 포함한 종합예술이다.
② 외적 용모를 다루는 응용과학의 한 분야이다.
③ 시대의 조류와 욕구에 맞춰 새롭게 개발된다.
④ 심리적 욕구를 만족시키고 생산의욕을 향상시킨다.

해 미용이란 인간의 심리적 욕구와 생산의욕을 높이고 미를 추구하는 모든 여성에게 노화를 방지하여 아름다움을 유지하는데 목적이 있다.

02 헤어 컬링(Hair curling)의 구성요소에 해당 되지 않는 것은?

① 크레스트(crest) ② 베이스(base)
③ 루프(loop)   ④ 스템(stem)

해 헤어 컬링(Hair curling)의 구성요소로는 베이스, 스템, 피봇포인트, 루프, 앤드오브컬이 있다.

03 신라시대부터 조선시대에 이르기까지 사용된 가체에 대한 설명 중 틀린 것은?

① 현재의 피스와 비슷한 것으로 장발의 처리 기술로 사용되었다.
② 쪽머리를 하기 위하여 사용되었다.
③ 신분의 높낮이를 표시하는 큰머리 등의 처리기술로 사용되었다.
④ 댕기머리 등의 처리기술로 사용되었다.

해 가체: 다래, 또는 다리라고 불리는 여자들의 머리 장식의 하나. 즉 예전에 여인네들이 머리숱이 많아 보이게 하거나 혹은 높고 넓게 보이게 하려고 남의 머리칼을 덧넣어 땋은 머리를 말한다. 쪽머리는 삼국시대부터 내려온 출가한 여자의 머리 모양을 말한다.

04 다음 중 레이어 커트(layer cut)의 시술 특징으로 가장 알맞은 것은?

① 두발 절단면의 외형선은 일자로 형성된다.
② 슬라이스는 사선 45도로 하여 직선으로 자른다.
③ 전체적으로 층이 골고루 나타난다.
④ 블로킹은 주로 4등분으로 한다.

해 레이어 커트: 전체적으로 층이 나 있으며 상부로 올라갈수록 두발이 짧아지고 하부로 갈수록 길어지는 커트로 단차가 큰 커트를 말한다.(전체적으로 층이 골고루 나타난다.)

05 사각형 얼굴에 잘 어울리는 헤어스타일의 설명으로 가장 거리가 먼 것은?

① 헤어파트는 얼굴의 각진 느낌에 변화를 줄 라운드사이드 파트를 한다.
② 두발형을 낮게 하여 옆선이 강조되도록 한다.
③ 이마의 직선적인 느낌을 감추기 위해 변화 있는 뱅을 한다.
④ 딱딱한 느낌을 피하고 곡선적인 느낌을 갖는 헤어스타일을 구상한다.

해 사각형 얼굴: 딱딱한 느낌을 피하고 곡선적인 느낌을 내어 옆쪽을 좁게 보일 필요가 있다.

06 다음 중 일반적으로 샴푸제에 따른 린스의 선택이 적절하지 않은 것은?

① 석유계 샴푸제 – 플레인 린스
② 합성세제 샴푸제 – 오일 린스
③ 비누에 의한 샴푸제 – 산성린스
④ 중성세제 샴푸제 – 크림린스

해 석유계샴푸는 지성이기 때문에 린스는 산성린스를 써야한다.

07 헤어 블리치에 사용되는 암모니아수의 작용이 아닌 것은?

① 과산화수소의 분해 촉진
② 모발을 단단하게 강화시킴
③ 발생기 산소의 발생 촉진
④ 안정제의 약산성 pH를 중화

해 암모니아수는 산소의 발생을 촉진, 과산화수소가 사용 전에 분해되는 것을 막기 위해 첨가된 안정제의 약산성pH를 중화시켜줌.

08 모발의 색을 나타내는 색소로 입자형 색소는?

① 티로신(tyrosine)
② 유멜라닌(eumelanin)
③ 멜라노사이트(melanocyte)
④ 페오멜라닌(pheomelanin)

해 유멜라닌: 입자형 색소로 흑색에서 적갈색까지의 어두운 모발 색의 결정을 띠며 모발 색상이 어두운 동양인이 여기에 해당된다.

09 다음 중 빗의 선정방법 중 틀린 것은 어느 것인가?

① 빗살의 뿌리나 등이 튼튼한 것이 좋다.
② 빗살이 고르고 전체적으로 균등해야 한다.
③ 빗허리 부분이 너무 매끄럽지 않아야 한다.
④ 빗살 허리가 균등하지 않고 두께가 일정해야 한다.

해 빗은 빗살 허리가 균등하고 두께가 일정해야 한다.

10 사이드 파트 뒤쪽에서 귀의 위쪽을 향해 수직으로 나눈 파트를 무엇이라 하는가?

① 귀파트
② 업 다이애거널 파트
③ 크라운 파트
④ 라운드 사이드 파트

해 ① 귀파트: 좌측 귀 위쪽에서 두정부를 지나 우측 귀 상부를 향해 수직으로 나눈 파트이다.
② 업 다이애거널 파트: 사이드 파트의 선이 뒤쪽으로 향하여 위로 올려지게 가른 것으로 사이드 파트의 분할선이 뒤쪽을 향해 위로 경사지게 올려진 파트이다.
④ 라운드 사이드 파트: 사이드 파트가 곡선상으로 둥그스름한 느낌으로 가른 것으로 골든 포인트를 향해 구상으로 둥그스름한 느낌을 살려 나눈다.

11 두상(두부)의 그림 중 (3)의 명칭은?

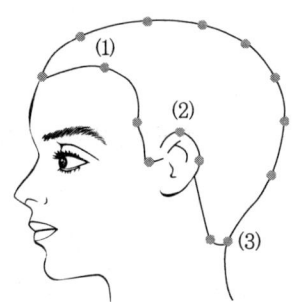

① 사이드 포인트(S.P)
② 프론트 포인트 (F.P)
③ 네이프 포인트(N.P)
④ 네이프 사이드 포인트(N.S.P)

해 (1): 센터 포인트(CENTER POINT), (2):이어 포인트(EAR POINT)

12 우리나라에서 최초로 화산미용원을 개설한 사람은?

① 오엽주
② 김활란
③ 권정희
④ 이숙종

13 아이론을 선택할 때 좋은 제품으로 볼 수 없는 것은?

① 연결부분이 꼭 죄어져 있다.
② 프롱과 핸들의 길이가 대체로 균등하다.
③ 프롱과 그루브가 곡선으로 약간 어긋나 있다.
④ 최상급 재질(stainless)로 만들어져 있다.

해 아이론: 프롱과 핸들의 길이가 균등한 것이 조작하기 좋고, 접합 지점이 잘 죄어져 있는것, 전체적으로 비뚤어지지 않은 것이 좋다.

14 색을 크게 무채색과 유채색으로 나눌 때 무채색에 해당되는 것으로만 묶은 것은?

① 빨강, 회색
② 흑색, 노랑
③ 흰색, 주황
④ 회색, 흑색

해 무채색: 흰색, 회색, 검정색이다.

15 두피처리의 설명으로 옳지 않은 것은?

① 두피를 자극하여 혈액순환을 원활하게 한다.
② 두피에 묻은 비듬, 먼지 등을 제거한다.
③ 찬 타월로 두피에 수분을 공급한다.
④ 두피에 유분 및 영양분을 보급한다.

해 트리트먼트 도포 후 전기모자나 스팀타올을 하면 손상된 모발 복원에 도움이 된다.

16 미용사(hair stylist)의 많은 경험 속에서 지식과 지혜를 갖고 새로운 기술(technique)을 연구하여 독창력 있는 나만의 스타일을 창작하는 기본단계는?

① 보정
② 구상
③ 소재
④ 제작

해 ① 보정: 수정, 보완하여 전체적인 조화미를 살리는 단계이다.
③ 소재: 개성미를 파악하여 연출 시킬 수 있는 첫 단계이다.
④ 제작: 자유자재로 표현하는 단계로 제일중요한 단계이다.

17 원랭스(one-length)커트에 속하지 않는 것은?

① 패러렐
② 스파니엘
③ 이사도라
④ 레이어

해 원랭스(one-length)커트에는 이사도라, 스파니엘, 패러렐이 있다.

18 다음 중 자연스럽게 두발 끝부분을 차츰 가늘게 커트하는 방법은 어느 것인가?

① 테이퍼링 ② 싱글링
③ 틴닝 ④ 트리밍

해 테이퍼링은 두발 끝을 가늘게 커트하는 방법으로 페더링이라고도 한다.

19 일반적으로 퍼머넨트 웨이브가 잘 나오지 않는 두발은?

① 염색한 두발 ② 다공성 두발
③ 습수성 두발 ④ 발수성 두발

해 퍼머넌트 웨이브가 걸리기 어려운 모발이라면 발수성 모발, 혹은 모표피가 **빽빽**한 (두꺼운) 모발 등이 있다.

20 헤어세팅 중 기초가 되는 최초의 세트는 어느 것인가?

① 리세트 ② 풀스템
③ 오리지널세트 ④ 루프

해 오리지널세트: 헤어세팅 중 최초의 세트이며 주요 요소로는 헤어 파팅, 헤어 세이핑, 헤어 컬링, 롤로컬링, 헤어 웨이빙 등이 있다.

21 다음 중 산성린스의 종류가 아닌 것은?

① 레몬린스(lemon rinse)
② 비니거 린스(vinegar rinse)
③ 오일 린스(oil rinse)
④ 구연산 린스(citric acid rinse)

해 린스는 성분에 따라 산성 린스(레몬즙, 구연산 레몬린스), 부착 린스(오일분의 부착, 오일린스), 흡착 린스(모발 보호제, 헤어 린스) 등의 세 종류로 구분하고 있다.

22 개체변발의 설명으로 틀린 것은?

① 고려시대에 한동안 일부 계층에서 유행했던 남성의 머리모양이다.
② 남성의 머리카락을 끌어올려 정수리에서 틀어 감아 맨 모양이다.
③ 머리 변두리의 머리카락을 삭발하고 정수리 부분만 남기어 땋아 늘어뜨린 형이다.
④ 몽고의 풍습에서 전래되었다.

해 개체변발: 중국 북방 민족의 남자들이 앞부분만 깎고 뒷부분을 땋아 늘인 머리 모양으로 몽고의 풍속에 정수리로부터 이마까지 머리를 깎아 그 모양을 방형으로 하여 중앙의 머리카락만을 남기는 것을 일러 개체라 한다. 한국에서도 고려시대에 원나라의 영향으로 개체변발한 일이 있었다.

23 레이저(Razor)로 테이퍼링(tapering)할 때 스트랜드의 뿌리에서 약 어느 정도 떨어져서 행해야 가장 좋은가?
① 약 1cm
② 약 2cm
③ 약 2.5~5cm
④ 약 5cm 이상

24 헤어 컨디셔너제의 기능에 해당하지 않는 것은?
① 두발을 유연하게 해 준다.
② 두발에 윤기와 광택을 준다.
③ 두발과 두피의 더러움을 제거한다.
④ 두발의 빗질을 용이하게 해준다.
해 두발과 두피의 더러움을 제거하는 것은 샴푸의 기능이다.

25 미용의 과정이 바른순서로 나열된것은?
① 소재-구상-제작-보정
② 소재-보정-구상-제작
③ 구상-소재-보정-제작
④ 구상-제작-보정-소재
해 미용의 과정: 소재-구상-제작-보정

26 다음 중 합성염모제의 설명으로 틀린 것은 어느 것인가?
① 산화제가 함유되어 있어 산화염모제라고도 하며 제1액과 제2액으로 나누어져 있다.
② 제1액은 산화염료가 암모니아수에 녹아 있어 알칼리성을 띠며 모발에 침투하는 작용과 제2액인 과수를 분해하는 작용을 한다.
③ 제2액은 모발의 멜라닌 색소를 파괴하여 탈색을 일으키는 동시에 화염료를 산화해서 발색시킨다.
④ 1액과 2액이 혼합되었을 때 공기 중의 산소에 의해 중화작용을 하는데, 이때 수용성에서 불용성으로 변하면서 모피질속에 거대화된 색소 분자가 영양소를 밀어내기 때문에 모발 손상이 적어진다.
해 1액과 2액이 혼합되었을 때 공기 중의 산소에 의해 중화작용을 하는데, 이때 수용성에서 불용성으로 변하면서 모피질속에 거대화된 색소 분자가 영양소를 밀어내기 때문에 모발 손상이 많아진다.

27 다음 중 아이론 부위 명칭이 아닌 것은?

① 그루브핸들　　　　　② 엣지
③ 프롱　　　　　　　　④ 그루브

해 ① 그루브핸들: 그루브와 연결된 손잡이 부분
　③ 프롱: 둥근 모양으로 그루브와 함께 모발의 형태를 변화시키는 부분
　④ 그루브: 홈리 파여 있는 부분으로 프롱과 그루브 사이에 모발을 끼워 형태를 만드는 부분

28 엉킨 두발을 빗으려 할 때 어디에서부터 시작하는 것이 가장 좋은가?

① 두발 끝에서부터　　　② 두피에서 부터
③ 두발 중간에서부터　　④ 아무데서나 상관없다.

해 엉킨 머리카락을 풀어주기 위해 머리카락 끝부터 빗기 시작해 머리 윗부분으로 옮아가면서 빗어 내린다.

29 조선시대 옛 여인이 예장할 때 정수리 부분에 꽂던 머리의 장신구는?

① 빗　　　　　　　　　② 봉잠
③ 비녀　　　　　　　　④ 첩지

해 첩지: 조선시대 왕비를 비롯한 내외명부가 머리를 치장하던 장신구의 하나로 머리의 정수리 부분에 꽂던 것이다. 장식과 재료에 따라 신분을 나타내기도 했다.

30 털의 움직임(무브먼트)중 컬이 오래 지속되며 움직임이 가장 작은 기본적인 스템은?

① 풀스템　　　　　　　② 하프스템
③ 논스템　　　　　　　④ 업스템

해 ① 풀스템: 컬의 움직임이 가장 크다.
　② 하프스템: 반정도의 스템에 의해서 서클리 베이스로부터 어느 정도 움직임이 유지된다.
　④ 업스템: 머리 줄기를 120도 이상으로 말아 가는 것이다.

31 일반적으로 모발길이가 30㎝ 이상인 처녀모에 염색약을 바를 때 머리카락의 어느 부분을 가장 나중에 바르는가? (단, 콘디셔너(conditioner)를 쓰지 않았을 경우)

① 머리카락 끝 부분　　② 머리카락 중간 부분
③ 두피부분　　　　　　④ 어느 부분이든 상관없다.

해 염색은 머리카락 끝 부분부터 시작해 점점위로 바르고, 정수리 부분 빼고 바른 뒤 옆부분바르고 마지막으로 정수리부분 바른다.

32 두발이 많이 상한 상태인 긴 모발의 손님에게 퍼머넌트 웨이브 시술시 처음 로드를 와인딩 해야 하는 부분은?

① 손님의 왼쪽에서부터 시작(left side part)
② 뒷부분부터(back point)
③ 두상의 제일 윗부분부터(top part)
④ 목덜미 중앙 윗부분부터(nape part)

해 두발이 많이 상한 상태인 긴 모발의 손님에게 퍼머넌트 웨이브 시술시 처음 로드를 와인딩 해야 하는 부분은 목덜미 중앙 윗부분부터(nape part) 이다.

33 스컬프쳐 컬(Sculpture curl)과 반대되는 컬은?

① 플래트 컬(Flat curl)
② 메이폴 컬(Maypole curl)
③ 리프트 컬(Lift curl)
④ 스탠드업 컬(Stand-up curl)

해 컬은 스컬프쳐 컬(두발끝이 컬 루프의 중심이 되는 컬)과 메이폴 컬로 나눈다.

34 다공성모발에 대한 사항 중 틀린 것은?

① 다공성모란 두발의 간층물질이 소실되어 두발 조직 중에 공동이 많고 보습작용이 적어져서 두발이 건조해지기 쉬운 손상모를 말한다.
② 다공성모는 두발이 얼마나 빨리 유액을 흡수 하느냐에 따라 그 정도가 결정 된다.
③ 다공성의 정도에 따라서 콜드웨이빙의 프로세싱 타임과 웨이빙 용액의 강도가 좌우되게 한다.
④ 다공성 정도가 클수록 모발에 탄력이 적으므로 프로세싱 타임을 길게 한다.

해 두발의 다공성 정도가 클수록 프로세싱 타임을 짧게 하고, 보다 순한 용액을 사용하도록 해야 한다.

35 다음 두부의 기준점 중 T.P.에 해당되는 것은?

① 톱 포인트
② 백 포인트
③ 센터 포인트
④ 골덴 포인트

해 ② 백 포인트: B.P
③ 센터 포인트: C.P
④ 골덴 포인트: G.P

36 고대 중국 당나라시대의 메이크업과 가장 거리가 먼 것은?

① 백분, 연지로 얼굴형 부각
② 액황을 이마에 발라 입체감 살림
③ 10가지 종류의 눈썹모양으로 개성을 표현
④ 일본에서 유입된 가부끼 화장이 서민에게 까지 성행

해 중국의 메이크업
- 높이 치켜 올리는 것과 내리는 머리형이 성행하였다.
- 이마에 액황을 바르고, 백분을 바른 후 다시 연지 바르는 홍장을 하였다.
- 현종 때 십미도(열 가지 눈썹)이 소개되었다.

37 다음 각 파트(part)의 설명 중 틀린 것은?

① 라운드 파트 – 둥글게 가르마를 타는 파트
② 스퀘어 파트 – 사이드 파트의 가르마를 대각선 뒤쪽위로 올린 파트
③ 백 센터 파트 – 뒷머리 중심에서 똑바로 가르는 파트
④ 센터 파트 – 헤어라인 중심에서 두정부를 향한 직선가르마

해 스퀘어 파트: 이마에서 사이드 파트에서 두정부 근처에서 이마의 헤어라인에 수평하게 나눈 파트이다.

38 우리나라 고대 여성의 머리형에 속하지 않는 것은?

① 얹은머리
② 높은 머리
③ 쪽진 머리
④ 큰 머리

해 우리나라 고대 여성의 머리형은 쪽진머리, 조짐머리, 큰머리, 둘레머리 등이 있다.

39 빗을 두발 스트랜드의 뒷면에 직각으로 넣고 두피 쪽을 향해 빗을 내리누르듯이 빗질하여 머리카락을 세우는 것을 무엇이라 하는가?

① 리핑
② 백콤잉
③ 브러쉬 아웃
④ 콤 아웃

해 빗을 두발 스트랜드의 뒷면에 직각으로 넣고 두피 쪽을 향해 빗을 내리누르듯이 빗질하여 머리카락을 세우는 것을 백콤잉이라 한다.

40 고려시대의 미용을 잘 표현한 것은?

① 가체를 사용하였으며 머리형으로 신분과 지위를 나타냈다.
② 슬슬전대모빗, 자개장식빗, 대모빗 등을 사용하였다.
③ 머리다발 중간에 틀어 상홍색의 갑사로 만든 댕기로 묶어 쪽진 머리와 비슷한 모양을 하였다.
④ 밑 화장은 참기름을 바르고 볼에는 연지, 이마에는 곤지를 찍었다.

해 고려시대의 미용
- 두발염색, 얼굴용 화장품 면약을 사용하였다.
- **분대화장**: 궁녀나 기생 중심의 짙은 화장법을 말함.
- **비분대화장**: 여염집 여인들의 옅은 화장을 말함.
- 염색기술이 행하여졌다.
- 머리다발 중간에 틀어 성홍색의 갑사로 만든 댕기로 묶어 쪽진 머리와 비슷한 모양을 하였다.

41 다음의 그림 중 스텝 레이어 커트는?

① 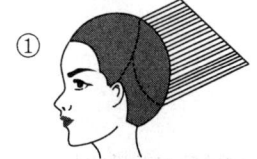   ②

③ 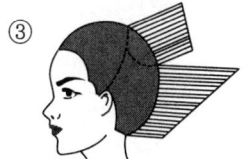   ④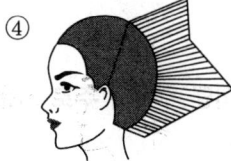

42 콜드 퍼머넌트 웨이브(cold permanent wave) 제1액의 주성분은?

① 과산화수소 ② 취소산나트륨
③ 티오글리콜산 ④ 과봉산나트륨

해 콜드 퍼머넌트 웨이브 제1액은 프로세싱 솔루션이라고도 하며, 티오글리콜산 2~7%를 주성분으로 한다.

43 헤나(henna)로 염색할 때 가장 좋은 pH는?

① 약 7.5 ② 약 5.5
③ 약 6.5 ④ 약 4.5

해 헤나는 식물성분으로 추출되어 pH5.5보다 더 산성을 띄우므로 피부를 염색시킬 수 있다.

44 건성 두피를 손질하는데 가장 알맞은 손질 방법은?

① 플레인 스캘프 트리트먼트
② 드라이 스캘프 트리트먼트
③ 오일리 스캘프 트리트먼트
④ 댄드러프 스캘프 트리트먼트

해 ① 플레인 스캘프 트리트먼트: 두피의 상태가 보통일 때
③ 오일리 스캘프 트리트먼트: 두피가 지방성일 때
④ 댄드러프 스캘프 트리트먼트: 비듬을 제거하기 위하여

45 라이트 백 스템 포워드 컬(right back stem forward curl)에 해당하는 것은?

①    ②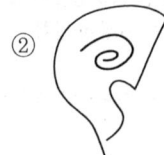

③ 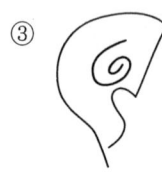   ④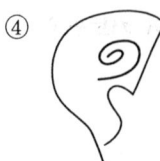

해 라이트 백 스템 포워드 컬(right back stem forward curl): 오른쪽 뒤 귓바퀴 방향으로 말린 컬이다.

46 염색제의 연화제는 어떤 두발에 주로 사용되는가?
① 염색모 ② 다공질모
③ 손상모 ④ 저항성모

해 염색제의 연화제는 발수성모나 저항성모인 경우 염모제의 침투가 어렵기 때문에 사전에 모발을 연화시켜 염모제의 침투를 돕기 위하여 사용을 한다.

47 두 색을 나란히 놓았을 때 서로의 영향으로 각 색의 채도가 높아 보이는 색채 대비를 무엇이라 하는가?
① 보색대비 ② 명도대비
③ 채도대비 ④ 명암대비

해 ② **명도대비**: 명도가 다른 두 색을 이웃하거나 배색하였을 때, 밝은 색은 더욱 밝게, 어두운 색은 더욱 어둡게 보이는 현상이다.
③ **채도대비**: 채도가 다른 두 색을 인접시켰을 때 서로의 영향을 받아 채도가 높은 색은 더욱 높아 보이고 채도가 낮은 색은 더욱 낮아 보이는 현상이다.
④ **명암대비**: 한 장면 내의 가장 밝은 부분과 가장 어두운 부분과의 상대 비율을 말한다.

48 모발손상의 원인으로만 짝지어진 것은?

① 드라이어의 장시간 이용, 크림 린스, 오버프로세싱
② 두피 마사지, 염색제, 백 코밍
③ 브러싱, 헤어세팅, 헤어 팩
④ 자외선, 염색, 탈색

해 모발손상의 원인
• 자외선과 적외선에 모발이 직접적으로 노출되면 케라틴 단백질의 변성을 가져와 모발이 손상된다.
• 모발염색 또는 탈색 시 과산화수소나 과산화요소 등의 산화제를 사용하게 되는데, 염색과 탈색을 자주하면 할수록 모발의 손상은 점점 더 심해지게 된다.

49 블런트 커트(blunt cut)의 특징이 아닌 것은?

① 두발의 손상이 적다.
② 잘린 부분이 명확하다.
③ 입체감을 내기 쉽다.
④ 잘린 단면이 모발 끝으로 가면서 가늘다.

해 블런트 커트(blunt cut)는 잘린 단면이 뭉툭하고 모발 끝도 무겁다.

50 퍼머넌트 웨이브 시술 결과 컬이 강하게 형성된 원인과 거리가 먼 것은?

① 모발의 길이에 비해 너무 가는 로드를 사용한 경우
② 프로세싱 시간이 긴 경우
③ 강한 약액을 선정한 경우
④ 고무 밴드가 강하게 걸린 경우

해 웨이브 시 고무 밴드를 너무 강하게 걸면 펌 자국이 생기며 모발 뿌리가 눌려 볼륨을 살릴 수 없다.

51 민감성피부에 대한 설명으로 가장 적합한 것은?

① 피지의 분비가 적어서 거친 피부
② 어떤 물질에 큰 반응을 일으키는 피부
③ 땀이 많이 나는 피부
④ 멜라닌 색소가 많은 피부

해 민감성 피부: 외부의 자극성물질, 알레르기성 물질 혹은 환경변화 또는 인체내부 원인에 대해 더 민감하게 반응하여 자극반응이나 피부염을 잘 일으키는 피부타입이다.

52 혈관과 림프관이 분포되어 있어 털에 영양을 공급하여 주로 발육에 관여하는 것은?

① 모유두 ② 모표피
③ 모피질 ④ 모수질

해 ② **모표피**: 모발의 가장 바깥층으로 케라틴이라는 경단백질로 구성되어 있으며 5~15층의 투명하고 얇은 세포가 마치 물고기 비늘 모양으로 겹쳐져 있어 모발 특유의 모양을 하고 있다.
③ **모피질**: 모발의 가장 중요한 부분으로 모수질과 모표피 사이에 섬유모양으로 되어 있고, 가장 많은 비율을 차지하는 부분으로 전체 부피의 85~90% 정도를 차지하며 방추형 세포가 세로로 나열되어 있으며 멜라닌을 함유하고 있다.
④ **모수질**: 모발의 중심 부위로서 속이 비고 죽어 있는 세포들이 모발의 길이 방향으로 쌓여 내부가 벌집 모양을 한 공공이 있으며 그 속에는 공기가 들어 있고 공기의 양이 많으면 많을수록 모발에 광택을 준다.

53 다음 중 손톱의 손상요인으로 가장 거리가 먼 것은?

① 네일 에나멜 ② 네일 리무버
③ 비누, 세제 ④ 네일 트리트먼트

해 손톱의 손상은 비누, 세제에 의한 탈지와 함께 네일 에나멜과 리무버의 빈번한 사용에 의한 탈수가 있다. 따라서 평소 네일 트리트먼트로 손톱을 보호하는 것이 중요하다.

54 비타민C 부족 시 어떤 증상이 주로 일어날 수 있는가?

① 피부가 촉촉해진다.
② 색소 기미가 생긴다.
③ 여드름의 발생 원인이 된다.
④ 지방이 많이 낀다.

해 비타민C 부족 시 멜라민 색소 합성이 억제되어 기미, 주근깨가 생긴다.

55 티눈의 설명으로 옳은 것은?

① 각질층의 한 부위가 두꺼워져 생기는 각질층의 증식현상이다.
② 주로 발바닥에 생기며 아프지 않다.
③ 각질핵은 각질 윗부분에 있어 자연스럽게 제거가 된다.
④ 발뒤꿈치에만 생긴다.

해 **티눈**: 손과 발 등의 피부가 기계적인 자극을 지속적으로 받아 작은 범위의 각질이 증식되어 원뿔모양으로 피부에 박혀 있는 것을 말한다.

56 노화피부에 대한 전형적인 증세는?

① 지방이 과다 분비하여 번들거린다.
② 항상 촉촉하고 매끈하다.
③ 수분이 80%이상이다.
④ 유분과 수분이 부족하다.

해 노화피부의 특징
- 건조하고 푸석푸석하다.
- 각질층이 두껍고 딱딱해진다.
- 깊은 주름이 눈에 띈다.
- 화장이 쉽게 들뜬다.
- 피부의 탄력이 떨어져 아래로 처진다.
- 전체적인 피부톤이 고르지 못하다.

57 피지선에 대한 설명으로 틀린 것은?

① 피지를 분비하는 선으로 진피 층에 위치한다.
② 피지선은 손바닥에는 전혀 없다.
③ 피지의 1일 분비량은 10~20g정도이다.
④ 피지선의 많은 부위는 코 주위이다.

해 피지선: 모낭에 부속되어 중간 부분에 위치하고 있으며, 피부 표면에 피지를 분비하는 부속기관으로 진피층에 위치하고 있다. 큰 피지선은 인체의 중심부분인 얼굴, 두피, 가슴 부위에 집중적으로 분포되어 있으며 손바닥, 발바닥을 제외한 전신에 분포되어 있다. 피지의 1일 분비량은 1~2g정도이다.

58 무기질의 설명으로 틀린 것은?

① 조절작용을 한다.
② 수분과 산, 염기의 평형조절을 한다.
③ 뼈와 치아를 공급한다.
④ 에너지 공급원으로 이용된다.

해 사람의 영양에 있어서 필요성이 인정되는 무기질은 생체 기능의 조절 작용-혈액이나 조직액 속에 이온으로서 존재하고 체액의 삼투압 조절, 산 알칼리 평형, 신경 및 근육의 흥분성의 정상 유지 등의 작용을 한다. 에너지 공급원으로 이용되는 것은 비타민이다.

59 모발의 태우면 노린내가 나는데 이는 어떤 성분 때문인가?

① 나트륨   ② 이산화탄소
③ 유황   ④ 탄소

해 모발은 태우면 특이한 냄새가 나는데 이것은 모발에 많은 유황을 함유하고 있기 때문이다.

60 백반증에 관한 내용 중 틀린 것은?

① 멜라닌 세포의 과다한 증식으로 일어난다.
② 백색반점이 피부에 나타난다.
③ 후천적 탈색소 질환이다.
④ 원형, 타원형 또는 부정형의 흰색반점이 나타난다.

해 백반증은 멜라닌 세포의 파괴로 인하여 여러 가지 크기와 형태의 백색 반점이 피부에 나타나는 후천적 탈색소성 질환을 말한다. 다양한 크기의 원형 내지는 불규칙한 모양의 백색의 반점이나 탈색반으로 나타나며 피부 어디에나 발생할 수 있다.

61 다음 중 태선화에 대한 설명으로 옳은 것은?

① 표피가 얇아지는 것으로 표피세포 수의 감소와 관련이 있으며 종종 진피의 변화와 동반된다.
② 둥글거나 불규칙한 모양의 굴착으로 점진적인 괴사에 의해서 표피와 함께 진피의 소실이 오는 것이다.
③ 질병이나 손상에 의해 진피와 심부에 생긴 결손을 메우는 새로운 결체조직의 생성으로 생기며 정상치유 과정의 하나이다.
④ 표피 전체와 진피의 일부가 가죽처럼 두꺼워지는 현상이다.

해 태선화: 표피 전체와 진피의 일부가 가죽처럼 두꺼워지는 현상이다. 발생 부위는 주로 손이 잘 닿는 목뒤나 다리, 외음부, 손목, 발목 등이다. 치료는 1차적으로 가려움증을 없애주는 것이 가장 중요하고 필요에 따라서는 항히스타민제 등 다른 약물을 사용하기도 한다.

62 자외선 B는 자외선 A보다 홍반 발생 능력이 몇 배 정도인가?

① 10배   ② 100배
③ 1000배 ④ 10000배

해 파장이 상대적으로 짧은 자외선 B는 에너지가 높아 자외선 A의 1/1000의 양으로도 홍반을 일으킬 수 있지만, 투과력은 낮아 유리창에 의해 차단되며 피부에서도 주로 표피에 작용하게 된다.

63 여드름 발생원인과 증상에 대한 것으로 틀린 것은?

① 호르몬의 불균형
② 불규칙한 식생활
③ 중년 여성에게만 나타남
④ 주로 사춘기 때 많이 나타남

해 여드름: 털 피지선 샘 단위의 만성 염증질환으로 면포, 구진, 고름물집, 결절, 거짓낭 등 다양한 피부 변화가 나타나며, 이에 따른 후유증으로 오목한 흉터 또는 확대된 흉터를 남기기도 한다. 보통 여드름은 사춘기에 발생한다.

64 피지에 대한 설명 중 잘못된 것은?

① 피지는 피부나 털을 보호하는 작용을 한다.
② 피지가 외부로 분출이 안 되면 여드름요소인 면포로 발전한다.
③ 일반적으로 남자는 여자보다도 피지의 분비가 많다.
④ 피지는 아포크린한선(apocrine sweat gland)에서 분비 된다.

해 피지: 피부에 있는 피지선에서 나오는 분비물로 모낭을 거쳐 털구멍에서 배출되어 피부표면의 건조를 방지한다. 피지의 분비량은 사춘기에 급증하며 남성호르몬이 분비를 촉진한다. 피지선에 염증이 생긴 것이 여드름이다.

65 가장 이상적인 피부의 pH범위에 속하는 것은?

① pH0.1~2.5　　② pH2.5~4.3
③ pH5.2~5.8　　④ pH6.5~8.5

해 가장 이상적인 피부의 pH범위는 pH4.5~5.5이다.

66 두피 약화로 인한 탈모의 원인과 가장 거리가 먼 것은?

① 남성 호르몬　　② 노화
③ 유전적 질환　　④ 비만

해 탈모의 원인은 유전, 호르몬, 생활환경, 노화 등이 서로 상호작용으로 나타난다.

67 피부질환의 초기 병변으로 건강한 피부에서 발생하지만 질병으로 간주되지 않는 피부의 변화는?

① 알레르기 ② 속발진
③ 원발진 ④ 발진열

해 원발진: 건강한 피부에 처음으로 나타나는 병적 변화로 건강한 피부에서 발생하지만 질병으로 간주되지 않는 피부의 변화이다.

68 한선에 대한 설명 중 틀린 것은?

① 체온 조절기능이 있다.
② 진피와 피하지방 조직의 경계부위에 위치한다.
③ 입술을 포함한 전신에 존재한다.
④ 에크린선과 아포크린선이 있다.

해 한선(땀샘): 한선은 포유류에서만 볼 수 있는 피부샘으로, 땀을 분비하는 곳이다. 한선의 주위를 모세혈관이 그물처럼 둘러싸고 있는데, 혈액으로부터 걸러진 노폐물과 물이 모세혈관에서 한선으로 보내져 땀이 생성된다.

69 다음 중 적외선에 관한 설명으로 옳지 않은 것은?

① 혈류의 증가를 촉진시킨다.
② 피부에 생성물을 흡수되도록 돕는 역할을 한다.
③ 노화를 촉진시킨다.
④ 피부에 열을 가하여 피부를 이완시키는 역할을 한다.

해 적외선: 가시광선보다 파장이 긴 전자기파. 태양이 방출하는 빛을 프리즘으로 분산시켜 보았을 때 적색선의 끝보다 더 바깥쪽에 있는 전자기파를 적외선이라 한다. 적외선의 효능은 일단 적외선이 피부에 닿으면 혈액을 촉진시켜 피로 회복에 도움을 주기도 하며 피를 맑게 해주고 말초 신경을 자극해 주면서 인체의 노폐물을 제거하여 성인병을 예방하는 효능이 있다. 그러나 적외선도 많이 쬐면 피부 노화가 촉진되는 원인이 되기도 한다.

70 자외선의 작용이 아닌 것은?

① 살균 작용 ② 비타민D 형성
③ 피부의 색소침착 ④ 아포 사멸

해 자외선은 피부의 살균작용 및 피부 질환 치료에 도움이 되거나 충분한 비타민D 섭취를 돕는 등 긍정적인 영향이 있다.

71 건성 피부의 특징과 가장 거리가 먼 것은?

① 각질층의 수분이 50% 이하로 부족하다.
② 피부가 손상되기 쉬우며 주름 발생이 쉽다.
③ 피부가 얇고 외관으로 피부결이 섬세해 보인다.
④ 모공이 작다.

해 건성 피부의 특징
① 세안 후에 피부가 당기는 증상이 있다.
② 입이나 눈가에 잔주름이 많으며 노화현상이 빠르다.
③ 얼굴에 하얀 각질이 부분적으로 있으며 심해지면 버짐이 생긴다.
④ 화장이 잘 안 받고 뜰 때가 많다.

72 다음 중 땀샘의 역할이 아닌 것은?

① 체온조절   ② 분비물 배출
③ 땀분비   ④ 피지분비

해 땀샘의 역할
① 운동을 하거나 날씨가 더울 때 체온이 오르면 땀을 내보내 체온을 조절한다.
② 땀에는 몸에서 생긴 찌꺼기가 섞여 있기 때문에 찌꺼기를 배설하는 일도 한다.
③ 땀을 통하여 몸속의 물이 나가므로 땀을 많이 흘리는 여름철에는 오줌의 양이 줄어든다.

73 표피로부터 가볍게 흩어지고 지속적이며 무의식으로 생기는 죽은 각질세포는?

① 비듬   ② 농포
③ 두드러기   ④ 종양

해 ② 농포: 피부에 생기는, 농이 차있는 작은 용기로 농은 고름이라고도 하며 염증 세포와 액체 물질의 혼합물로 구성된다.
③ 두드러기: 피부나 점막에 존재하는 혈관의 투과성이 증가되면서 일시적으로 혈장 성분이 조직 내에 축적되어 피부가 붉거나 흰색으로 부풀어 오르고 심한 가려움증이 동반되는 피부질환이다.
④ 종양: 자율적 과잉증식을 보이는 세포의 집합체로 기생체와는 달리 생체를 구성하는 세포 자체에서 생긴다.

74 피부 색소침착의 증상이 아닌 것은?

① 기미   ② 주근깨
③ 백반증   ④ 검버섯

해 백반증: 멜라닌 세포의 파괴로 인하여 여러 가지 크기와 형태의 백색 반점이 피부에 나타나는 색소결핍 피부질환이다.

75 자연손톱의 큐티클에서 발생하여 퍼져 나오는 손톱질환으로 일종의 피부진균증은?

① 손톱무좀
② 네일몰드(Nail Mold)
③ 티눈
④ 네일그루브(Nail Groove)

해 ② 네일몰드: 처음 황록색으로 시작하여 점차 검은색으로 변한다.
③ 티눈: 손과 발 등의 피부가 기계적인 자극을 지속적으로 받아 작은 범위의 각질이 증식되어 원뿔모양으로 피부에 박혀 있는 것을 말한다.
④ 네일그루브: 네일 양쪽 측면에 패인 오목한 홈을 따라서 자라도록 되어 있는 부분을 말한다.

76 피부질환의 상태를 나타낸 용어 중 원발진(primarylesions)에 해당하는 것은?

① 면포
② 미란
③ 가피
④ 반흔

해 원발진: 건강한 피부에 처음으로 나타나는 병적 변화를 원발진이라고 하는데 원발진에는 반, 팽진, 구진, 결절, 수포, 면포, 농포, 낭종 등이 있다.

77 다음 중 피하지방층이 가장 적은 부위는?

① 배 부위
② 눈 부위
③ 등 부위
④ 대퇴 부위

해 피하지방층: 지방세포의 소엽으로 구성된 느슨한 결합조직으로 다량의 피하지방이 축적되어 있는 층으로 피부의 가장 아래에 있다. 눈 부위에 피하지방층이 가장 적다.

78 다음 중 외부로부터 충격이 있을 때 완충작용으로 피부를 보호하는 역할을 하는 것은?

① 피하지방과 모발
② 한선과 피지선
③ 모공과 모낭
④ 외피각질층

해 외부로부터 충격이 있을 때 완충작용으로 피부를 보호하는 역할을 하는 것은 피하지방과 모발이다.

79 풋고추, 당근, 시금치, 달걀노른자에 많이 들어 있는 비타민으로 피부각화 작용을 정상적으로 유지시켜 주는 것은?

① 비타민C
② 비타민A
③ 비타민K
④ 비타민D

해 ① 비타민C: 피부색소인 멜라닌을 억제해 피부를 하얗게 하고 기미나 주근깨가 생기는 것을 막아 깨끗한 피부를 유지하게 한다.
③ 비타민K: 수면부족이나 불규칙한 수면습관, 스트레스, 음주 등으로 눈가가 부었을 때 개선해 주는 효과가 우수하다.
④ 비타민D: 표피 세포생성촉진, 색소침착 방지, 자외선에 의한 피부 손상보호, 피부상처 및 건선치료 등이 있다.

80 다음 손톱의 구조 중 손톱의 성장 장소인 것은?

① 조소피 ② 조근
③ 조하막 ④ 조체

해 ① **조소피**: 큐티클이라고도 하며 손톱 주위를 덮고 있는 피부로 미생물의 침입으로부터 네일을 보호해주며, 신경이 없는 피부이다.
③ **조하막**: 프리에지 밑의 피부로 박테리아의 침입으로부터 손톱을 보호한다.
④ **조체**: 손톱 자체를 조체라 하며 손톱의 근원인 매트릭스로 이루어져 있으며 세 겹으로 되어 있다.

정답	1	2	3	4	5	6	7	8	9	10
	①	①	②	③	②	①	②	②	④	③
	11	12	13	14	15	16	17	18	19	20
	③	①	③	④	③	②	④	①	④	③
	21	22	23	24	25	26	27	28	29	30
	③	②	③	③	①	④	②	①	④	③
	31	32	33	34	35	36	37	38	39	40
	①	④	②	④	①	④	②	②	②	③
	41	42	43	44	45	46	47	48	49	50
	③	③	②	②	③	④	①	④	④	④
	51	52	53	54	55	56	57	58	59	60
	②	①	④	②	①	④	③	③	③	①
	61	62	63	64	65	66	67	68	69	70
	④	③	③	④	③	④	③	③	③	④
	71	72	73	74	75	76	77	78	79	80
	①	④	①	③	①	①	②	①	②	②

한권으로 끝내는
미용사(일반)

공중위생관리학

1. 공중보건학 총론
2. 질병관리
3. 가족 및 노인보건
4. 환경보건
5. 산업보건
6. 식품위생과 영양
7. 보건행정
8. 소독의 정의 및 분류
9. 미생물 총론
10. 병원성 미생물
11. 소독방법
12. 분야별 위생 · 소독
▷ 실전문제

# 공중보건학 총론

1 공중보건학의 개념

1. 공중보건학의 정의
개인이 아닌 지역사회를 중심으로 질병의 예방, 생명의 연장, 신체적, 정신적 효율을 증진시키는 기술 또는 과학을 말한다.

2. 공중보건학의 범주
① **위생학**: 건강의 유지와 향상을 목적으로 하는 의학의 한 분야로 병의 예방과 적극적으로 일상생활의 합리화를 도모하여 생명을 연장시키는데 목적을 두고 있다.
② **예방의학**: 병의 예방에 중점을 둔 위생학의 한 분야로 보통 치료의학의 대응어로 쓰인다.
③ **지역사회학**: 인간이 속해 있는 좁은 범위의 지역 단위에 대한 사회적 문제를 연구하는 사회학의 한 분야이다.
④ **사회의학**: 생물로서의 인간이 아니고 사회적 존재로서의 인간을 중시하여 연구하는 학문이다.
⑤ **건설의학**: 질병의 치료나 예방보다는 현재의 건강상태를 최고도로 증진시키는데 역점을 둔 적극적인 건강관리 방법을 연구하는 학문이다.

3. 서양공중보건의 역사
① 고대기(기원전~서기 500년)
　㉠ 그리스
　　ⓐ 환경위생보다는 개인위생에 치중하였으며, 전염병을 예방하였다.
　　ⓑ 히포크라테스는 저서에서 장기설과 4액체설을 주장하였다.
　　・**장기설**: 지진, 홍수, 화산분화 등이 일어난 후에 많은 전염병이 급격히 발생하는 것은 심하게 오염된 공기를 흡입했기 때문이라는 주장이다.
　　・**4액체설**: 인체는 혈액, 점액, 황담즙, 흑담즙의 4액을 가지고 있다는 주장이다.
　㉡ 이집트: 상, 하수도 시설의 흔적이 있고, 사채매장, 목욕탕이 있었다.
　㉢ 로마
　　ⓐ 부패하지 않은 음식물의 유통확립과 같은 공중보건 서비스의 발달과 효과적인 행정조직체계가 갖추어져 있었다.

ⓑ 대규모의 상, 하수도 시설과 공동 목욕탕 시설 등 위생시설의 흔적이 있었다.
② 중세기(500년~1500년)
  ㉠ 사회적, 정치적, 문화적으로 암흑기였으며, 종교적인 것이 지배적인 시기였다.
  ㉡ 흑사병이나 나병, 콜레라, 페스트 등의 집단적인 전염병이 만연하였다.
  ㉢ 검역법이 제정되어 1388년부터 마르세이유에서 검역이 시작되었다.
③ 여명기(1500년~1850년)
  ㉠ 개인위생이 공중위생으로 바뀌면서 공중보건학이 발전하는 기반을 마련하였다.
  ㉡ 국민들의 복지를 국가적 관심사로 받아들였다.
  ㉢ 1749년 스웨덴은 세계최초로 인구조사를 실시하였다.
  ㉣ 라마니찌는 직업병에 관한 것을 저술하여 산업 보건의 기초를 세웠다.
  ㉤ 안톤 반 레벤후크는 현미경을 발명하여 최초로 세균을 관찰하였다.
  ㉥ 제너(Jenner)는 1798년에 우두종두법을 개발하여 예방접종의 대중화를 이룰 수 있었다.
④ 근대(1850~1900): 확립기
  ㉠ 예방백신이 개발되고 예방의학이 발전한 시기이다.
  ㉡ 공중보건학이 제도적, 내용적으로 기초를 확립하게 되었다.
  ㉢ 1848년 영국은 최초로 공중보건법을 제정하였다.
  ㉣ 존 스노우(John Snow): 콜레라에 관한 역학조사를 하여 전염병 발생 원인을 규명하였다.
  ㉤ 탄저균, 콜레라균 등의 면역백신이 개발되었다.
⑤ 발전기(1900년 이후)
  ㉠ 1910년 미국공중보건협의회에서 의학에 사회의학을 도입하였다.
  ㉡ 1948년 4월 7일 세계보건기구(WHO)가 탄생하였다.
    • WHO의 주요사업: 결핵관리, 성병관리, 모자보건, 영양개선, 말라리아 근절, 보건교육개선, 환경위생개선 등이 있다.
  ㉢ 인구증가와 급격한 산업화로 모자보건 및 가족계획산업이 발전하였으며, 환경오염으로 리우환경선언(1992)이 채택되었다.
  ㉣ 의료보장제도의 확립으로 양질의 의료를 제공하는 노력과 지역사회보건사업 및 총괄적인 보건사업이 추진되었다.

4. 우리나라 공중보건의 역사
① 삼국시대
  ㉠ **고구려**: 왕실치료자인 시의가 있었다.
  ㉡ **백제**: 의박사, 채박사, 약사주, 질병치료나 약제를 담당하는 약부가 있었다.
  ㉢ **신라**: 내봉공의사, 공봉의사, 의학사 등의 왕실담당의사가 있었다.

② 통일신라시대: 약정에 근무하는 곤봉의사가 있었다.
③ 고려시대
　㉠ 제위보, 혜민국, 동서대비원을 두어 서민과 빈민들의 진료를 하였다.
　㉡ 대의감을 설치하여 보건 업무를 관할하였다.
④ 조선시대
　㉠ 허준은 동의보감(1610)을 저술하였다.
　㉡ 조선시대의 서민 의료기관인 제생원을 설치하였고, 의녀제도가 있었다.
　㉢ 조선시대 의료행정

내의원	왕실의 의료 담당이었다.
전형사	예조판서 산하의 의약담당 행정기관이었다.
전의감	의료행정과 의약교육을 관장하던 관청이다.
혜민서	의약과 일반서민의 치료를 맡아본 관청이다.
동서활인서	빈민의 질병구료사업을 맡아보던 관청이다.

⑤ 일제하 보건의료: 1910년 9월 조선총독부 관할로 조선총독부에 위생과를 두었다.
⑥ 해방이후: 1945년 미국정청은 위생국을 설치하였고, 각 도에 보건후생국(1946년에 보건후생부로 개칭)을 설치하였다.
⑦ 대한민국 정부수립이후: 1948년에 보건후생부가 폐지되고 사회부가 설치되었다.
▶사회부(1948)→보건부 독립(1949)→보건사회부(1950)→보건복지부(1994)

❷ 건강과 질병

1. 건강의 정의

① 세계보건기구(WHO)에서의 건강의 정의: 건강이란 질병이 없고 허약하지 않을 뿐만 아니라 신체적, 정신적, 사회적으로 안녕한 상태를 말한다.
　㉠ 신체적 건강: 우리 몸인 인체에 질병, 상처 등이 없을 뿐만 아니라 체력이 정상적인 것을 말한다.
　㉡ 정신적 건강: 스트레스를 받더라도 이겨낼 수 있으며 기분이 안정된 상태를 말한다.
　㉢ 사회적 건강: 사회적으로 그 국가의 복지가 잘 되어있고 안정된 직위를 가지고 있거나, 기본적으로 생활할 수 있는 재력이 있거나, 사회적인 인간관계가 좋거나 등이 있다.
② 월시(Walsh)의 건강의 정의: 건강이란 그 자신이 특수한 환경 속에서 효과적으로 그 기능을 발휘할 수 있는 능력이라고 하였다.

2. 건강의 수준
① 종합건강지표: 비례사망지수, 평균수명, 보통 사망률이 사용된다.
② 특수건강지표: 영아사망률, 전염병사망률이 사용된다.
③ 보건봉사활동지표: 의료봉사자수 및 병상수 등의 평가지표가 된다.
④ 보건·의료제도나 정책, 자연환경과 관련된 보건수준이나 특성을 나타내는 간접적 평가지표: 총부양비, 노년인구 구성비, 실업률, 단백질 섭취량, 인구밀도, 수도이용률, 종말처리시설 이용 인구수 등의 보건관련 지표도 이용된다.

3. 건강의 수준과 예방법
① 1차적 예방: 영양개선, 보건교육, 예방접종→공중보건학적인 접근방법
② 2차적 예방: 집단검진, 조기치료→임상의학적인 접근방법
③ 3차적 예방: 재활(의학적인 접근방법)→재활의학적인 접근방법

4. 질병
① 질병의 개요
　㉠ 질병의 정의: 심신의 전체 또는 일부가 일차적 또는 계속적으로 장애를 일으켜서 정상적인 기능을 할 수 없는 상태를 말한다.
② 질병 발생의 요인
　㉠ 병인: 질병발생의 1차 요인으로 생물병원체, 유전적 소인, 영양소, 외인성 화학물질, 내인성 화학물질, 물리적용 등이 있다.
　㉡ 숙주: 숙주에 영향을 주는 요인에는 나이, 성별, 병에 대한 저항력, 영양상태, 유전적 요인, 생활습관 등이 있다.
　㉢ 환경: 숙주와 병인간의 관계에서 지렛대 역할을 하는 것으로 인간을 둘러싸고 있는 물리적, 생물학적, 사회적, 경제적인 것들을 포함한다.

5. 질병관
① 미술적 질병관: 고대의 사람들은 질병은 악령이 사람의 몸 또는 영혼에 들어오거나 마술, 저주 등으로 발생한다고 생각하였다.
② 도덕적 질병관
　㉠ 고대 이집트: 병이 생기는 것은 죄에 대한 벌로 생각하여 제사를 지내거나 제물을 바쳐 신의 노여움을 풀려고 했다.
　㉡ 고대 인도나 중국: 병은 인간과 자연이 서로 조화를 이루지 못해 발생하는 것이라 생각하였다.(정신과 신체의 조화 개념)

③ 4액체설: 인체는 혈액, 점액, 황담즙, 흑담즙의 4액을 가지고 있다는 주장이다.
④ 장기설: 지진, 홍수, 화산분화 등이 일어난 후에 많은 전염병이 급격히 발생하는 것은 심하게 오염된 공기를 흡입했기 때문이라는 주장이다.
⑤ 접촉 전염설: 질병에 걸린 사람과 접촉하면 사람들에게 질병이 발생한다는 주장이다.
⑥ 세균설: 식물이나 인간의 질병이 미생물에 의한 감염에 의해 발생한다는 주장이다.

❸ 인구보건 및 보건지표

1. 조사망률
① 1년간의 사망수를 그 해의 인구로 나눈 것. 보통 1,000배하여 인구 1,000대로 표시된다.
② 연령계층, 성별, 사인 등을 고려하지 않고 정정하지 않은 채로 나타낸 사망률을 말한다.

2. 평균수명
① 어떤 연령의 사람이, 평균해서 몇 년 살 수 있는가 하는 기대값으로 0세의 평균여명(平均餘命)을 평균수명이라 한다.
② 국민의 건강상태, 즉 공중위생의 정도를 알아보는 데에 가장 중요한 수치이다.

3. 비례사망지수
① 연간 전체 사망자수에 대한 50세 이상의 사망자수의 구성비율로 평균 수명이나 조사망률의 보정지표가 된다.
② 비례 사망지수가 낮은 것은 높은 영아사망률과 낮은 평균수명에 원인이 있는 것으로 건강수준이 낮을 것을 의미한다.

$$비례사망지수 = \frac{년간\ 50세\ 이상\ 사망자수}{년간\ 총사망자\ 수} \times 100$$

4. 영아사망률
① 출생에서 1년까지의 영아의 사망을 의미하는데, 한 국가의 건강수준을 나타내는 대표적인 지표이다.
② 영아사망은 모자보건, 환경위생 및 영양수준 등에 민감하며, 또한 생후 12개월 미만의 일정한 연령군을 이루기 때문에 일반 사망률에 비해 통계적 유의성이 매우 높다.

$$영아사망률 = \frac{출생\ 후\ 1년\ 미만\ 사망자\ 수}{년\ 출생아} \times 100$$

 질병관리

1 역학

1. 역학의 분류
① 기술역학: 1단계 역학으로 질병의 발생분포와 빈도를 인적특성, 시간적 특성, 지역적 특성을 고려하여 조사한다.
② 분석역학: 2단계 역학으로 단면조사, 후향성 조사, 전향성 조사가 있다.
③ 이론역학: 3단계 역학으로 수학적으로 수식화하는 역학이다.
④ 실험역학: 실험군과 대조군으로 나누어 비교 실험하는 역학이다.
⑤ 임상역학: 환자를 대상으로 조사한다.(치료약제 실험)

2. 역학의 기본인자(질병발생 3대 요소)
병인, 숙주, 환경 3가지를 가지고 질병과 건강과의 관계를 설명한다.

3. 역학적 조사방법
① 단면조사: 일정 시점 또는 짧은 기간 내에 질병과 특정 노출 요인에 대한 정보를 동시에 조사하여 집단 내에서 이들의 빈도를 조사하는 방법이다.
  ㉠ 장점: 동시에 여러 종류의 질병요인과 관련성을 조사할 수 있고 단시간에 결론을 얻을 수 있다.
② 전향성연구: 건강한 사람들을 대상으로 시간이 경과함에 따라 각 집단에서의 질병발생을 연구하는 것이다.
  ㉠ 장점
    ⓐ 속성이나 요인에 편견이 들어가지 않는다.
    ⓑ 상대위험도와 귀속위험도를 구할 수 있다.
    ⓒ 시간적 선후관계를 알 수 있다.
  ㉡ 단점
    ⓐ 조사기간이 길고 대상이 많으며 시간, 비용이 많이든다.
    ⓑ 대상자간에 속성의 변화가 있다.

③ 후향성조사: 질병이 있다고 생각되는 환자와 대조군을 역으로 추적하는 방법이다.
  ㉠ 장점
    ⓐ 시간과 경비가 적게들고 희소질병에 적합하다.
    ⓑ 조사 대상자가 적어 단시간에 결론을 얻을 수 있다.
  ㉡ 단점
    ⓐ 대조군을 선정하기 어렵다.
    ⓑ 위험도를 구할 수 없다.
    ⓒ 편견이 들어갈 수 있어 객관성이 없다.
    ⓓ 기록에 의존하기 때문에 불확실한 면이 있다.

2 감염병 관리

1. 감염병 유행 3대 요소
① 감염원: 환자, 보균자, 감염동물, 오염수, 오염식품, 오염토양 등이 있다.
② 감염경로: 공기감염, 접촉감염, 절지동물감염 등이 있다.
③ 숙주의 감수성: 저항성이나 면역성이 없어 감염이 잘 되는 숙주를 말한다.

2. 감염병 생성 6개 요건
① 병원체: 세균, 바이러스, 기생충, 진균 등이 있다.
② 병원소
  ㉠ 인간병원소
    ⓐ 환자: 은닉환자, 간과환자, 현성환자, 전기구환자 등이 있다.
    ⓑ 보균자
      • 회복 보균자: 장티푸스, 디프테리아, 세균성이질 등이 있다.
      • 발병자 보균자: 홍역, 백일해, 디프테리아, 유행성뇌척수막염 등이 있다.
      • 건강보균자: 일본뇌염, 디프테리아, 폴리오 등이 있다.
  ㉡ 동물병원소(인수공통감염병)
    ⓐ 소: 결핵, 파상열, 탄저, 살모넬라증, 보툴리누스중독 등이 있다.
    ⓑ 양: 파상열, 탄저 등이 있다.
    ⓒ 돼지: 탄저, 파상열, 일본뇌염, 살모넬라증 등이 있다.
    ⓓ 개: 광견병 등이 있다.
    ⓔ 쥐: 발진열, 페스트, 랩토스피라증, 쯔쯔가무시병 등이 있다.

ⓒ 토양병원소: 진균류, 파상풍 등이 있다.
③ 병원소로부터 병원체 탈출: 소화기, 호흡기, 비뇨기, 개방병소, 기계적 탈출 등이 있다.
④ 전파
  ㉠ 직접전파: 재채기, 접촉 등을 통한 비말감염과 태반감염이 있다.
  ㉡ 간접전파
    ⓐ 활성전파체: 파리, 모기, 벼룩, 패류나 담수어 등이 있다.
    • 기계적전파: 바퀴나 파리 등이 있다.
    • 생물학적전파: 벼룩, 이, 모기, 진드기 등이 있다.
    ⓑ 비활성전파체: 무생물 등이 있다.
    • 공동전파체: 물, 식품, 공기, 토양, 우유 등이 있다.
    • 개달물: 수건, 식기, 의류, 침구류, 장난감, 세면도구, 주사기 등이 있다.
⑤ 신숙주에의 침입
  ㉠ 호흡기: 결핵, 디프테리아, 성홍열, 홍역, 인플루엔자 등이 있다.
  ㉡ 소화기: 장티푸스, 콜레라, 폴리오, 간염, 파상열, 디프테리아 등이 있다.
  ㉢ 점막, 피부: 페스트, 파상풍, 일본뇌염, 발진티푸스 등이 있다.
  ㉣ 성기, 점막: 임질, 매독 등이 있다.
⑥ 숙주의 감수성과 면역
  ㉠ 감수성지수: 급성호흡기계 전염병에 있어서 감수성 보유자가 감염되어 발병하는 비율을 %로 표시한 것이다.
    • 두창, 홍역(95%) > 백일해(60~80%) > 성홍열(40%) > 디프테리아(10%) > 소아마비(0.1%)

3. 우리나라의 법정 전염병

① 제1군 전염병: 전염속도가 빠르고 국민건강에 미치는 위해 정도가 매우 커서 발생 또는 유행 즉시 방역대책을 수립해야 하는 전염병이다.
  • **종류**: 페스트, 콜레라, 장티푸스, 세균성이질, 장출혈성대장균감염증 등이 있다.
② 제2군 전염병: 예방접종을 통하여 예방 또는 관리가 가능하여 국가접종사업의 대상이 되는 전염병이다.
  • **종류**: 홍역, 파상풍, 디프테리아, 풍진, 유행성이하선염, 일본뇌염, 수두 등이 있다.
③ 제3군 전염병: 간헐적으로 유행할 가능성이 있어 지속적으로 그 발생을 감시하고 방역대책의 수립이 필요한 전염병이다.
  • **종류**: 결핵, 말라리아 성병, 발진티푸스, 레지오넬라증, 부르셀라증, 탄저, 인플루엔자, AIDS 등이 있다.
④ 제4군 전염병: 국내에서 새롭게 발생하거나 국내로 유입될 것이 우려되는 해외의 전염병으로 이 전염병이 신고되는 경우 빠른 시일 내에 방역대책을 세워야 한다.
  • **종류**: 조류인플루엔자, 뎅기열, 에볼라열, 인체 감염증, 사스, 신종인플루엔자 등이 있다.

4. 전염병예방법

① 호흡기 전염병

종류	감기, 흑사병, 인플루엔자바이러스 등
예방법	손을 자주 씻고 마스크를 써주는 것이 좋다.

② 소화기 전염병

종류	포도상구균, 콜레라균 등
예방법	음식을 익혀 먹어야 하며, 유통기한이 지난 음식을 먹지 말아야 한다.

③ 피부 전염병

종류	쯔쯔가무시병
예방법	들판에서 작업 시 옷을 풀에 닿지 않게 해야 한다.

④ 법정 전염병

종류	제1군~제4군 법정 전염병이 있다.
예방법	전염력이 강하고 사망률이 높기 때문에 신고, 격리치료, 소독을 해야 한다.

5. 면역

생체의 내부 환경이 외부인자인 항원에 대하여 방어하는 현상으로 태어날 때부터 지니는 선천면역과 후천적으로 얻어지는 획득면역으로 구분된다.

① 면역의 종류
  ㉠ **선천적 면역**: 어떤 병원체에 대하여 태어날 때부터 가지고 있는 면역으로 병원체의 침입을 저지하거나 침입한 병원체를 파괴하여 체내 침투를 막는 1차적인 방어 작용을 말한다.
  ㉡ **후천적 면역**
    ⓐ **능동면역**
    • **인공능동면역**: 병원성이 없는 병원체를 인위적으로 감염시켜 체내가 능동적으로 면역반응을 나타내는 것으로 장티푸스, 결핵, 파상풍, 백일해 등이 있다.
    • **자연능동면역**: 각종 질환에 이환된 후 형성되는 면역으로서 그 면역의 지속 기간은 질환의 종류에 따라 다르다.
    ⓑ **수동면역**
    • **자연수동면역**: 태아가 모체로부터 태반을 통해서 항체를 받거나 생후에 모유를 통해서 항체를 받는 방법을 말한다.
    • **인공수동면역**: 이미 만들어진 항체를 몸에 주사하여 면역을 주는 것으로 이 방법으로 디프테리아, 파상풍, 가스괴저 등이 있다.

③ 기생충질환관리

1. 기생충의 정의
다른 생물체의 몸속에서 먹이와 환경을 의존하여 기생생활을 하는 무척추동물이다.

2. 기생충의 종류
① 윤충류
- ㉠ 선충류: 선형동물문의 하나로 원주상이며 좌우 대칭형이고, 동물이나 식물에 기생하는 것과 민물, 바다, 육상, 온천 등에서 자유생활하는 것이 있다.
- ㉡ 흡충류: 흡충강의 동물을 통틀어 이르는 말로 작고 편평한 몸에, 배에는 빨판이 있다. 폐흡충, 간흡충, 요꼬가와흡충, 일본주혈흡충 등이 있다.
- ㉢ 조충류: 편형동물문에 속하는 기생충. 긴 것은 10m에 달하며, 사람에게 기생하는 것 중에서 제일 길다. 무구조충, 유구조충, 광절열두조충, 만곤열두조충 등이 있다.

② 원충류
- ㉠ 근족충류: 위족으로 운동을 하지만 대부분 발생 도중에 편모를 가지는 단계를 거치므로 편모충류에서 유래된 것으로 생각된다. 이질아메바(병원성), 대장아메바(비병원성) 등이 있다.
- ㉡ 포자충류: 몸은 소형으로 형태는 매우 다양한데, 몸에는 원추체와 극환이 있다. 말라리아, 독소플라즈마, 콕시디아 등이 있다.
- ㉢ 편모충류: 일생 동안에 반드시 1개 내지 몇 개의 편모를 갖는 단세포동물이다. 트리코모나스, 트리파노소마, 리슈마니아 등이 있다.
- ㉣ 섬모충류: 원생동물 중에서 가장 분화가 잘 되어 있고 수중에서 살며 기생성인 것도 적지 않다. 대장 바란티디움(바란티듐성 이질) 등이 있다.

③ 기생충매개물에 의한 분류
- ㉠ 토양매개성: 충란 또는 유충이 배출된 후 일정 기간 토양 안에서 발육 또는 성장하는 것으로 회충, 편충, 십이지장충, 동양모양선충 등이 있다.
- ㉡ 접촉매개성: 접촉을 통한 기생충 감염으로 요충, 트리코모나스 등이 있다.
- ㉢ 어패류매개성: 어패류 섭취를 통한 기생충 감염으로 간흡충, 요꼬가와 흡충, 폐흡충, 광절열두조충 등이 있다.
- ㉣ 절족매개성: 절족동물(파리, 모기, 바퀴, 벼룩) 등에 의해 질병이 매개되어 다른 숙주가 감염되는 것으로 사상충, 말라리아 등이 있다.
- ㉤ 육류매개성: 돼지고기와 쇠고기를 덜 익혀 먹거나 회로 먹어서 감염되는 것으로 유구조충과 선모충(돼지고기), 무구조충(쇠고기) 등이 있다.

ⓗ 물, 채소매개충: 회충, 편충, 십이지장충, 동양모양선충, 분선충, 이질아메바 등이 있다.

3. 기생충성 질환과 예방법
① 회충: 소장기생
- 예방법: 채소의 세정, 손의 청결, 집단구충, 분변의 완전처리, 인분을 사용하지 않는 청정채소의 보급 등이 있다.

② 편충: 소장에 기생
- 예방법: 예방법은 회충과 같으며 분변을 위생적으로 처리하는 것은 물론, 손을 청결하게 유지하고 채소를 깨끗이 씻어 먹는다.

③ 요충: 맹장, 대장에 기생
- 예방법: 손톱깎이 관리, 손씻기, 목욕 등 몸의 청결을 유지하고, 내의, 침의, 침구 등을 자주 세탁 또는 소독하면 좋다.

④ 십이지장충: 십이지장벽에 기생(유충피해: 채독증, 성충피해: 빈혈과 소화기 장애)
- 예방법: 분변의 완전처리, 청정채소의 보급, 오염지구에서 맨발로 다니지 말 것(경피감염 예방)

⑤ 간흡충: 1중간(우렁이), 2중간(잉어, 붕어, 모래무지 등)
- 예방법: 자연산 물고기를 절대 날로 먹지 말고, 칼, 도마, 행주 등을 위생적으로 사용해야 한다.

⑥ 폐흡충: 1중간(다슬기), 2중간(가재, 게 등의 갑각류)
- 예방법: 게, 가재 생식 금지, 게를 조리할 때 피낭유충에 의한 조리기구의 오염을 방지해야 한다.

⑦ 조충: 유구조충(중간숙주: 돼지-낭미충), 무구조충(중간숙주: 소)
- 예방법: 위생상태가 나빠 생기는 병인만큼 생활환경을 꼭 개선해야 한다.

⑧ 말레이사상충: 임파관에 기생
- 예방법: 특별한 예방책이 없다.

⑨ 요꼬가와흡충(횡천흡충): 간에서 기생, 1중간(다슬기), 2중간(은어)
- 예방법: 민물고기 생식 금지, 조리할 때 손을 통한 감염을 방지해야 한다.

4 성인병관리

1. 성인병
성년기 이후에 노화와 더불어 점차 많이 발생하는 비전염성의 만성, 퇴행성 질환이다.

2. 성인병 발생이 높아지고 있는 원인
① 생활 수준의 향상과 환경개선
② 인구구조의 노령화
③ 식생활 습관의 변화
④ 산업사회화에 따르는 생활 내용의 변화

3. 성인병의 발생현황
① 암
  ㉠ 남자: 위암이 가장 많다(간암이 많아지고 있는 추세이다.)
  ㉡ 여자: 자궁경부암이 가장 많다(유방암이 많아지고 있는 추세이다.)
    • 발암인자를 자극하는 제일 중요한 4가지 요인(WHO 조사): 식생활습관, 흡연, 감염, 환경오염물질이 있다.
② 고혈압
  ㉠ 최고혈압(수축기): 160이상
  ㉡ 최저혈압(이완기): 90이상
  ㉢ 원인
    ⓐ 1차성 원인(본태성 고혈압): 다른 병과 관계없이 발생한다.(85~90%정도 차지)
    • 발병원인: 밝혀지지 않음(유전설, 스트레스설, 비만설, 식염설, 환경설, 혈관설)
    ⓑ 2차성 원인(속발성 고혈압): 다른 병에 의해 발생한다.(10~15% 차지)
    • 발병원인: 콩팥에 병이 생겼을 경우와 호르몬계통에 이상이 있는 경우가 있다.
③ 당뇨병: 체내의 혈당조절기관인 췌장에서 나오는 인슐린이란 호르몬이 부족하거나 기능을 제대로 발휘하지 못해 혈중의 당을 유용하게 사용하지 못하고 그 농도가 높아져 소변으로 나오게 되는 질환이다.
  ㉠ 요당은 물을 끌고 오기 때문에 다뇨증이 오며 갈증 등의 증상이 나타난다.
  ㉡ 당뇨병의 3대 증상: 다뇨, 다음, 다식

4. 성인병의 예방대책
① 식생활의 개선: 식염의 섭취를 1일 10g이하로 줄이기(3~8g이 적당하다)
② 규칙적인 운동
③ 충분한 수면과 휴식
④ 음주절제
⑤ 흡연절제

5 정신보건

1. 중추신경에 작용하는 약물
① 흥분제
  ㉠ 담배(니코틴, 타르): 소량을 사용하면 교감부교감신경흥분을 일이키고, 다량을 사용하면 신경마비를 일으킨다.
  ㉡ 카페인: 커피의 주성분으로 중추신경계를 흥분시키며 일시적인 수면과 피로감억제, 심장박동증가를 가져오며 약효가 떨어지면 졸음과 함께 산만해진다.
  ㉢ 암페타민류(필로폰, 히로뽕): 강력한 흥분제로 혈압상승, 근육경련, 불안, 언어장애, 뇌손상을 가져온다.
  ㉣ 코카인: 강력한 흥분제로 수다스럽고, 혈압, 맥박이 빨라지고 동공이 확대된다.
    ⓐ 만성: 불면증, 복통 증상이 있다.
    ⓑ 과량복용: 환시, 환청, 망상, 심장마비, 호흡부전의 증상을 가져온다.
② 억제제
  ㉠ 알코올: 간장애, 위장질환, 췌장질환, 치매, 성격장애를 가져온다.
  ㉡ 흡입제(본드, 탄화수소, 유기용제): 두통, 오심, 이명, 환각현상이 있고 호전적인 경향이 나타난다.
  ㉢ 아편: 원래는 고통을 없애기 위하여 자극제, 마취제, 환각제로서 사용되었으나 요즘은 알칼로이드 유도체로 대치되고 있다. 모르핀, 코데인, 파파베린 등이 들어 있다.
    ⓐ 모르핀: 진통, 현기증, 정신적 몽롱 등을 가져오는 가장 강력한 진통제이다.
    ⓑ 코데인: 설사, 위경련 치료에 쓰인다. 모르핀보다 1/4의 진통효과가 있다.
    ⓒ 파파베린: 아편에 포함되어 있는 흰색 결정의 알칼로이드. 모르핀과 달리 마취 작용은 약하지만 평활근 이완 작용이 강하여 호흡 중추를 흥분시키는 극약이다.
    ⓓ 헤로인: 합성제, 불법마약으로 미국 유럽에서 남용되고 있다.

③ 환각제
　㉠ 대마초: 마리화나는 대마의 잎과 꽃을 주성분으로 한다.
　　ⓐ 고농도 투여했을 경우: 환각, 망상, 편집증, 발작적인 기침을 한다.
　　ⓑ 연예인들이 자주 피워 큰 문제를 가져오고 있다.
　㉡ LSD(호밀의 곰팡이에서 추출): 시각기능의 변화, 동공이환, 마비, 수전증 등을 가져온다.
　㉢ 남용실태
　　ⓐ 60년대 이전: 아편
　　ⓑ 70년대: 대마초
　　ⓒ 90년대 초: LSD와 코카인

6 이·미용 안전 사고

1. 이·미용의 안전사고
① 디자이너가 시술 할 때 미용 도구나 기구로 고객에게 상처를 낼 경우 반드시 위생장갑을 착용한 후에 고객을 치료한다.
② 디자이너가 실수로 미용 도구로 인하여 상처를 입었을 때 그 상처에서 나오는 출혈에 의한 감염이 있을 수 있기 때문에 반드시 보호 장비를 착용한 후에 시술을 한다.
③ 시술을 한 모든 미용 기구나 도구는 소독제로 깨끗이 소독을 하고, 멸균시킬 것이 있으면 고압 멸균기에 넣어서 멸균한다.
④ 많은 사람들이 시술 장소에 출입을 하게 되면 감염자에 의해 질병이 옮길 수 있으니 특별히 주의를 한다.

2. 이·미용과 관련된 질병
① **간염이나 매독**: 간염이나 매독은 날카로운 물건에 베어 상처가 생긴 부위를 통하여 침투해 감염을 일으킬 수 있다.
② **포도상구균**: 식중독뿐만 아니라 피부의 화농, 중이염, 방광염 등 화농성질환을 일으키는 원인균으로 감염자가 사용한 수건 등에 의해 다른 사람에게 균을 옮길 수 있다.
③ **무좀**(진균류): 무좀 같은 진균류는 감염자가 사용한 슬리퍼 등에 의해 다른 사람에게 균을 옮길 수 있다.
④ **트라코마**: 트라코마는 균을 보유하고 있는 사람의 눈꼽으로 감염되므로 수건은 한번 사용한 것을 재사용하지 않고 깨끗이 소독해야 한다.

03 가족 및 노인보건

1 가족보건

1. 인구문제와 가족계획
① 3P: 현대의 가장 심각한 사회문제로 인구문제(population), 빈곤문제(poverty), 공해문제(pollution)이다.

> 자연적 증가(출생자-사망자)+사회적 증가(전입자-전출자)=인구증가

② 국세조사: 정부가 전 국민에 대해 시행하는 인구의 통계조사. 5년마다 실시, 발표하는 것으로 인구의 동정과 이에 관계되는 항목을 전국 일제히 조사, 국세(國勢)를 명백히 하는 것이 목적이다.

2. 인구구조
① **피라미드형**
  ㉠ **특징**: 후진국 및 개발도상국에 많은 유형으로 다산 다사 및 다산 소사형에 해당된다.
  ㉡ 유·소년층의 비율이 높고 평균 수명이 짧다.
  ㉢ 유·소년층에 대한 인구 부양 부담이 크다.
  ㉣ 1960년대 이전의 우리나라에 해당
② **종형**
  ㉠ **특징**: 선진국의 소산 소사형에 해당된다.
  ㉡ 유·소년층의 비율이 낮고, 청·장년층 및 노년층의 비율이 높다.
  ㉢ 평균 수명 연장으로 인구의 노령화 현상이 나타나 노인 복지 문제가 대두된다.
  ㉣ 현재 우리나라가 이에 해당한다.
③ **방추형(항아리형)**
  ㉠ **특징**: 출산 기피에 따라 출생률이 사망률보다 더 낮아서 인구가 감소하는 형이다.
  ㉡ 유·소년층의 비율이 낮고, 청·장년층 및 노년층의 비중이 크게 나타나 국가 경쟁력 약화가 우려된다.
  ㉢ 일부 선진국에서 나타난다.

④ **별형**(전입형/도시형)
  ㉠ **특징**: 생산 연령층이 도시 및 근교 농촌 지역에 전입함으로써 나타나는 유형으로 청·장년층 비율이 높다.
  ㉡ 도시형으로 각종 도시 사회 문제가 유발된다.
  ㉢ 대도시, 위성도시, 신흥 공업도시, 근교촌 등에 나타난다.
⑤ **표주박형**(전출형/농어촌형)
  ㉠ **특징**: 생산 연령층인 청·장년의 전출로 유·소년층, 노년층의 비율이 높다.
  ㉡ 농어촌형으로 노동력 부족 현상이 나타난다.

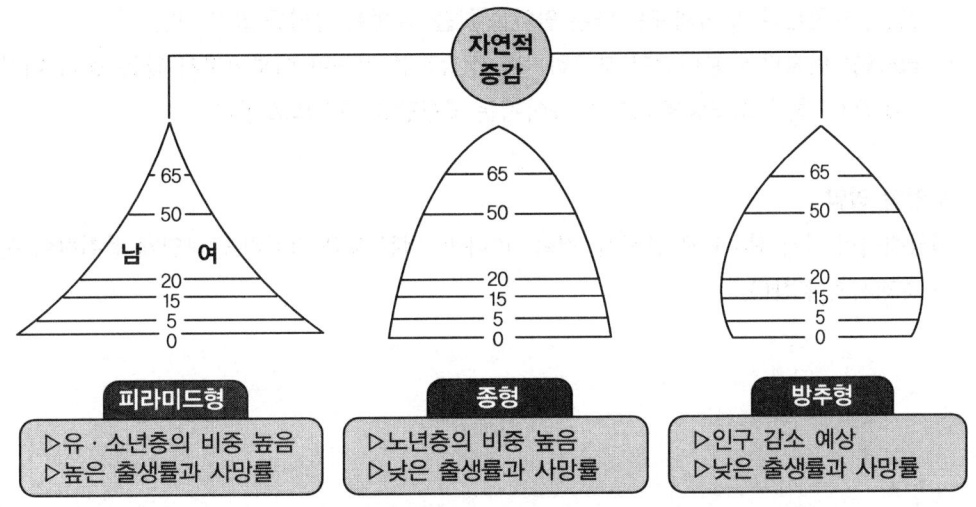

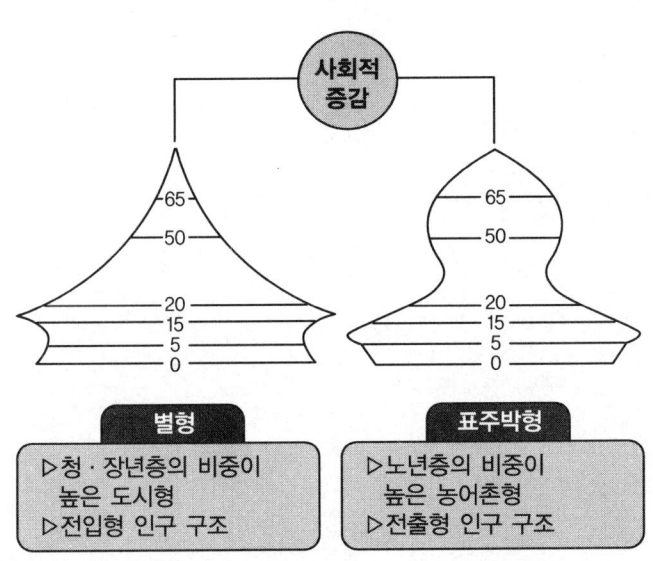

❷ 노인보건

1. 노인의 질병
① **동맥경화**: 동맥벽이 두꺼워지고 굳어져서 탄력을 잃은 상태로 고혈압증, 비만증, 당뇨병 등이 이를 촉진한다.
② **고혈압**: 정상 범위를 넘어서서 지속적으로 높은 혈압을 말한다. 고혈압은 병명이라기보다 하나의 증세라고 보아야 할 것이다.
③ **뇌졸중**: 뇌기능의 부분적 또는 전체적으로 급속히 발생한 장애가 상당 기간 이상 지속되는 것으로, 뇌혈관의 병 이외에는 다른 원인을 찾을 수 없는 상태를 일컫는다.
④ **당뇨병**: 인슐린의 분비량이 부족하거나 정상적인 기능이 이루어지지 않는 등의 대사질환의 일종으로, 혈중 포도당의 농도가 높아지는 고혈당을 특징으로 한다.

2. 노인의 영양
영양결핍이 되기 쉬우므로 단백질, 칼슘, 비타민, 철분 등을 적절히 균형있게 섭취하여 신진대사를 촉진시켜야 한다.

04 환경보건

1 환경보건의 개념

1. 환경보건의 정의
인간의 건강유지 증진을 위하여 질병과 건강의 문제를 인간주체와 환경과의 상호관계라는 과정에서 파악하려는 것이다.

2. 환경의 종류
① 자연적 환경
  ㉠ 이화학적 환경
    ⓐ 공기: 온도, 기습, 기류, 기압, 매연, 가스, 공기조성, 공기이론
    ⓑ 물: 강수, 수량, 수질, 지표수, 지하수
    ⓒ 토지: 지온, 지균, 토지조성
    ⓓ 빛: 광선, 자외선, 적외선, 방사선
    ⓔ 소리: 소음, 진동
  ㉡ 생물학적 환경: 모기, 파리 등의 유해곤충과 절지동물, 병원미생물 등을 말한다.
② 사회적 환경
  ㉠ 인위적 환경: 식생활, 의복, 주택 등의 위생시설 등을 말한다.
  ㉡ 사회적 환경: 정치, 경제, 교육, 종교 등을 말한다.

2 대기환경

1. 공기
지구를 둘러싼 대기의 하층부를 구성하는 무색, 무취의 투명한 기체. 산소와 질소가 약 1대 4의 비율로 혼합되어 있다.

2. 대기의 구성 성분
① 산소(O_2)
   ㉠ 산소는 물질의 산화나 연소에 꼭 필요하며 생물체의 호흡에 의하여 소비된다.
   ㉡ 인체는 21% 산소를 함유하는 공기 중에서 가장 원활한 작용을 한다.
   ㉢ 산소농도 11~12% 되면 위험성이 있고, 7% 이하가 되면 사망한다.

② 이산화탄소(CO_2)
   ㉠ 실내공기 오염정도의 지표이다.
   ㉡ 무색, 무취의 비독성 가스이다.
   ㉢ 공기 중의 이산화탄소(CO_2)의 농도
      ⓐ 3% 이상일 때: 불쾌감을 느낀다.
      ⓑ 6% 이상일 때: 인체에 유해 작용을 한다.(호흡 회수가 현저히 증가한다.)
      ⓒ 8% 이상일 때: 호흡이 곤란해진다.
      ⓓ 10% 이상일 때: 의식을 상실하게 되고 심하면 사망하게 된다.

③ 질소(N_2)
   ㉠ 공기의 약 78%를 차지한다.
   ㉡ 성질: 불활성 기체이며, 정상기압에서는 직접적인 피하가 없고, 고기압일 때는 감압시에 영향을 준다.

3. 대기의 유해성분
① 군집독
   ㉠ 군집독의 정의: 불쾌감, 권태감, 두통, 구토, 현기증, 졸도 등을 동반한 생리적 이상을 말한다.
   ㉡ 사망원인: 공기의 이화학적 조건(고온, 고습, 무기류, 악취 등)이 있다.
   ㉢ 증상: 불쾌감, 권태감, 두통, 구토, 현기증, 졸도 등이 있다.
   ㉣ 예방: 환기를 잘 하는 것이 가장 중요하다.

② 일산화탄소(CO)
   ㉠ 성질
      ⓐ 무색, 무취, 무자극성의 기체이다.
      ⓑ 공기보다 가볍고, 독성이 크다.
      ⓒ 확산성과 침투성이 강하여 위험하다.
   ㉡ 발생: 물체가 불완전 연소할 때나 이산화탄소가 작열할 때 탄소와 접촉 시 많이 발생한다.

③ 아황산가스(SO_2)
   ㉠ 성질: 무색으로 자극적인 냄새가 있어 호흡기 계통에 유해하다.

ⓒ 발생: 석탄과 석유에 포함되어 있는 황분이 연소에 의해 산소와 결합하여 발생한다.
　　ⓒ 대기 오염의 최대 원인이다.

4. 일광(햇빛)
① 신진대사를 촉진해 준다.
② 비타민D를 생성시켜 준다.
③ 적혈구 생성을 촉진해 주며, 피부결핵이나 관절염의 치료에 효과적이다.
④ 피부암, 결막염, 백내장의 원인이 된다.
⑤ 홍반작용, 수포현상, 부종, 피부박리현상이 일어난다.

5. 대기오염
① 대기오염의 뜻
　　㉠ WHO 규정: 대기중에 인공적으로 배출된 오염물질이 존재하며 오염물질의 양과 그 농도 및 지속시간이 어떤 지역주민의 불쾌감을 일으키거나 해당지역에 공중보건상 위해를 미치고 인간이나 동식물의 생활에 해를 주어 도시민의 생활과 재산을 향유할 정당한 권리를 방해받는 상태이다.
　　㉡ 일반적인 정의: 인위적인 행위에 발생된 오염물질이 사람, 동식물의 생명 또는 재산에 해가 될 정도로 충분한 양, 충분한 시간 동안 대기 중에 존재하는 상태를 말한다.
② 대기오염의 종류
　　㉠ 산성비
　　　ⓐ 산성도를 나타내는 수소이온 농도지수(pH)가 5.6미만인 비이다.
　　　ⓑ 원인 물질로는 자동차에서 배출되는 질소산화물과 공장이나 발전소, 가정에서 사용하는 석탄, 석유 등의 연료가 연소되면서 나오는 황산화물이다.
　　　ⓒ 산성비로 인한 피해는 건물의 부식, 삼림의 황폐화, 호수에서 물고기의 떼죽음 현상 등이 있다.
　　　ⓓ 대책으로는 주 원인물질인 황산화물과 질소산화물의 배출을 최소화해야 한다.
　　㉡ 스모그
　　　ⓐ 대기 속의 매연이나 오염물질이 안개모양의 기체가 된 것이다.
　　　ⓑ 석탄의 연소를 통해서 대기로 유입되는 매연, 아황산가스, 일산화탄소 등이 안개와 합쳐지면서 만들어진다.
　　㉢ 기온역전
　　　ⓐ 상공으로 올라갈수록 기온이 상승하는 현상이다.
　　　ⓑ 역전층이 발생하면 하층의 공기밀도가 상층의 공기밀도보다 크게 되어 하층의 공기가 상층으로 이동하는 것을 강력히 억제하고, 지표 부근의 대기 오염도를 증가시킨다.

③ 대기오염의 해결방안
　㉠ 나무를 많이 심는다.
　㉡ 자동차의 사용량을 줄이고 무연 휘발유 차를 이용한다.
　㉢ 공장의 굴뚝에는 집진기를 설치한다.
　㉣ 자동차에는 정화기를 부착하여 배출가스를 최소화한다.
　㉤ 에너지원으로 태양에너지, 수력발전, 천연가스 등을 이용한다.

❸ 수질환경

1. 수질환경의 개요
① 물: 모든 생물이 생명현상의 유지를 위해서는 필수불가결한 것이다.
　㉠ **인체의 수분 구성**: 인체는 수분이 60~70% 정도 구성되어 있다.
　㉡ 성인이 하루에 필요한 물의 양은 2~3L(일반적으로 2.5L)이다.
② **물의 작용**: 물은 음식물의 소화, 운반, 영양분의 흡수, 운동, 노폐물의 배설, 호흡, 순환, 체온 조절 등의 생리적 작용을 한다.

2. 물의 경도
① 물의 경도: 물 속에 함유된 칼슘, 마그네슘, 탄산칼슘 등의 광물질의 양을 나타내는 단위로서 물 속에 100만분의 1 함유되었을 때 이것을 1ppm이라고 한다.
　㉠ **연수(60ppm이하)**: 칼슘 및 마그네슘과 같은 미네랄 이온이 들어있지 않은 물로 단물이라고도 한다.
　㉡ **아경수(120ppm이상~180ppm미만)**: 우리가 사용하는 일반적인 수돗물이다.
　㉢ **경수(180ppm이상)**: 수소와 산소로 이루어진 보통 물이다.

3. 물의 보건 문제
① **수인성전염병**: 물에 의해 유행을 일으키는 전염병으로 소화기 계통 전염병이 대부분이다. 음료수나 음식을 통해서 또는 환자나 보균자와의 접촉을 통해 전염된다.
② 수인성 전염병의 특징
　㉠ 콜레라
　　ⓐ 대체로 열은 없으나 복통이 있고, 가벼운 설사를 한다.
　　ⓑ 잠복기는 수 시간부터 최장 5일이다.

  ⓒ **예방법**: 개인위생을 철저히 하며, 위생적인 물을 사용하고 충분히 가열하도록 한다.
 ⓒ **장티푸스**
  ⓐ 고열과 두통, 식욕감퇴와 몸 전체에 붉고 작은 발진이 생긴다.
  ⓑ 잠복기는 보통 1~3주 정도이다.
  ⓒ **예방법**: 개인위생을 철저히 하고 물은 반드시 끓여 먹어야 한다.
 ⓒ **세균성이질**
  ⓐ 심한 복통과 오한, 열이 나면서 점액과 혈액이 섞인 설사를 한다.
  ⓑ **예방법**: 손의 위생이 가장 중요하다.
 ⓔ **비브리오패혈증**
  ⓐ 갑작스런 오한, 발열, 전신쇠약감 증상이 있으며 사망률이 40~50%로 높다.
  ⓑ **예방법**: 여름철에는 어패류의 생식을 피하고 피부에 상처가 났을 때는 맑은 물로 씻고 소독을 해 준다.
 ⓜ **병원성 대장균O157**
  ⓐ 일반대장균과는 달리 생물학적인 변이를 일으킨 것으로 인체에 소량이 침입해도 질병을 일으킬 수 있다.
  ⓑ 설사, 복통 등 일반적인 식중독 증상을 일으키고 일부는 장출혈, 용혈설요독 증후군을 유발하기도 한다.
  ⓒ **예방법**: 음식을 반드시 충분한 온도에서 조리해야 하며, 과일은 껍질을 벗겨서 먹는다. 또한 식수는 반드시 끓여서 사용해야 한다.

4. 상,하수도

① **상수도**: 일반적으로 수도라 함은 상수도를 가리키나, 하수나 공업용 수도와 구별할 때는 상수도라고 한다.
 ㉠ **상수도**: 급수인구 5,000명 이상을 말한다.
 ㉡ **간이수도**: 5,000명 이하 100명 이상을 말한다.
 ㉢ **전용수도**: 기숙사, 사택 등 100명 이하에 공급하는 자가용 수도를 말한다.

② **하수도**
 ㉠ **하수도**: 생활을 영위해 나가는 과정에서 배출되는 액체상태의 폐기물을 하수라 하며 그 하수를 배제 또는 처리하는 시설을 하수도라 한다.
  ⓐ **분류식**: 오수와 빗물을 각각 다른 하수관으로 흘러가게 하는 방식이다.
  ⓑ **합류식**: 오수와 빗물을 하나의 하수관을 통하여 함께 흘러가게 하는 방식이다.
 ㉡ **하수의 처리과정**
  ⓐ **예비처리**: 큰 부유물질이나 고형물질을 제진망을 설치하여 제거하는 것이다.

ⓑ 본처리
- 혐기성처리: 혐기성균이 무산소 상태에서 유기물을 분해하는 과정이다.
- 호기성 분해처리: 미생물이 자신에게 필요한 에너지를 얻기 위하여 산소를 사용하여 탄수화물과 같은 탄소원을 산화시키는 자연적인 현상을 이용하는 것이다. 종류로는 관개법, 접촉여상법, 산화지법, 살수여상법, 활성오니법 등이 있다.
- 오니처리: 오니의 감량을 목적으로 소화, 탈수, 소각 등을 한다. 최종적으로 오니는 매립하여 처분하지만 최근에는 부식시켜 비료로 유용하게 이용하는 곳도 있다.

구분	활성오니법	살수여상법
기술	고도로 숙련된 기술	특별한 기술이 불필요
경제력	경제적	비경제적
처리면적	적어도 가능	비교적 넓어야 함
수량의 변화	변화에 용이하지 않음	변화에 용이
수압	저수압	높은 수압
이용도	도시하수처리	산업폐수, 분뇨소화 처리 후 탈리액의 처리 이용

〈활성오니법과 살수여상법의 비교〉

5. 하수시험

① 생물학적 산소요구량(Biochemical Oxygen Demand: BOD)
오염된 물의 수질을 표시하는 한 지표로 BOD가 높다는 것은 유기물질이 많고 오염도가 크다는 것이다.

② 용존산소(Dissolved Oxygen: DO)
물 또는 용액 속에 녹아 있는 분자상태의 산소량을 말하며 mg/ℓ 로 표시한 것이다. DO가 $5mg/\ell$ 이하가 되면 어패류가 살 수 없는 상태를 나타내는 것이다.
▶물이 맑으면 BOD 수치는 낮으나 DO 수치는 높다.

③ 화학적 산소요구량(Chemical Oxygen Demand: COD)
일정한 용적의 수중에 있는 물질을 산화하는 데 요구되는 산소량으로 자연수 중의 피산화물질은 주로 유기물이기 때문에, 생물학적 산소요구량(BOD)과 같이 물의 유기물오염시간의 지표가 된다.

4 주거 및 의복환경

1. 주거환경

① 주택의 보건적 조건
  ㉠ 안전과 보안 및 재해를 방지할 수 있어야 한다.
  ㉡ 생리적 조건을 만족시켜 주어야 한다.
  ㉢ 일상생활을 능률적이고 쾌적하게 이루어질 수 있어야 한다.
  ㉣ 질병에 대한 예방대책이 이루어져야 한다.
  ㉤ 주거비의 부담이 많지 않아야 한다.
  ㉥ 정서적인 안정감을 느낄 수 있어야 한다.

② 환기: 어떤 장소의 공기를 그 이외의 공기와 교환하는 일로 보통 실내의 공기를 창 밖의 공기와 교환하는 뜻으로 사용된다.

③ 조명
  ㉠ **자연조명**: 하늘을 통해 창으로 받아들이는 빛으로 인공조명에 비해 시시각각 변하므로 실내분위기를 변화무쌍하게 만들 뿐만 아니라 에너지도 절감케 한다.
  ㉡ **인공조명**: 인공 광원에 의한 조명으로 고체, 액체 또는 가스를 연소하거나 전기에너지를 사용한다.
    ⓐ 인공조명방식

직접조명	전반확산조명	간접조명	반직접조명	반간접조명
90~100%	40~60%	0~10%	60~90%	10~40%

   ⓑ 인공조명 방식의 장단점
   • 직접조명
     -**장점**: 조명률이 크다. 설비가 간단하다. 경제적이다.
     -**단점**: 균일한 조도를 얻기가 힘들다. 강한 음영을 만들고 현휘를 일으킨다.
   • 간접조명
     -**장점**: 조도가 균일하다. 눈의 보호가 가장 좋다.
     -**단점**: 조명률이 낮다. 비용이 많이 든다.
   ⓒ 인공조명 시 유의할 점
   • 조명의 색은 주황색에 가까운 것이 좋다.
   • 너무 강한 음영이나 현휘를 일으키지 않는 것이 좋다.
   • 폭발이나 발화의 위험이 없어야 한다.
   • 조도는 균등해야 한다.
   • 취급이 간편하고 가격이 저렴해야 한다.

ⓒ 적정조명
  ⓐ 일반작업의 경우 100~200Lux가, 독서를 할 때는 150Lux가, 정밀한 작업을 할 때는 300~500Lux가 적당하다.
  ⓑ 부적당한 조명 시 근시, 안정피로, 안구진탕증, 백내장 등의 신체장애와 작업능률이 저하될 수 있다.
④ 실내온도조절
  ㉠ 의복에 의한 체온조절범위: 10~26℃
  ㉡ 쾌적한 실내온도의 조절: 난방(10℃ 이상), 냉방은(26℃ 이상)
  ㉢ 적당한 실내온도: 16~20℃, 적당한 실내습도는 40%~70%이다.

2. 의복환경
① 의복: 옷이나 몸을 싸서 가리거나 보호하기 위하여 피륙 따위로 만들어 입는 것이다.
② 의복의 필요성: 체온조절기능의 보조, 피부의 보호, 활동의 자유 등이 있다.
③ 의복기후
  ㉠ 외기온도의 범위: 10~26℃
  ㉡ 쾌감을 줄 수 있는 의복기후: 기온(32±1℃), 습도(50±10%), 기류(10cm/sec)

05 산업보건

1 산업보건의 개념

1. 산업보건의 정의
① WHO: 산업보건이란 산업장의 직업인들이 육체적, 정신적, 사회적 안녕이 최고도로 증진, 유지되도록 하는 것이다.

2 산업재해

1. 직업병
① **직업병의 정의**: 직업성 질환은 근로자들이 그 직업에 종사(특수한 작업 환경에 폭로)함으로써 발생하는 상병을 말한다.
② **산업재해**
  ㉠ **열중증**(고열장애)
    ⓐ **열경련**: 고온환경에서 심한 육체적 노동을 할 때 잘 발생하며 지나친 발한에 의한 탈수와 염분손실이 원인이다.
    • 증상: 경련, 발작, 현기증, 귀울림, 두통, 구역 및 구토증, 호흡곤란 등이 있다.
    • 처치방법: 작업복을 벗기고 체온의 방산을 촉진하고, 식염수를 정맥주사한다.
    • **열사병**: 체내에 열생성이 고조되어 열을 몸 밖으로 방산하기 어려운 때 일어나는 질환이다.
    • 증상: 체온이 41~43℃ 까지 급격하게 상승한다.
    • 응급처치
      -얼음물에 담가서 체온을 39℃ 까지 내려준다.
      -울혈방지와 체열 이동을 돕기 위해 사지를 격렬하게 마찰해 준다.
      -호흡곤란 시 산소를 공급해 준다.
      -체열 생산을 억제하기 위해 항신진대사제를 투여해 준다.

ⓒ **열허탈증**: 순환기능의 흐트러짐이 주원인으로 전신권태, 두통, 구역질, 의식몽롱이 되어 혼돈한다.
- 증상: 맥박이 약해지고, 혈압저하, 혈당량 감소 등이 있다.
ⓓ **울열증**: 체온 조절의 흐트러짐이 주 원인으로 체온 상승에 따라 두통, 귀울림을 느끼며 감정의 움직임이 심하게 된다.
ⓔ **열쇠약**: 고열작업이 원인이며 비타민B1이 결핍되기 때문에 전신권태, 식욕부진, 위장장애, 빈혈을 수반한다.

ⓒ 저온 건강장애
ⓐ **참호족**: 차가운 물 속에 오랫동안 발을 담그는 경우에 생기는 손상을 말한다.
ⓑ **동상**: 심한 추위에 발가락, 손가락, 귀 등의 살이 얼어서 상하는 증상이다.
- 1도 동상: 발적, 종창
- 2도 동상: 수포형성에 의한 삼출성 염증상태가 된다.
- 3도 동상: 국소조직의 괴사상태가 일어난다.

ⓒ 진폐증
ⓐ **진폐증**: 폐에 분진이 침착하여 이에 대해 조직 반응이 일어난 상태를 말한다.
ⓑ **종류**
- 규폐증: 대표적인 진폐증으로 유리규산(SiO_2)의 분진흡입이 원인이다. 증상으로는 폐결핵이 있다.
- 석면폐증: 석면에 의한 폐실질의 섬유화가 초래되는 것으로 증상으로는 폐암이나 결핵 등을 초래한다.

ⓔ 잠함병
ⓐ 깊은 바다 속은 수압이 매우 높기 때문에 호흡을 통해 몸 속으로 들어간 질소기체가 체외로 잘 빠져나가지 못하고 혈액 속에 녹게 된다.
ⓑ 케이슨병 또는 잠수부병이라고도 한다.

ⓜ 공업중독
ⓐ **납중독**: 용해성 납을 흡입하거나 삼킴으로써 유발되는 직업병으로 급성납중독은 급성위염의 증세가 생기나 극히 드물고, 만성납중독은 극소량(1일 1mg이하)의 납을 장기간 지속적으로 섭취함으로써 생긴다.
- 4대 증상
  - 연빈혈
  - 연연(황화연이 치은에 침착된 것)
  - 염기성 과립적혈구수 증가
  - 소변의 코프로포르피린 검출

ⓑ **수은중독**: 수은이나 수은 화합물에 의한 중독으로 수용성 수은염을 먹거나 치료상 쓰이는 수은연고, 수은이뇨제 등의 과잉 투여로 일어난다. 대표적인 수은중독으로는 미나마타병이 있다.

ⓒ **크롬중독**: 육가크롬으로 인한 중독으로 자극 피부염, 코 뚫림 따위를 일으키며 폐암의 원인이 되기도 한다. 크롬 정련 공정에서 주로 생긴다.

ⓓ **카드뮴중독**: 카드뮴과 그 화합물이 인체에 접촉·흡수됨으로써 일어나는 것으로 대표적인 카드뮴 중독은 이타이이타이병이 있다.

2 산업재해지수

① **건수율**: 산업재해의 지표의 하나로 노동자 수에 대한 재해 발생의 빈도를 나타낸 것이다.

$$건수율 = \frac{재해건수}{평균실노동자} \times 1,000$$

② **도수율**: 산업 재해의 지표의 하나로 노동 시간에 대한 재해의 발생 빈도를 나타내는 것이다.

$$도수율 = \frac{재해건수}{연노동사건수} \times 100만$$

③ **강도율**: 재해자로 인하여 발생한 작업 손실일수를 가동연시간으로 환산한 재해율을 말한다.

$$강도율 = \frac{손실일수}{가동연시간} \times 1,000$$

06 식품위생과 영향

1 식품위생의 개념

1. 식품위생의 정의
① WHO에서의 정의: 식품위생이란 식품의 생육, 생산 또는 제조에서부터 최종적으로 사람이 섭취할 때까지의 이르는 모든 단계에서의 식품의 안정성, 건강성 및 건전성을 확보하기 위한 모든 수단이다.

2 영양소

1. 영양소
영양소는 생명체의 성장, 발달 및 유지에 필수적인 물질이며 이러한 영양소의 급원은 식품이다.
① 3대영양소: 당질, 지방, 단백질
② 5대영양소: 당질, 지방, 단백질, 무기질, 비타민
③ 7대영양소: 당질, 지방, 단백질, 무기질, 비타민, 물, 섬유소

2. 기능을 중심으로 한 분류
① **열량영양소**: 힘을 내는데 쓰는 영양소로 탄수화물, 지방, 단백질이 있다.
② **구성영양소**: 우리 몸을 구성하는 요소로 단백질, 지방, 무기질, 물 등이 있다.
③ **조절영양소**: 체내에서 일어나는 반응이나 상태 조절하는 영양소로 단백질, 무기염류, 비타민 등이 있다.
④ **구조영양소**: 신체의 골격 구조와 성능을 유지하는 영양소로 물, 단백질, 지질, 그리고 무기질 등이 있다.

3. 5대영양소
① **탄수화물**: 자연계에 널리 분포하고 있는 중요한 유기 화합물로서 탄소, 수소, 산소 등의 원소로 구성되어 있으며 녹말, 셀룰로오스, 포도당 등이 있다.
② **지방**: 피하지방을 구성하여 체온을 보존하고, 지용성 비타민의 흡수를 도와 외부 충격으로부터 장기를 보호하며, 소화흡수율은 95%이다.

③ 단백질
  ㉠ 탄소, 수소, 산소 및 질소 등의 원소로 이루어진 유기화합물이다.
  ㉡ 단백질의 기본 구성단위는 아미노산으로서, 단백질이 산 또는 효소로 가수분해 될 때 생성된다.
  ㉢ 세포막, 원형질에 다량 존재하며 당질이나 지질과 같은 에너지원이 될 뿐만 아니라 몸의 근육을 비롯한 여러 조직을 형성, 생명유지에 필수적인 영양소이다.

④ 무기질
  ㉠ 미네랄이라고도 하며 탄소, 수소, 질소를 제외한 나머지 원소들로 이루어져 있다.
  ㉡ 생물체내에서 직접적인 열량원은 아니지만 신체를 구성하고 있는 중요한 요소이다.
  ㉢ 골격 구성에 큰 역할을 하며 근육의 이완, 수축 작용을 쉽게 해준다.

⑤ 비타민
  ㉠ 탄수화물, 지질, 단백질, 무기질 외에 고등동물의 성장, 생명유지에 꼭 필요한 유기영양소이다.
  ㉡ 3대 영양소, 즉 탄수화물, 지질, 단백질의 대사에 필요한 조효소 역할을 한다.
  ㉢ 호르몬과 마찬가지로 신체기능을 조절하지만 호르몬은 내분비 기관에서 체내 합성되는 반면, 비타민은 체내에서 합성되지 않는다. 따라서 음식물에서 섭취해야 한다.
  ㉣ 부족하면 영양장애가 일어나나, 에너지를 발생하거나 체물질이 되지는 않는다. 약 20여종이 있다.
    ⓐ 비타민의 분류
      • **지용성 비타민**(비타민A, D, E, K): 지방이나 지방을 녹이는 유기용매에 녹는 비타민이다.
      • **수용성 비타민**(비타민B1, B2, B6, B12, C, 니코틴산(니아신), 엽산, 판토텐산): 생체 내에서의 중요한 반응의 보조효소로서의 역할을 하고 있다.

❸ 영양상태 판정 및 영양장애

1. 영양판정

식품 및 영양소의 섭취상태, 그리고 영양상태와 관련된 건강지표들을 측정함으로써 개인 및 집단의 영양상태를 평가하고 진단하는 것이다.

① 신체계측법
  ㉠ 성장정도를 측정하는 방법으로 신장, 머리둘레, 체중을 측정한다.
  ㉡ 신체구성성분을 측정하는 방법으로 피부두겹치기, 상완위, 허리-엉덩이 둘레비를 측정한다.
  ㉢ **장점**: 측정방법이 간단하고 가격이 저렴하며 안전하다.

ⓔ 단점
ⓐ 단기간의 영양상태 변화를 찾아내기 어렵다.
ⓑ 특정 영양소의 결핍을 규명해 내지 못한다.
ⓒ 질병이나 유전적 요소 등에 의해 신체 계측의 정밀도가 영향을 받을 수 있다.
② 생화학적 방법
㉠ 혈액, 대변, 소변 및 조직 내의 영양소 또는 그 대사물의 농도를 측정, 체내 영양 상태에 의해 영향을 받는 효소의 활성을 분석, 정상치와 비교 분석한다.
㉡ 다른 영양판정 방법에 비하여 정확하여 객관적인 방법으로 여겨지고 있다.
③ 임상적방법
㉠ 영양 불량과 관련되어 나타나는 임상징후를 시각적으로 판단하는 방법이다.
㉡ 영양불량이 상당히 진행된 상태에서만 판정이 가능하다.
㉢ 임상증상은 여러 영양소의 결핍이 복합적으로 작용하여 나타나는 경우가 일반적이다.
④ 식사조절법
㉠ 영양불량의 첫 단계인 부적절한 식사내용을 평가할 수 있는 방법이다.
㉡ 섭취한 식품의 종류와 양을 조사함으로써 식품의 섭취양상 또는 상태를 직접적으로 판정할 수 있다.

2. 영양장애

① 체격지수
㉠ **카우프(Kaup) 지수**: 영유아기의 영양 상태를 나타내는 지표이며, 이 지수가 30이상이면 고도비만, 25~29.9 비만, 23~24.9 과체중, 18.6~22.9 정상, 18.5 이하 저체중으로 판정된다.
㉡ **뢰헤르(R hrer) 지수**: 주로 아동기의 영양 상태를 나타내는 지수로서 156 이상은 고도비만, 156~140은 비만, 140~110은 정상, 109~92는 수척, 92이하는 고도의 수척으로 본다.
㉢ **퀘틀렛(Quetelet) 지수**: 주로 성인의 영양 상태를 나타내며 널리 이용되고 있다. 여자 정상치는 19~24, 남자 정상치는 20~25이며, 남녀 구별 없이 30이상이면 비만으로 본다.

② 우리나라의 영양문제
㉠ **영양소 결핍**: 도시빈민층, 노인, 청소년의 경우 권장량 이하 섭취(비타민A, 칼슘, 철)
⇨영양지식의 부족과 잘못된 식습관, 생활태도 때문이다.
㉡ **영양과잉**: 에너지 과잉섭취로 비만 인구의 증가
⇨지방, 콜레스테롤, 나트륨의 과잉섭취, 알코올의 섭취증가로 새로운 건강문제가 제기되고 있다.
㉢ **영향 불균형**: 열량 영양소의 불균형에 따른 만성퇴행성질병의 유발, 비타민과 무기질의 불균형 섭취 등이 있다.

07 보건행정

1 보건행정의 정의 및 체계

1. 보건행정의 정의
지역사회 주민의 건강을 유지, 증진시키고 정신적 안녕 및 사회적 효율을 도모할 수 있도록 하기 위한 공적인 행정 활동이다.

2. 보건행정의 체계
① 중앙보건행정 체계
   ㉠ 보건복지부: 빈곤·질병·노령 등 사회적 위험으로부터 국민을 보호하고, 일자리와 균등한 사회참여 기회를 제공하며, 평생복지를 위한 생애주기별 맞춤형 보건 복지 가족 정책으로 국민 삶의 질을 향상시킨다.
   ㉡ 행정안전부: 민생치안, 재해재난 관리, 지방자치제도 개선, 선거·국민투표, 공무원의 인사 및 복지, 행정조직의 관리 등에 관한 사무를 관장하는 중앙행정기관이다.
② 지방보건행정체계: 보건 행정의 지방조직은 내무부 산하에 있으며 보건에 관한 사항만 보건복지부가 관장하고 있다.
   ㉠ 보건소: 보건 행정의 합리적인 운영과 국민 보건의 향상과 증진을 도모하기 위해 보건소법에 의하여 설치한 보건행정기관이다.
   ㉡ 보건지소: 보건 사업, 예방 접종, 진료 및 검사, 각종 건강 정보 등을 제공하고 지역 주민의 삶의 질 향상 및 건강한 지역 사회 조성을 도모한다.
   ㉢ 보건진료소: 환자의 치료 및 응급을 요하는 환자에 대한 응급처치를 한다.

❷ 사회보장과 국제보건기구

1. 사회보장
① 사회보장: 국민이 안정적인 삶을 영위하는데 위험이 되는 요소, 즉 빈곤이나 질병, 생활불안 등에 대해 국가적인 부담 또는 보험방법에 의하여 행하는 사회안전망을 말한다.
② 우리나라의 사회보장제도
　㉠ 산업재해보상보험: 산업재해에 있어서 근로자에게 보험 급여를 하기 위하여 필요한 사항을 정한 법률이다.
　㉡ 건강보험: 일상생활에서의 사고와 부상, 분만 또는 사망으로 인해 일시에 많이 발생하는 가계지출을 보험을 이용하여 분산시킴으로써 생활의 안정을 도모하는 사회보장제도의 일종이다.
　㉢ 국민연금: 일반 근로자 등 가입자가 나이 들어 퇴직하거나 질병 등으로 인해 소득원을 잃을 경우를 대비해 급여액의 일정 부분을 적립해 노후를 보장하는 제도이다.
　㉣ 고용보험: 고용보험은 전통적 의미의 실업보험사업을 비롯하여 고용안정사업과 직업능력사업 등의 노동시장 정책을 적극적으로 연계하여 통합적으로 실시하는 사회보장보험이다.

2. 국제보건기구
① 세계보건기구(WHO): 보건·위생 분야의 국제적인 협력을 위하여 설립한 UN 전문기구이다. 주요 활동으로는 중앙검역소 업무와 연구자료 제공, 유행성 질병 및 전염병 대책 후원, 회원국의 공중보건 관련 행정 강화와 확장 지원 등이 있다.
② 미국공중보건협회(APHA): 건강 관련자료의 기록과 분석, 개인건강서비스 실시, 보건의료시설의 운영 등의 활동을 한다.

08 소독의 정의 및 분류

1 소독관련 용어정의

1. 소독의 정의
무생물의 표면에 있는 특정한 바이러스, 세균, 병원성 진균을 파괴하거나 비가역적으로 불활성화 시킬 수 있으나 결핵균, 비활동성 간염바이러스 및 장바이러스 등 포자를 형성한 미생물이나 곰팡이의 포자 등에는 영향을 끼치지 못한다. 세균의 아포는 파괴하지 못한다.

2. 소독관련 전문용어
① **감염**: 병원체인 미생물이 동물이나 식물의 몸 안에 들어가 증식하는 일을 말한다.
② **오염**: 미생물이나 다세포생물의 세포, 조직 등의 순수배양에 어떠한 원인으로 다른 종의 미생물이 밖으로부터 혼입하여 발육하는 현상을 말한다.
③ **침입**: 균이 숙주인 식물이나 동물에 침입하는 현상이다.
④ **멸균**: 물리적, 화학적 방법의 자극을 가하여 미생물을 단시간 내에 멸살시키는 방법이다.
⑤ **살균**: 미생물을 사멸 혹은 제거하여 무균상태로 하는 것을 말한다.
⑥ **방부**: 물질이 썩거나 삭아서 변질되는 것을 막는 것이다.
⑦ **소독**: 전염병의 전염을 방지할 목적으로 병원균을 멸살하는 것이다.

2 소독기전

1. 소독기전
① **산화작용**: 과망간산칼륨, 과산화수소, 생석회, 오존, 염소 및 그 유도체
② **균체 효소의 불화성화 작용**: 석탄산, 알코올, 중금속염
③ **균체단백 응고작용**: 석탄산, 크레졸, 포르말린, 알코올, 승홍
④ **탈수작용**: 알코올, 식염, 설탕
⑤ **중금속의 형성**: 질산은, 승홍, 머큐로크롬

⑥ 핵산에 작용: 자외선, 포르말린, 방사선
⑦ 세포막의 삼투압: 중금속염, 석탄산, 역성비누
⑧ 균체효소의 불활성화 작용: 중금속염, 알코올, 삭탄산

2. 소독약의 구비조건
① 살균력이 강해야 한다.
② 금속부식성이 없어야 한다.
③ 표백성이 없어야 한다.
④ 용해성이 높아야 한다.
⑤ 사용하기에 간편해야 한다.
⑥ 가격이 저렴(경제적)해야 한다.
⑦ 침투력이 강해야 한다.

3 소독법의 분류

1. 물리적 소독법
① 건열에 의한 멸균
이화학적 소독법으로 약품을 사용하지 않고 병원성 미생물을 죽이는 방법이다.
㉠ 소각법: 세균에 감염되지 못하도록 태워 없애는 방법으로 가장 안전하면서도 쉬운 방법이다.
㉡ 화염소독법
ⓐ 알코올램프나 분젠램프 등을 사용하여 미생물을 불꽃에 약 20초 이상 가열하여 태워버리는 방법이다.
ⓑ 주사바늘이나 금속제품, 핀셋 등을 소독하는데 사용된다.
㉢ 건열멸균법
ⓐ 고온(150~160℃)열을 가해 소독하는 방법으로 건조한 열을 1~2시간 정도 멸균하여 균을 죽이는 방법이다.
ⓑ 유리제품, 시험관, 거즈, 솜 등을 살균하는데 사용된다.

온도	건열시간
150℃	2시간
160℃	1~2시간
170℃	30분~1시간
180℃	30시간

② 습열에 의한 멸균
  ㉠ 자비소독
    ⓐ 100℃에서 15~20분 동안 끓는 물에 물체를 넣어 소독하는 방법이다.
    ⓑ 금속은 물이 끓기 시작할 때에 넣고 삶아야 얼룩이 지지 않는다.
    ⓒ 유리제품은 처음부터 넣고 삶아야 터지지 않는다.
    ⓓ 가위나 거즈 등을 소독하는데 사용된다.
  ㉡ 고압증기 멸균법
    ⓐ 100~135℃에서 20분간 뜨거운 증기를 이용하여 세균을 죽이는 소독법이다.
    ⓑ 고무제품이나 의류 등의 소독에 사용된다.
  ㉢ 유통증기멸균법
    ⓐ 100℃의 유통하는 증기 중에서 30~60분간 가열하는 방법이다.
    ⓑ 식기, 도자기류 등의 소독에 사용된다.
  ㉣ 저온소독법
    ⓐ 파스퇴르에 의해 고안된 것으로 일반적으로 62~63℃에서 30분 정도 소독하는 소독법이다.
    ⓑ 주로 음식물을 소독하는데 사용된다.
  ㉤ 간헐멸균법
    ⓐ 아포형성균의 멸균에 가장 좋은 살균방법으로 100℃ 이상에서 30~40분 정도를 3회에 걸쳐 살균한다.
    ⓑ 코흐증기솥을 이용한다.
③ 열에 의하지 않는 소독
  ㉠ 세균 여과 소독
    ⓐ 가열을 하면 변질이 될 수 있는 물질 등에 사용하는 방법으로 미생물을 제거에는 효과가 있지만 파괴하지는 못한다.
    ⓑ 석면판, 규조토 등을 소독하는데 사용된다.
  ㉡ 자외선 소독
    ⓐ 자외선을 이용하여 세균을 죽이는 방법이다.
    ⓑ 수술실, 무균실, 플라스틱제품, 음료수 등의 소독에 이용된다.
  ㉢ 초음파 멸균
    ⓐ 초음파를 이용하여 세균을 죽이는 방법이다.

2. 화학적 소독법
여러 가지 약품을 사용하여 화학적 작용에 따라 병원체를 죽이는 방법이다.

① 석탄산
    ㉠ 소독약으로써 사용되고, 다른 소독약의 효력을 비교할 때의 표준으로 되어 있다.
    ㉡ 강한 단백질 응고에 의하여 부식작용을 나타내기 때문에 세균, 진균의 살균작용과 함께 조직의 괴사를 일으킨다.
    ㉢ 기구, 용기, 의류 및 오물 등의 소독에 사용한다.
    ㉣ 장점
        ⓐ 경제적이고 안정성이 좋아 오래 두어도 화학적 변화가 일어나지 않는다.
        ⓑ 모든 세균에 효력이 있기 때문에 사용 범위가 넓다.
        ⓒ 다른 것을 착색시키지 않는다.
        ⓓ 사용할 때마다 만들지 않아도 된다.
    ㉤ 단점
        ⓐ 피부 점막에 자극성과 마비성이 있고 금속제품을 부식시키기도 한다.
        ⓑ 바이러스 아포에 대해 효력이 떨어질 뿐만 아니라 낮은 온도에도 효력이 약하다.
    ㉥ 석탄산계수 = $\dfrac{\text{특정소독약의 희석배수}}{\text{석탄산의 희석배수}}$

② 크레졸
    ㉠ 1~2%의 크레졸수는 수지나 피부 등의 소독에 사용된다.
    ㉡ 2~3%의 크레졸수는 의류, 브러시, 가구, 변소, 고무제품 등의 소독에 사용된다.
    ㉢ 손이나 가죽, 고무, 오물 등을 소독하는데 사용된다.
    ㉣ 석탄산에 비해 2배의 소독력이 있다.
    ㉤ 장점
        ⓐ 경제적이고 소독력이 강해 거의 모든 균에 효과적으로 사용된다.
        ⓑ 결핵균에 대한 소독력이 무척 강하다.
    ㉥ 단점
        ⓐ 진한 용액이 피부에 닿으면 진무른다.
        ⓑ 바이러스에 대한 소독력이 약하고 냄새가 강하며 용액이 혼탁하다.

③ 포르말린
    ㉠ 포름알데하이드의 37~40% 수용액으로서 단백질에도 작용하고 아포에 대해서도 살균효과가 강하다.
    ㉡ 1~1.5%인 일반소독용은 고무제품이나 의류, 외과용 소독제나 수렴제로 사용된다.
    ㉢ 장점
        ⓐ 온도가 높을 때 소독력이 강하다.
        ⓑ 바이러스나 아포 등의 많은 미생물에 작용하며 가스체로 사용되고, 취기가 빨리 사라진다.

　　ⓔ 단점
　　　ⓐ 온도가 내려가게 되면 소독력이 급격하게 떨어지기 때문에 항상 30℃ 이상을 유지해
　　　　줘야 한다.
　　　ⓑ 물체의 내부까지 소독을 할 때에는 고가의 진동 장치가 필요하다.
④ 포름알데히드
　　㉠ 강한 환원력이 있고 낮은 농도에서도 살균력이 있다.
　　㉡ 밀폐된 실내나 특별하게 만든 상자 속에서 발생시켜 그 내부에 있는 물건을 소독하는데 쓰
　　　 인다.
　　㉢ 취급상 어려우므로 사용하기가 어렵다.
　　㉣ 밀폐된 공간이나 종이, 서적 등의 소독에 사용된다.
⑤ 승홍수
　　㉠ 살균력이 매우 강하기 때문에 1000배 희석액으로 대장균이나 포도상구균을 5~10분 이내
　　　 에 사멸시킬 수 있지만 살균력은 저하된다.
　　㉡ 수용액을 만들 때 염화칼륨 또는 식염을 같은 양으로 첨가하면 용액은 중성이 되고 자극성
　　　 은 완화된다.
　　㉢ 피부소독에는 0.1%의 수용액이 사용된다.
　　㉣ 손이나 발, 유리제품이나 도자기, 의류 소독에 적합하나 금속제품, 장난감, 식기소독은 안
　　　 된다.
　　㉤ 기타
　　　ⓐ 맹독성이므로 취급에 상당한 주의가 필요하다.
　　　ⓑ 대변이나 토사물과 혼합하면 살균효과가 떨어짐으로 대변이나 토사물 소독에는 사용하
　　　　 지 않는 것이 좋다.
⑥ 알코올
　　㉠ 알코올 농도가 70%일 때 높은 살균력을 지닌다(농도가 높다고 해서 살균력이 높은 것은
　　　 아니다).
　　㉡ 살균기전은 단백질의 응고이고 아포에는 효력이 약하다.
　　㉢ 수지와 피부소독, 날이 있는 소독에 주로 사용된다.
　　㉣ 장점
　　　ⓐ 사용법이 간단하며 얼룩이 생기지 않는다.
　　　ⓑ 독성이 약하며 결핵이나 바이러스 등을 죽인다.
　　㉤ 단점
　　　ⓐ 넓은 부위를 소독할 수 없으며 값이 비싸고 휘발성이 있다.
　　　ⓑ 고무나 플라스틱을 녹이며 아포에 대해서는 소독력이 약하다.

⑦ 역성비누
  ㉠ 0.01~0.1%의 액을 사용한다.
  ㉡ 식기나 기구는 0.5%의 수용액을 사용한다.
  ㉢ 냄새가 없고 자극이 없다.
  ㉣ 결핵균이나 객담의 소독에는 부적당하며 세정력은 없고 무색이다.
⑧ 생석회
  ㉠ 알칼리성으로 살균작용은 균체 단백질의 변성을 이용한 것이다.
  ㉡ 석회유로도 사용된다.
  ㉢ 분뇨, 토사물, 쓰레기통 등의 소독에 사용된다.
  ㉣ 장점
    ⓐ 값이 싸기 때문에 넓은 장소의 소독에 적합하다.
    ⓑ 독성이 강하다.
  ㉤ 단점
    ⓐ 오랫동안 방치하면 효력이 떨어지므로 필요할 때마다 만들어서 쓰는 것이 좋다.
    ⓑ 아포 등에 대해선 거의 효력이 없다.
⑨ 산화제
  ㉠ 과산화수소(옥시폴)
    ⓐ 2.5~3.5%의 수용액을 사용한다.
    ⓑ 창상부위 소독이나 인두염, 구내염, 구내 세척제로 사용된다.
  ㉡ 과망간산칼륨
    ⓐ 0.1~0.5%의 수용액을 사용한다.
    ⓑ 요도 소독이나 창상부위 소독에 사용된다.
⑩ 창상용 소독제
  상처를 소독하기 때문에 인체에 대해 독성이 적어야 하며, 상처의 회복을 저해하지 않아야 하며, 자극이 적여야 하며, 적용이 지속되어야 한다.
  ㉠ 머큐로크롬액: 2%의 수용액을 사용하며 상처를 소독할 때 그대로 사용하면 된다.
  ㉡ 희옥도정기: 70%의 에탄올에 3%의 요오드, 2%의 요오드화칼륨을 함유하고 있다. 상처의 살균제로 종종 사용되고 있으나 국소자극작용이 조금 강하다.
  ㉢ 아크리놀: 소독에는 0.1~0.2%를 사용하는 것으로 각종 화농균에 대한 강한 살균작용을 한다.

3. 소독액 농도 표시법

① 퍼센트(%): 용액 100분의 용질량을 표시한 것

$$\frac{용질량}{용액량} \times 100 = \%$$

② 퍼밀(‰): 용액 1000분의 용질량을 표시한 것

$$\frac{용질량}{용액량} \times 1,000 = ‰$$

③ 피피엠(ppm): 용액 100만분의 용질량을 표시한 것

$$\frac{용질량}{용액량} \times 1,000,000 = ppm$$

4 소독인자

① **병원성 미생물의 존재와 저항성**
  ㉠ 소독 대상 미생물은 세포조직이나 생리작용이 상이함으로 미생물의 종류와 소독환경을 감안하여 적절한 소독약을 선택 사용하여야 한다.
  ㉡ 소독제는 항생제와 달리 균을 직접 죽임으로 특정 미생물의 특정 소독약에 대한 내성이란 있을 수 없다.

② **소독약의 유효 농도**
  ㉠ 소독약을 많이 희석할수록 병원성 미생물과 충돌 또는 접촉할 소독약 입자는 적어짐으로 살균 효과는 떨어진다.
  ㉡ 실험실에서의 살균효과 실험은 물의 경도나 유기물의 존재 여부가 현장과는 아주 다른 조건에서 실시되는 경우가 많으므로 실험실 실험 결과를 기준으로 사용 희석 농도를 결정하는 것은 비합리적인 경우가 많다.
  ㉢ AOAC의 소독약 희석시험 방법은 물의 경도 400ppm이상, 유기물 함량 5% 이상의 환경 하에서 살균효과를 확인하도록 되어있다.

③ **온도**
  ㉠ 일반적으로 온도가 40~50℃까지 상승하면 소독약 입자의 운동이 왕성해 짐으로 소독 효과가 커진다.
  ㉡ 염소제, 요오드제, 알데하이드제제와 같은 할로겐계의 소독약은 고온에서는 효력이 저하된다.

④ **물의 경도**
  ㉠ 경수: 양전기를 띤 칼슘이나 마그네슘 이온을 많이 함유한 물로 물의 경도는 함유한 칼슘과 마그네슘의 이온량을 산화칼슘으로 환산하여 ppm으로 표시한다.

ⓒ 일반 수도물의 경도는 보통 50ppm 내외이다.
　　　ⓒ 경수를 이용하여 소독약을 희석 시는 농도를 높게 하거나, 연수기나 연수제를 사용하여 경수를 연수로 바꾼 후 사용하여야 한다.
　　　ⓔ **연수**: 물에 용해된 소금과 미네랄의 양과 관계가 있는데 소금과 미네랄이 적게 포함된 물을 연수라 한다.
　⑤ 산도(pH)
　　　㉠ 소독약을 물로 희석하면 할로겐 계열의 제품은 강산성, 4급 암모니움제는 중성, 합성페놀제는 강알카리성을 띈다.
　　　ⓒ 소독약이 강산성이나 알칼리성을 띄는 것은 제품의 안정성을 높이고 소독력을 강화하기 위함이다.
　　　ⓒ 할로겐제와 페놀제의 소독효과는 소독 대상의 pH가 강산성일수록 상승하고 알칼리 쪽으로 pH가 5~6으로 변하면 소독효과는 급격히 하락한다.
　　　ⓔ 4급 암모니움제는 광범위한 pH 범위 내에서 소독효과를 발휘하나 알칼리 쪽에서 더욱 효력을 발휘한다. 계분이나 대부분의 축분은 pH가 7~9이다.
　⑥ 유기물의 존재 여부
　　　㉠ 병원성 미생물의 은폐장소를 제공한다.
　　　ⓒ 소독약 입자를 흡착함으로 유효 농도를 떨어뜨린다.
　　　ⓒ 주변의 pH를 변화시켜 소독약을 불활성화 하기도 한다.

09 미생물 총론

1 미생물의 정의

미생물이란 눈으로는 볼 수 없을 만큼 미세한 생물의 총칭으로 세균, 곰팡이, 효모, 남조류, 바이러스 등 종류가 매우 다양하다.

2 미생물의 역사

1. **신벌설**(이집트 종교설): 전염병의 원인을 신이 내린 벌로 여겼다고 생각하는 것이다.

2. **미생물의 발견**(17~18세기)
   ① 보일(1663년): 부패와 병은 서로 관련이 있다고 주장을 하였다.
   ② 레벤훅(1675년): 확대경으로 미생물을 최초로 발견하였고, 질병의 발생이 미생물 때문이라고 인정하였다.
   ③ 스팔란자니(1765년): 미생물의 자연발생 가능성을 부정하였다.

3. **미생물의 발전시기**(19세기)
   ① 라바라크(1825년): 치아염소산을 화농된 상처소독에 처음으로 사용하였다.
   ② 알코크: 치아염소산을 음용수 소독에 사용할 것을 제안하였다.
   ③ 셈멜와이스: 의사의 손에 의해 산욕열을 막을 목적으로 손을 염소수로 씻었다.
   ④ 루이 파스퇴르: 저온살균법을 처음으로 고안하였으며 미생물의 자연발생설의 부정을 입증하였다.
   ⑤ 코흐: 사체의 혈액 속에 보이는 간상체를 연구했는데, 이 간상체가 현미경 아래에서 실처럼 길게 성장하다가 얼마 후 그 체내에 아포를 형성하는 것을 연속 관찰하고 이 아포가 발아하는 조건도 조사했다.
   ⑥ 쉼멜부시: 외과용 재료에 증기소독을 실시하였다.

⑦ **언더우드**: 고압멸균기를 고안하였다.(자비소독을 할 때 탄산나트륨을 넣어주면 살균력이 증대되는 동시에 기구도 녹슬지 않는다는 사실을 발견하였다.)

❸ 미생물의 분류

① **균류**: 엽록소를 가지지 않아 다른 유기물에 기생하여 생활하고 포자로 번식하는 하등식물을 말한다.

백선균	불완전균아문의 선균류로 분류되고 있으며 분생포자를 형성하는 균군으로 백선, 무좀, 완선의 병원체 등이 있다.
포도상구균	식중독뿐만 아니라 피부의 화농성질환을 일으키는 원인균으로 화농, 중이염, 방광염, 부스럼, 습진 등이 있다.
융혈성 연쇄구균	단독 화농증을 일으키는 원인균이다.
파상풍균	파상풍의 병원균으로 균체의 한쪽 끝에 구형의 포자를 만들고 주위에 다수의 편모를 가진다. 심한 상처에 발병한다.
이질균	그람염색 음성의 막대모양 세균의 속으로 운동성이 없고 포자를 형성하지 않는다. 대장균과 살모넬라균과 밀접한 연관이 있다.
병원성 대장균	장관 내에서 설사 및 그 밖의 소화기증상을 일으키는 대장균이다.
콜레라균	콜레라의 병원체로 바나나 모양으로 균체가 만곡해 있으며 균체의 한 끝에 한 가닥의 편모가 있다.
페스트균	페스트균의 감염에 의하여 일어나는 급성 감염병으로 쥐에서 벼룩을 매개로 서 사람에 감염된다.
결핵균	결핵병을 일으키는 병원균으로 대부분 인형균에 의해 감염된다.
매독	스피로헤타과에 속하는 세균인 트레포네마 팔리듐균에 의해 발생하는 성병이다.

② **곰팡이**: 균류 중에서 진균류에 속하는 미생물로 곰팡이는 보통 그 본체가 실처럼 길고 가는 모양의 균사로 되어 있는 사상균을 가리킨다.

③ **효모**: 곰팡이나 버섯 무리이지만 균사가 없고, 광합성능이나 운동성도 가지지 않는 단세포 생물을 말한다. 빵이나 맥주, 포도주 등을 만드는 데 사용되는 미생물이다.

④ **리케차**: 발진 티푸스, 양충병, 큐열 따위를 일으키는 병원균으로 이, 진드기, 벼룩 등의 흡혈성 절지동물에 기생하며 이들을 매개로 하여 감염된다.

⑤ **바이러스**: 세균보다 작아서 세균여과기로도 분리할 수 없고, 전자현미경을 사용하지 않으면 볼 수 없는 작은 입자로, 생존에 필요한 물질로 핵산과 소수의 단백질만을 가지고 있어 숙주에 의존하여 살아간다.

〈바이러스 전염병 병원체〉

소아마비	폴리오바이러스에 의한 신경계의 감염으로 발생하며 회백수염의 형태로 발병한다.
천연두	발열, 수포, 농포성의 병적인 피부 변화를 특징으로 하는 급성 질환으로, 천연두 바이러스에 의해 발생한다.
뇌염	바이러스 감염이나 물리적·화학적 자극에 의한 뇌의 염증을 통틀어 이르는 말로 두통, 의식 장애, 경련 같은 증상을 보인다.
인플루엔자	인플루엔자 바이러스의 기도 감염에 의해 일어나는 병으로 급격한 열로 발병하여 전신 권태, 두통, 요통, 근육통 등의 전신증상이 심하다.

⑥ 원생동물

이질아메바	사람을 포함한 영장류, 개, 고양이, 돼지, 토끼 등의 주로 맹결장에 기생하는 근족충류.
말라리아원충	말라리아의 병원체. 사람감염성인 것으로는 3일열 말라리아, 4일열 말라리아, 열대열 말라리아, 난형말라리아가 있다.
트리코모나스	기생성편모충의 1종으로 사람에게 기생하는 것으로는 질트리코모나스, 장트리코모나스, 구강 트리코모나스가 있다.

4 미생물의 증식

1. 미생물의 증식
세포수가 증가하는 것으로 미생물이 주위환경에서 이용할 수 있는 여러 영양소를 섭취하여 미생물의 구조물, 소기관 및 세포질 성분들을 합성하는 전 과정을 말한다.

2. 미생물 증식의 특징
① 미생물은 주위환경에 존재하는 영양성분을 이용한다.
② 증식 동안 영양소, 산소, pH, 배양온도, 통기, 염분농도 및 배지 이온강도가 유지되어야 한다.
③ 세포 소기관 및 원형질 성분 등을 합성하는 전 과정을 말한다.
④ 미생물이 성장하기 위해서는 미생물의 원형질을 합성하고 유지해야 하다.
⑤ 필수적인 물질, 에너지원, 적절한 환경조건이 갖추어져야만 한다.
⑥ 간단한 무기물질에서부터 복잡한 유기물질에 걸쳐 매우 다양한 종류의 영양원을 이용한다.
⑦ 온도, 산소 분압 등의 조건이 지극히 좋지 않은 생태계에서도 증식이 가능한 적응력이 높은 미생물의 종류가 많다.

3. 미생물 증식에 영향을 미치는 영양소와 환경조건

① 영양소

ⓐ 탄소원

ⓐ 탄소원으로 가장 많이 이용되고 있는 것은 포도당으로 에너지원으로 매우 유용하다.

ⓑ 많은 세균은 유기영양분으로부터 탄소를 얻는다.

ⓒ 광합성 세균과 화학 독립성 세균은 주된 탄소원으로 이산화탄소(CO_2)를 이용한다.

ⓒ 수소원: 수소는 세포내에서 pH유지, 수소결합 및 산화, 환원반응에 관여한다.

ⓒ 질소원

ⓐ 질소는 단백질과 핵산구조의 중요한 구조성분으로 세균의 종류에 따라 이용되는 질소원의 형태가 다르다.

ⓑ 대부분의 세균은 질소가 포함된 유기물을 질소원으로 이용한다.

ⓒ 일부의 세균은 무기질소를 이용하거나 대기 중의 질소를 암모니아로 환원시켜 필요한 질소를 얻는다.

ⓒ 발육인자

ⓐ 자신이 합성할 수 없는 조효소나 전구체로서 대사에 필요한 유기화합물을 발육인자라 한다.

ⓑ 발육인자로는 티아민, 나이아신, 리보플라빈 등이 있다.

ⓒ 발육인자가 없이 세균이 발육하지 못하는 경우를 필수 발육인자라 한다.

② 환경조건

ⓐ 온도

ⓐ 미생물의 증식과 사멸에 있어 가장 중요한 환경요소이다.

ⓑ 미생물은 광범위한 온도조건 하에서 생존이 가능하나 최적 온도에서 증식이 가장 잘 된다.

〈세균증식이 가능한 온도 범위〉

구분	온도(℃)	특징
저온균	0~30	수중미생물, 냉장환경서식하는 세균이다.
중온균	20~40	표준한천배지 내에서 성장하여 집락을 형성하는 세균이다.
고온균	40~90	온천균 등이 여기에 속한다.

ⓒ **최적온도(40~50℃)**: 가장 활발한 성장을 허용하는 온도이다.

ⓓ **성장허용최고온도**: 세균의 성장을 허용하는 온도범위 중에서 가장 높은 온도이다.

ⓔ **성장허용최저온도**: 세균의 성장을 허용하는 온도범위 중에서 가장 낮은 온도이다.

ⓒ pH

ⓐ 대부분의 세균은 pH가 중성인 6.5~7.2가 최적이다.

ⓑ 일부의 세균 중에는 산성이나 알칼리성을 선호한다.

ⓒ 산소
  ⓐ **편성호기성균**: 성장을 위해선 산소가 절대적으로 필요하다.
  ⓑ **편성혐기성균**: 산소가 있으면 생존이 불가능하다.
  ⓒ **통성혐기성균**: 산소가 있고 없고의 관계없이 생존하며, 성장한다.
  ⓓ **미호기성균**: 대기 산소분압보다 낮은 산소분압에서 생존이 가능하다.
ⓔ 삼투압
  ⓐ 미생물의 종류에 따라 그 세포내의 삼투압이 다르며, 외부의 삼투압에 대한 저항성 또는 적응력이 다르다.
  ⓑ 미생물에는 바다와 소금물에서 생육하는 것과 강물에서 생육하는 것, 또는 50% 당용액에서 생육하는 것 등 여러 종류가 있다.
  ⓒ 삼투압의 차이로 생육되는 미생물을 절대호삼투압균, 호삼투압균, 내삼투압균, 기타 균으로 나누고 있다.

4. 미생물의 생육 곡선

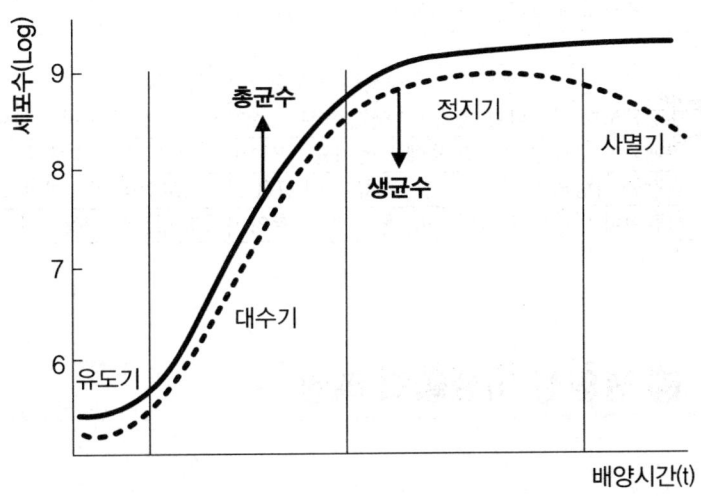

① **유도기**: 세균이 분열, 증식하기 위한 준비기간이다.
② **대수기**: 세포의 수가 급격하게 증가한다.
③ **정지기**: 세균의 증식이 감소하기 시작하는 시기로 사멸 세포가 증가하고 세균의 수가 거의 일정하다.
④ **사멸기**: 사멸 세포가 증가하는 시기로 생세포가 감소하고 자기소화나 퇴숙으로 기형이 발생한다.

1 병원성 미생물의 분류

1. 병원성 미생물

식품 매개로 인하여 사람에게 문제가 되는 질병은 약 250여종 이상이 알려져 있는데 이 중에서 중요한 병원체는 약 25종 정도가 있다.

2. 병원성 미생물의 분류

병원성 대장균O157	사람과 온혈동물의 장내 정상 균총으로 존재한다.
리스테리아균	그람염색양성, 아포를 형성하지 않은 단간균이다.
살모넬라균	장내세균과에 속하는 그람음성 호기성간균이다.
장염 비브리오균	바이러스 속에 포함되는 한 균종이다.
황색포도상구균	포도상구균의 한 종류로 그람양성의 통성혐기성 세균이다.
캠필로박터균	대장균보다 가느다란 형태의 나선형으로 미호기성 조건을 요구하는 균이다.
클로스트리디움 보툴리눔	밀폐되고 오래된 통조림 등에 보툴리늄 톡신이란 물질을 만들어 낸다.
클로스트리디움 퍼프린젠스균	건강한 사람의 변이나 소, 닭, 어류가 이 균을 보유하고있을 가능성이 크다.
쉬겔라균	사람이나 영장류에 감염되며, 물·야채·토양에서도 생존이 가능하다.

2 병원성 미생물의 특성

1. 병원성 대장균O157

젖먹이나 갓난아기에게 설사를 일으키게 하는 대장균으로 생물학적으로 대장균과 구별이 안 되고 동물실험이 아닌 인체실험에서 병원성을 확인할 수 있다.

① **원인**: 사람을 포함한 식용동물인 소, 돼지, 가금류의 위와 장 및 배설물에서 나타나게 되는데 식용동물의 도축과정에서 균이 고기의 표면에 노출되면서 일어날 수 있다.

② **증상**: 심한 설사를 하며 때로는 혈변을 보기도 하고 구토와 복부통증 및 미열이 따르게 되는데 상한 음식을 먹고 2일 후부터 나타나게 되고 5~10일 정도 고생하게 된다.

③ **치료법**
　㉠ 대부분 5~10일 후면 회복된다.
　㉡ 설사가 심할 경우 탈수를 방지하기 위해 물을 충분히 마셔 주어야 한다.

2. 리스테리아균
식중독을 일으키는 원인균으로 가축이나 어패류, 채소류와 육류 등에 널리 분포하며 동물이 이 균에 감염되면 간헐적으로 신경계의 증상을 보이며 사람이 이 병원균에 오염된 식품을 섭취하게 되면 발병할 수 있다. 식염농도와 저온에서 증식을 잘한다.
① **원인**: 이 병균에 오염된 식품을 섭취하게 되면 발병할 수 있다.
② **증상**: 가벼운 열과 복통, 설사, 구토 같은 식중독 증세를 보이고 특히 임산부는 유산을 할 수 있으며, 노약자나 신생아는 패혈증이나 수막염, 식중독 등을 일으킬 수 있다.
③ **방지법**: 음식을 조리할 때 75℃ 이상의 고온에서 충분히 가열해야 한다.

3. 살모넬라균
식중독을 일으키는 대표적인 세균으로 사람이나 동물에 장티푸스성 질환을 일으키며, 식중독의 원인이 되는 것도 있다.
① **원인**: 익히지 않은 육류나 계란을 먹었을 때 감염될 수 있다.
② **증상**: 음식물 섭취 후 8~24시간이 지난 뒤 급성장염을 일으키며 발열, 복통, 설사 등의 증상이 나타난다.
③ **방지법**: 음식은 반드시 익혀 먹고 남은 음식은 냉장 보관해야 한다.

4. 장염 비브리오균
식중독을 일으키는 주요 원인균으로 염분이 높은 환경에서도 잘 자라고 해수에서 살며, 겨울에는 해수 바닥에 있다가 여름에 위로 떠올라서 어패류를 오염시킨다.
① **원인**: 익지 않았거나 날것의 어패류를 섭취하였을 때 발병한다.
② **증상**: 복통과 함께 5차례 이상의 설사와 구토를 일으킨다.
③ **치료법**: 2~3일이 지나면 대부분 회복되지만 설사가 심하면 탈수증이 우려되므로 병원에서 전문적인 치료를 받아야 한다.
④ **방지법**: 주로 손을 통해 감염되기 때문에 외출 후나 음식을 먹기 전에는 반드시 손을 깨끗이 씻어야 하며, 여름철에는 어패류를 반드시 익혀서 섭취해야 한다.

5. 황색포도상구균
사람이나 가축의 피부에 존재하며 또한 내열성인 외독소를 생산하여 식중독을 일으킨다.

① 원인: 균이 식품 중에 증식하여 생산한 장독소를 함유한 식품을 섭취하였을 때 식중독을 유발한다.
② 증상: 구토와 설사, 복통 등이 있다.
③ 예방법
　㉠ 식품을 취급할 시에는 손을 청결히 하고 손이나 신체에 화농이 있으면 식품을 취급하면 안된다.
　㉡ 식품제조에 필요한 모든 기구와 기기 등을 청결히 유지하여 2차 오염을 방지한다.
　㉢ 식품은 적당량만을 조리한 뒤에 모두 섭취하고, 남았을 경우에는 냉장고에 보관해야 한다.

6. 캠필로박터균

동물의 장내에 분포하고 식품과 음료수를 통하여 감염되는 것으로 산소가 있는 조건에서 증식한다.
① 원인: 닭고기나 돼지고기, 쇠고기 등의 육류 또는 생유나 음료수 등으로 감염되며 애완 동물 및 쥐 등에 의해서도 감염된다.
② 증상: 설사와 복통, 발열, 두통, 구역질 등의 가벼운 증상이 수일동안 나타나며 길게는 수개월 동안에도 나타날 수 있다.
③ 예방법
　㉠ 육류는 65℃에서 10분 정도 가열하여 섭취한다.
　㉡ 식품을 조리할 때 손을 깨끗이 씻고 조리 기구는 살균하여 사용한다.
　㉢ 음식을 보관할 때에는 육류와 육류 외의 식품을 분리하여 보관한다.

7. 클로스트리디움 보툴리늄

토양에 널리 분포되어 있고, 통조림이나 진공포장식 같은 식품 중에서 자라며 강한 위해물질을 만든다.
① 원인: 클로스트리디움 보툴리늄균에 오염된 통조림 식품이나 진공포장된 식품, 햄이나 소세지 등을 섭취했을 때 발병한다.
② 증상: 구토와 변비, 탈진감, 권태감, 현기증 등이 일어나며 심한 경우에는 호흡곤란으로 사망할 수도 있다.
③ 예방법
　㉠ 야채류는 세척하고 분변이 식품에 오염되지 않도록 해야한다.
　㉡ 통조림 제품이나 진공포장식 식품 등을 생산할 때 신선하고 위생적인 재료를 사용해야 한다.
　㉢ 제품을 개봉했을 경우 악취가 날 때에는 섭취를 하지 말아야 한다.
　㉣ 음식물을 가열하여 섭취해야 하며 보관은 냉장보관 해야한다.

8. 클로스트리디움 퍼프린젠스균

흙이나 물, 사람의 배설물에 보유되어 있으며, 특히 닭이나 소, 어류가 이 균을 보유할 가능성이 높다.

① 원인: 육류와 어패류 등을 냉장고에 보관하지 않을 경우에 이 균이 증식된다.

② 증상: 설사, 구토를 일으키며 탈수 등을 동반할 때에는 사망하는 경우도 생긴다.

③ 예방법
  ㉠ 육류 및 어류는 반드시 냉장고에 보관해야 한다.
  ㉡ 냉동육은 완전히 해동한 후 가열하고 조리해야 하며, 조리 후 바로 섭취하거나 저온 보관해야 한다.
  ㉢ 보관 시 축산물은 다른 식품과 함께 보관하지 않으며 보관 후 다시 섭취할 때에는 다시 가열, 조리해야 한다.

9. 쉬겔라균

사람이나 영장류에 감염되며 물, 야채 및 토양에서도 생존이 가능하고 음식물섭취를 통해 감염된다.

① 원인: 환자나 보균자에 의해 감염되고 또한 이 균에 오염된 물이나 식품을 섭취했을 경우에도 오염된다.

② 증상: 복부경련이나 설사, 고열, 구토와 더불어 출혈성 장염으로 인한 혈변을 나타낸다.

③ 예방법
  ㉠ 열에 약하기 때문에 오염이 의심되는 식품은 충분히 가열, 조리하면 된다.
  ㉡ 보균자 및 환자의 손 등을 통하여 전염되므로 손 세척이나 개인위생을 철저히 한다.
  ㉢ 배설물 및 식수의 위생적인 처리나 쥐, 파리 등에 의한 식품 오염을 방지한다.

11 소독방법

1 살균력 평가

1. 이·미용기구 소독의 일반기준

구분	일반기준
자외선소독	1cm²당 85μW 이상의 자외선을 20분 정도 쬐어준다.
건열멸균소독	건열멸균기를 사용하여 150~170℃ 에서 1~2시간 정도 멸균하는 방법이다.
증기소독	100℃의 증기 속에서 30~60분간 살균하는 것이다.
열탕소독	끓는 물에 의하여 어떤 대상을 소독하는 것이다.
석탄산수소독	석탄산 3% 물97%에 10분 이상 담가두는 것이다.
크레졸소독	크레졸 3% 물97%에 10분 이상 담가둔다.
에탄올소독	에탄올이 70%인 수용액에 10분 정도 담가두거나 에탄올수용액을 머금고 있는 거즈 등으로 기구의 표면을 닦아준다.

2. 살균력 평가

석탄산 계수를 사용하는 게 가장 일반적인 방법이다.

① **석탄산 계수**: 소독제의 살균력을 비교하는 양적인 표시로, 5분 이내에는 죽일 수 없지만 10분에는 완전히 죽일 수 있는 소독제의 최저 농도와 이와 똑같은 살균효과를 나타내는 석탄산의 최저농도의 비율이다.

② 석탄산 계수 = $\dfrac{\text{특정 소독약의 희석배수}}{\text{석탄산의 희석배수}}$

2 소독장비

1. 건열을 이용한 방법

① 화염 멸균법
  ㉠ 알코올램프나 분젠버너의 화염을 통해 멸균하는 방법이다.
  ㉡ 도자기류나 접종기구, 시험관구, 면전 등의 멸균에 이용한다.

② 건열멸균법
  ㉠ 160℃에서 30분간 가열을 계속하거나 180℃까지 상승시켜 오르면 열원을 끊고 그대로 자연스럽게 온도가 내려가는 것을 기다리는 방법이 있다.
  ㉡ 보통 유리기구의 멸균에 사용된다.

③ 소각법
  ㉠ 가열 건조한 슬러지를 분쇄하여 소각하는 방법이다.
  ㉡ 가장 위생적인 방법이나, 대기오염 발생의 원인이 우려된다.

2. 습열 멸균법
① 자비소독
  ㉠ 소독법의 하나로, 끓는 물속에 넣어 소독하는 것. 100℃ 이상으로는 올라가지 않으므로 균 전부를 사멸시키는 것은 불가능하다.
  ㉡ 금속, 고무, 유리, 섬유제품 등의 소독에 자주 이용된다.
② 저온 소독법
  ㉠ 파스퇴르에 의해 고안된 것으로 63~65℃에서 30분간 처리한다.
  ㉡ 음식물, 우유 등을 소독하는데 사용된다.

3. 간헐 멸균법
① 유통증기 멸균법
  ㉠ 100℃의 유통하는 증기 중에서 30~60분간 가열하는 방법이다.
  ㉡ 기구 소독에 쓰인다.
② 간헐 멸균법
  ㉠ 80℃전후의 온도에서 1시간 동안 가열멸균과정을 3일간 연속 실시한다.
  ㉡ 혈청, 난황 등 고압멸균을 견디지 못하는 배양기재의 멸균에 적합하다.

4. 방사선 멸균법
① 방사선을 식품에 쬐어서 선의 전리 작용에 의해 부패 미생물을 사멸시키는 방법이다.
② 비가열 멸균법이며 원정 포장한 상태에서 멸균되므로 재래식 가열멸균법이나 가스멸균법에 비해 뚜렷한 장점이 있다.
③ 주로 건강식품, 의약품, 화장품용 고부가가치 천연 기능성 물질 개발 등에 이용된다.

5. 고압증기 멸균법
① 이 방법은 고압증기솥(오토클레이브)을 사용해 121℃, 2기압(15파운드), 15~20분의 조건에서 증기열에 의해 멸균한다.
② 의료기기, 기재 중 고압, 고온에 견디어내는 물품, 금속제품, 유리제품, 종이 또는 섬유제품, 물, 배지, 시약이나 액상의약품 등의 멸균에 적합하다.

6. 여과 살균법
① 액체 또는 기체를 여과하여 제균하는 방법이다. 액체와 기체의 여과는 방법과 원리가 다르다.

② 액체의 여과: 열이나 화학약품 등에 의하여서는 살균할 수 없는 혈청과 같은 액체의 살균에 오래전부터 여과 살균법이 적용되어 왔다.

③ 기체의 여과: 기체 중의 미생물은 단독으로는 존재하지 않고 먼지나 섬유 등에 부착해 있는 것이 보통이며 없애야 할 입자의 크기는 미생물 그 자신보다 상당히 크다.

7. 자외선 조사 멸균법

① 자외선을 조사함으로써 미생물을 죽이는 방법으로 파장 10~400nm가량의 전자파를 근자외(290~400nm), 원자외(190~290nm), 진공자외(<190nm)로 나눈다.

② 자외선조사법의 결점으로는 자외선을 쬔 표면에만 효과가 있다는 것, 인체가 자외선에 의한 폭로를 직접 받음으로써 눈에나 피부에 장애가 발생할 수 있다는 것 등이 지적되고 있다. 사람에게 직접 폭로되지 않도록 관리상 유의해야 한다.

3 소독 시 고려요인 및 주의사항

1. 소독 시 고려요인

① **유기체의 특성**: 어떤 유기체들은 멸균, 소독법에 쉽게 파괴가 되지만 어떤 유기체들은 멸균이나 소독법에 쉽게 파괴되지 않는다.

② **유기체의 수**: 기구에 유기체의 수가 많으면 멸균, 소독법에 의해 유기체가 파괴되는데 시간이 많이 걸린다.

③ **기구의 유형**: 좁거나 갈라진 틈, 이음새가 있는 기구들은 관리를 특별히 해야 한다.

④ **기구의 사용**: 일반 가정에서는 깨끗한 기구를 사용하는 것이 안정적이나 가능하면 멸균, 소독된 기구를 사용하는 것이 좋다.

⑤ **멸균, 소독에 이용할 수 있는 방법**: 멸균과 소독을 물리적으로 할 것인지 화학적으로 할 것인지는 유기체의 특성, 유기체의 수, 기구의 유형과 사용 그리고 방법의 유용성과 실용성을 가지고 판단을 하면된다.

⑥ **시간**: 반드시 권장된 시간은 지켜줘야 한다.

2. 소독 시 주의사항

① 기구의 성질에 따라 적당한 소독약이나 소독법을 선택해야 한다.

② 소독약은 미리 만들어 두는 것 보다는 필요할 때 조금씩 만들어 쓰는 것이 좋다.

③ 병원체의 종류나 저항성에 따라 방법과 시간을 고려한다.

④ 약품의 종류에 따라서 밀폐해 어둡고 차가운 곳(냉암소)에 보관해야 한다.

⑤ 라벨은 더러워지지 않게 하여 보관한다.

12 분야별 위생 · 소독

1 실내환경 위생 · 소독

1. 실내공기 위생관리기준
① 24시간 평균 실내 미세먼지의 양이 150㎍/m³을 초과하는 경우에는 실내공기 정화시설(덕트) 및 설비를 교체 또는 청소하여야 한다.
② ①의 규정에 따라 청소하여야 하는 실내공기정화시설 및 설비는 다음 각 호와 같다.
　㉠ 공기정화기와 이에 연결된 급 · 배기관(급 · 배기구를 포함한다)
　㉡ 중앙집중식 냉,난방시설의 급 · 배기구
　㉢ 실내공기의 단순배기관
　㉣ 화장실용 배기관
　㉤ 조리실용 배기관
③ 오염물질의 종류와 허용기준

오염물질의 종류	오염허용기준
미세먼지(PM-10)	24시간 평균치 150㎍/m³이하
일산화탄소(CO)	1시간 평균치 25ppm이하
이산화탄소(CO_2)	1시간 평균치 1,000ppm이하
실내공기 정화시설 안의 퇴적분진량	5g/m³이하

3. 대상별 소독법
① 유리그릇, 도자기: 증기, 건열, 자외선, 자비, 각종 약액 소독, 가스소독이 적당하다.
② 수지: 1~2%의 크레졸이나 석탄산수, 0.1%의 승홍수, 역성비누의 원액을 1~5ml 사용한다.
③ 종이제품: 포름알데히드가스 소독에 적당하고 불필요한 제품은 소각한다.
④ 가죽제품: 포름알데히드가스 소독, 소독용 에탄올, 역성비누, 자외선을 사용한다.
⑤ 헝겊류: 증기소독이나 자비소독에 적합하다.
⑥ 배설물: 3%의 크레졸수나 석탄산수가 적당하며 역성비누, 승홍수, 포르말린은 부적당하다.
⑦ 하수구, 쓰레기통: 생석회, 석회유가 적당하다.
⑧ 미용실바닥소독: 포르말린→크레졸→석탄산 순으로 사용한다.

❷ 기구 및 도구 위생·소독

1. 미용기구 및 도구 위생·소독
① **빗류**: 미온수에 세제를 풀어 소독해 주고, 물기를 제거한 뒤에는 자외선 소독기에 넣어 소독해 준다(빗의 대부분은 플라스틱이므로 열에 의해 변형되지 않게 특별히 주의를 해야 한다).
② **가위**: 가위는 금속제품이므로 소독할 때에는 70%의 에탄올에 약 20분간 담가 소독을 해야 하며, 부식이 생기지 않도록 유의해야 한다.
③ **레이저**: 갈아 끼우는 곳에 이물질이 끼지 않도록 주의하며 고객마다 일회용 날을 사용해야 한다. 한 번 사용한 날을 재사용해서는 안된다.
④ **헤어클리퍼**: 사용 후 클리퍼 앞쪽을 분리하여 70% 알코올을 머금은 솜으로 소독하고, 소독 후 건조시킨 뒤 기름칠을 해준다.
⑤ **타올**: 타올을 세탁 할 때엔 세제와 염소 계통의 소독약을 넣어 세탁해야 하며, 일반타올과 염소제 타올, 유색타올과 무색타올을 구분하여 세탁해야 한다.
⑥ **가운**
  ㉠ **섬유제품**: 염소계통의 세제로 세탁을 해야 한다.
  ㉡ **비닐제품**: 손세탁을 한 후에 그늘에서 말려준다.
⑦ **고무줄, 로드, 세팅롤**: 세척 후에 약액이 남아있지 않도록 몇 번이고 꼼꼼하게 세척한다.
⑧ **퍼머용 고무장갑**: 약액이 남아있지 않도록 미온수에 깨끗이 헹궈낸 뒤 그늘에서 말려준다.
⑨ **핀, 클립**: 70% 알코올 용액에 약 20분 동안 담가 소독한 후에 사용한다.

❸ 미용업 종사자 및 고객의 위생관리

1. 질병의 유형
① 시술할 때 미용도구나 기구에 의한 감염이 있다.
② 디자이너에게 상처가 있을 때 그 상처에서 나오는 출혈에 의한 감염이 있다.
③ 디자이너의 실수로 인하여 고객에게 상처를 입힌 감염이 있다.
④ 장소와 디자이너의 불결한 위생 상태로 인하여 질병이 고객에게 감염되는 것이 있다.

2. 질병의 감염경로

① **포도상구균**: 고객이 보균하고 있던 균이 손이나 수건 등에 의해 다른 사람의 감염부위로 부스럼이나 다래끼, 종기, 피부병 등이 옮겨지게 된다.
② **연쇄구균**: 고객 중 보유자에 의해 다른 고객에게 옮겨진다.
③ **결막염**: 병균을 보유하고 있던 사람이 사용한 수건이나 베개 등을 다른 사람이 사용할 경우에 옮겨지게 된다.
④ **진균류**: 무좀 등과 같이 사람에게 감염이 가장 많이 일어난다.
⑤ **트라코마**: 트라코마는 균을 보유하고 있는 사람의 눈곱으로 감염되므로 수건은 한번 사용한 것을 재사용하지 않고 깨끗이 소독해야 한다.

3. 예방법

① 전문가들에게 위생교육을 받고 또한 기본적인 상식을 습득한다.
② 작업장이나 디자이너들의 철저한 위생관리로 고객을 병균으로부터 보호한다.
③ 한 번 사용한 일회용 면도기를 다른 사람에게 재차 사용하지 않는다.
④ 작업장의 위생을 위하여 쓰레기통이나 화장실을 깨끗이 청소한다.
⑤ 미용기구나 도구들의 소독을 철저히 한다.

Chapter 02 실전문제

01 주로 여름철에 발병하며 어패류 등의 생식이 원인이 되어 급성장염 등의 증상을 나타내는 식중독은?

① 포도상구균식중독 ② 병원성대장균식중독
③ 장염비브리오식중독 ④ 보툴리누스균식중독

해 여름철에 발생하는 식중독으로 어패류 등의 생식이 원인이 되어 급성장염 등의 증상을 나타내는 식중독은 장염비브리오식중독이다.

02 공중보건학 개념상 공중보건사업의 최소 단위는?

① 직장 단위의 건강
② 가족단위의 건강
③ 지역사회 전체 주민의 건강
④ 노약자 및 빈민 계층의 건강

해 공중보건사업의 최소단위는 지역 사회이며 지역사회 주민을 위한 사업이다.

03 다음의 영아사망률 계산식에서 (A)에 알맞은 것은?

영아 사망률 = A / 연간출생아수×1,000

① 연간 생후 28일까지의 사망자 수
② 연간 생후 1년 미만 사망자 수
③ 연간 1~4세 사망자 수
④ 연간 임신 28주 이후 사산 + 출생 1주 이내 사망자 수

04 수질오염의 지표로 사용하는 "생물학적 산소요구량"을 나타내는 용어는?

① BOD ② DO
③ COD ④ SS

해 생물학적 산소요구량: 물의 오염을 확인하는 한 지표로 통상 BOD라고 부른다. 어떤 물속의 미생물이 산소가 존재하는 상태에서 유기물을 분해, 안정시키는 요구되는 산소량이다.

05 고압증기 멸균기의 열원으로 수증기를 사용하는 이유가 아닌 것은?

① 일정 온도에서 쉽게 열을 방출하기 때문
② 미세한 공간까지 침투성이 높기 때문
③ 열 발생에 소요되는 비용이 저렴하기 때문
④ 바세린(vaseline)이나 분말 등도 쉽게 통과할 수 있기 때문

해 고압증기 멸균기: 고압(1Kgf/㎠이상)과 고온(110~135℃이상)의 Steam을 가해 각종 기구에 묻은 병원균 및 미생물을 제거하는 물리적 멸균 방법으로 가장 보편적으로 보급된 형태이다. 멸균작용을 하는 증기의 침투력이 우수하여 면제품과 같은 다공성 재질의 여러기구를 멸균 할 때 사용하면 효과적이다.

06 WHO가 규정한 건강의 정의를 가장 잘 설명한 것은?

① 질병이 없고 신체적으로 편안한 상태
② 질병이 없고 허약하지 않은 상태
③ 신체적, 정신적, 사회적 안녕의 완전한 상태
④ 신체적 완전과 사회적 안녕이 유지되는 상태

해 WHO가 규정한 건강의 정의: 육체적, 정신적 및 사회적 안녕이 완전한 상태에 놓여 있는 것이다

07 기후의 3요소로 짝지워진 것은 어느 것인가?

① 기온, 기습, 기류
② 기압, 기류, 기온
③ 기온, 기습, 강우
④ 기압, 기류, 기습

해 기후의 3요소는 기온, 기습, 기류이다.

08 조류독감의 예방온도는?

① 70℃ 이상에서 5분간
② 75℃ 이상에서 5분간
③ 100℃ 이상에서 1분간
④ 방법이 없다.

해 75℃ 이상에서 5분 이상 가열할 경우 조류인플루엔자 바이러스는 사멸되므로 닭이나 오리를 충분히 익혀서 먹는다면 조류인플루엔자에 감염될 가능성은 없다.

09 다음 중 질병 발생의 요인이 아닌 것은 어느 것인가?

① 병인
② 숙주
③ 음식
④ 환경

해 질병 발생의 요인은 병인, 숙주, 환경이다.

10 다음 중 조사망률에 대한 설명으로 틀린 것은 어느 것인가?

① 국민의 건강상태, 즉 공중위생의 정도를 알아보는 데에 가장 중요한 수치이다.
② 1년간의 사망수를 그 해의 인구로 나눈 것이다.
③ 보통 1,000배하여 인구 1,000대로 표시된다.
④ 연령계층, 성별, 사인 등을 고려하지 않고 정정하지 않은 채로 나타낸 사망률을 말한다.

해 국민의 건강상태, 즉 공중위생의 정도를 알아보는 것은 평균수명에 대한 것이다.

11 칼슘의 흡수를 도와 골격 형성에 관계하는 비타민은?

① 비타민A
② 비타민B6
③ 비타민D
④ 비타민K

해 칼슘의 흡수를 도와 골격 형성에 관계하는 비타민은 비타민D이다.

12 대기오염의 주원인 물질 중 하나로 석탄이나 석유 속에 포함되어 있어 연소 할 때 산화되어 발생되며 만성기관지염과 산성비 등을 유발시키는 것은?

① 일산화탄소
② 질소산화물
③ 황산화물
④ 부유분진

해 ① 일산화탄소: 무색, 무취의 기체로서 산소가 부족한 상태로 연료가 연소할 때 불완전연소로 발생한다. 사람의 폐로 들어가면 혈액 중의 헤모글로빈과 결합하여 산소보급을 가로막아 심한 경우 사망에까지 이르게 한다.
② 질소산화물: 질소와 산소의 화합물로, 연소과정에서 공기 중의 질소가 고온에서 산화돼 발생한다.
④ 부유분진: 대기오염물의 하나로 입도 1㎛ 이하의 고체이며, 거의 낙하하지 않고 부유상태에서 기류에 따라 움직인다. 농도는 mg/m³로 표시한다.

13 작업환경의 관리원칙은?

① 대치-격리-폐기-교육
② 대치-격리-환기-교육
③ 대치-격리-재생-교육
④ 대치-격리-연구-홍보

해 작업환경의 관리원칙은 대치-격리-환기-교육이다.

14 다음 중 건열멸균법이 아닌 것은?

① 화염멸균법
② 자비소독법
③ 건열멸균법
④ 소각소독법

해 주로 유리기구의 멸균에 사용되는 것으로 160℃에서 30분간 가열을 계속하거나 180℃까지 상승시켜 그대로 자연스럽게 온도가 내려가는 것을 기다리는 방법이다. 자비소각법은 습열멸균법이다.

15 이,미용실 바닥 소독용으로 가장 알맞은 소독약품은?

① 알코올   ② 크레졸
③ 생석회   ④ 승홍수

해 이,미용식 바닥이나 병원, 실험실 등의 바닥이나 기구의 소독용으로 쓰이는 것은 크레졸이다.

16 국가의 건강 수준을 나타내는 지표로서 가장 대표적으로 사용하고 있는 것은?

① 인구증가율   ② 조사망률
③ 영아사망률   ④ 질병사망률

해 국가의 건강 수준을 나타내는 지표로서 가장 대표적인 것은 영아사망률이다.

17 다음 중 제1종 전염병에 대해 잘못 설명된 것은?

① 전염속도가 빨라 환자의 격리가 즉시 필요하다.
② 콜레라, 세균성이질, 장티푸스가 속한다.
③ 환자의 수를 매일 1회 이상 관할 보건소장을 거쳐 보고한다.
④ 환자발생 즉시 환자 또는 시체 소재지를 보건장소를 거쳐 보고한다.

해 제1종 전염병: 병원 미생물에 의해서 잇달아 감염하여 유행하는 병으로서 급성·만성 경과를 보는 것이다. 전염병 예방법에 의하면 콜레라, 페스트, 발진티푸스, 장티푸스, 파라티푸스, 천연두, 디프테리아, 세균성 이질, 황열 등을 말한다. 제1, 2종 법정전염병의 경우 환자 진단 즉시 보건기관에 신고하도록 되어 있다.

18 가족계획과 가장 가까운 의미를 갖는 것은?

① 계획출산   ② 수태질환
③ 불임시술   ④ 임신중절

해 가족계획은 출산을 계획적으로 하는 것으로 계획출산이라고도 한다.

19 환경위생의 정의로 가장 적절한 것은 어느 것인가?

① 인간의 신체발육, 정신건강을 지키는 것이다.
② 인간의 건강과 생존에 유해한 생활 및 작업환경을 관리하는 것이다.
③ 인간의 질병예방을 위하여 자연환경과 생활환경을 통제하는 것이다.
④ 인간의 신체발육, 건강 및 생존에 유해한 영향을 주거나 줄 가능성이 있는 환경요소를 관리하는 것이다.

해 WHO의 정의: 환경위생이란 인간의 물질적인 생활환경에 있어서 신체발육, 건강 및 생존에 유용한 영향을 주는 요소 또는 그 가능성이 있는 일체의 요소를 제어하는 것을 의미한다고 말하고 있다.

20 일명 도시형, 유입형 이라고도 하며 생산층 인구가 전체인구의 50% 이상이 되는 인구 구성의 유형은?

① 별형
② 항아리형
③ 피라미드형
④ 종형

해 ② 항아리형: 생산 연령층이 도시 및 근교 농촌 지역에 전입함으로써 나타나는 유형으로 청·장년층의 비율이 높다.
③ 피라미드형: 후진국 및 개발도상국에 많은 유형으로 다산 다사 및 다산 소사형에 해당된다.
④ 종형: 선진국의 소산 소사형에 해당된다. 유·소년층의 비율이 낮고, 청·장년층 및 노년층의 비율이 높다.

21 고도가 상승함에 따라 기온도 상승하여 상부의 기온이 하부의 기온보다 높게 되어 대기가 안정화되고 공기의 수작 확산이 일어나지 않게 되며, 대기오염이 심화되는 현상은?

① 고기압
② 기온역전
③ 엘리뇨
④ 열섬

해 ① 고기압: 주위보다 상대적으로 기압이 높은 곳을 가리킨다. 고기압권 안에서는 하강기류가 있어서 날씨가 맑다.
③ 엘리뇨: 남미의 페루연안에서 적도에 이르는 태평양상의 수온이 3~5년을 주기로 상승하여 세계각지에 홍수와 가뭄, 폭설 등을 몰고 오는 기상이변 현상이다.
④ 열섬: 도시의 기온이 교외보다 높아지는 현상이다.

22 산업재해 방지를 위한 산업장 안전관리대책으로만 짝지어 진 것은?

┌─────────────────────────┬─────────────────────────┐
│ ㄱ. 정기적인 예방접종   │ ㄴ. 작업환경 개선   │
│ ㄷ. 보호구 착용 금지   │ ㄹ. 재해방지 목표설정   │
└─────────────────────────┴─────────────────────────┘

① ㄱ, ㄴ, ㄷ
② ㄱ, ㄷ
③ ㄴ, ㄹ
④ ㄱ, ㄴ, ㄷ, ㄹ

해 정기적인 예방접종은 질병을 예방하기 위해 필요하며, 보호구 착용금지는 산업장 안전관리대책과는 거리가 멀다.

23 다음 중 상호 관계가 없는 것으로 연결된 것은?

① 상수 오염의 생물학적 지표-대장균
② 실내공기 오염의 지표-CO_2
③ 대기오염의 지표-SO_2
④ 하수 오염의 지표-탁도

해 탁도: 물의 혼탁을 정량적으로 나타낸 것이다. 물에 혼탁을 주는 원인으로서는 지표의 점토성 물질, 토양입자, 입자상의 유기성 물질, 플랑크톤이나 미생물, 도시하수와 산업폐수의 부유물질, 수역의 저질에서 떠올라 오는 물질 등이 있다. 하수 오염의 지표로서는 BOD가 측정되어지고 있다.

24 노인에게 일어나는 가장 흔한 질병이 아닌 것은 어느 것인가?

① 아토피
② 관절염
③ 고혈압
④ 청력장애

해 아토피 피부염은 주로 유아기 혹은 소아기에 시작되는 만성적이고 재발성의 염증성 피부질환이다.

25 다음 중 수원(Source of water)에 대한 설명 중 틀린 것은?

① 천수: 열대지방이나 섬에서 많이 사용한다.
② 지표수: 하천수나 호소수 등을 들 수 있는데 오염되기 쉽고 가장 많이 쓰인다.
③ 지하수: 경도가 낮고 오염은 많다.
④ 복류수: 농어촌 지역에서 많이 사용한다.

해 지하수는 경도가 높고 오염은 적다.

26 다음 중 지구의 온난화 현상(global warming)의 주원인이 되는 주된 가스는?

① CO_2
② CO
③ Ne
④ NO

해 지구온난화의 원인: 온실효과를 일으키는 온실기체로는 이산화탄소가 대표적이며 인류의 산업화와 함께 그 양은 계속 증가하고 있다.

27 양이온 계면 활성제의 장점이 아닌 것은?

① 물에 잘 녹는다.
② 색과 냄새가 거의 없다.
③ 결핵균에 효력이 있다.
④ 인체에 독성이 적다.

해 양이온 계면 활성: 수용액 속에서 이온화 하여 생성된 양이온이 계면활성을 나타내는 것으로, 이를 카티온 계면활성제, 양성비누, 역성비누라고도 한다. 살균, 소독작용이 크며, 정전기 발생을 억제하므로 헤어린스, 트리트먼트 등에 사용한다. 그러나 결핵균, 녹농균, 아포에는 효력이 없다.

28 열에 매우 약하며 조금만 가열하여도 쉽게 파괴되는 비타민은?

① 비타민A
② 비타민B1
③ 비타민C
④ 비타민F

해 열에 약한 비타민은 비타민C이다.

29 우리나라 보건행정의 말단 행정기관으로 국민건강증진 및 전염병 예방관리 사업 등을 하는 기관명은?

① 의원
② 보건소
③ 종합병원
④ 보건의료기관

해 ① 의원: 진료 시설을 갖추고 의사가 의료 행위를 하는 곳으로 병원보다는 시설이 작다.
③ 종합병원: 각종 의료인력과 시설 및 최신의료 장비를 갖춘 대형의료기관이다.
④ 보건의료기관: 보건의료인이 공중 또는 특정 다수인을 위해 보건의료서비스를 행하는 보건기관, 의료기관, 약국 및 기타 대통령령이 정하는 기관이다.

30 만성 카드뮴(Cd) 중독의 3대 증상이 아닌 것은?
① 단백뇨　　　　　　　　② 빈혈
③ 신장 기능장애　　　　　④ 폐기종

해 빈혈: 혈액이 인체 조직의 대사에 필요한 산소를 충분히 공급하지 못해 조직의 저산소증을 초래하는 경우를 말한다.

31 다음 영양소 중 인체의 생리적 조절작용에 관여하는 조절소는?
① 단백질　　　　　　　　② 비타민
③ 지방질　　　　　　　　④ 탄수화물

해 고등동물의 성장, 생명유지에 꼭 필요하고, 인체의 생리적 조절작용에 관여하는 조절소는 비타민이다.

32 산업피로의 대책으로 가장 거리가 먼 것은?
① 작업과정 중 적절한 휴식시간을 배분한다.
② 에너지 소모를 효율적으로 한다.
③ 개인차를 고려하여 작업량을 할당한다.
④ 휴직과 부서 이동을 권고한다.

해 산업피로의 대책
① 작업조건에의 대한 대책
　㉠ 작업과정 중 적절한 휴식시간을 넣어 피로를 사전에 예방해야 한다.
　㉡ 불필요한 동작을 피하고 에너지 소모를 적게 한다.
　㉢ 기계 및 작업 자세는 인간공학적으로 고안한다.
　㉣ 작업시간 전, 중, 후에 간단한 체조나 오락을 갖도록 한다.
② 근로자에 대한 대책
　㉠ 각 개인에 알맞은 작업량배분(각 개인의 능력에 적당한 작업량을 배정한다.)
　㉡ 충분한 수면과 충분한 영양 섭취(가정생활 형태를 건강 지향적으로 조정한다.)
　㉢ 정신건강에 유의(인간관계 조정, 정신보건관리 등)

33 다음 중 하수에서 용존산소(DO)가 아주 낮다는 의미는?
① 수생식물이 잘 자랄 수 있는 물의 환경이다.
② 물고기가 잘 살 수 있는 물의 환경이다.
③ 물의 오염도가 높다는 의미이다.
④ 하수의 BOD가 낮은 것과 같은 의미이다.

해 DO가 낮으면 수중에서 호기성 미생물에 의하여 유기물질이 분해하면서 용존산소를 소모시켜 DO가 낮아진다.

34 우리나라에서 의료보험이 전 국민에게 적용하게 된 시기는 언제부터인가?

① 1964년   ② 1977년
③ 1988년   ④ 1989년

해 1989년 도시자영업자를 대상으로 의료보험이 실시되면서 전 국민 의료보험시대를 맞았다.

35 한 나라의 건강수준을 나타내며 다른 나라들과의 보건수준을 비교할 수 있는 세계보건기구가 제시한 지표는?

① 비례사망지수   ② 국민소득
③ 질병이환율   ④ 인구증가율

해 ② 국민소득: 한 나라 안에 있는 가계, 기업, 정부 등의 모든 경제주체가 일정기간에 새로이 생산한 재화와 용역의 가치를 금액으로 평가하여 합산한 것으로 한 나라의 경제수준을 종합적으로 나타내는 대표적인 지표이다.
③ 질병이환율: 일반적으로 1년 내에 발생한 환자수를 그에 대응하는 인구로 나눈 비율로 질병발생률이라고도 한다.
④ 인구증가율: 일정 지역 안에 사는 사람이 증가하는 비율을 말한다.

36 조도불량, 현휘가 과도한 장소에서 장시간 작업하여 눈에 긴장을 강요함으로써 발생되는 불량 조명에 기인하는 직업병이 아닌 것은?

① 안정피로   ② 근시
③ 원시   ④ 안구진탕증

해 ③ 원시: 눈으로 들어온 평행광선이 굴절되어 망막의 뒤에 초점을 맺는 상태로 각막과 수정체에서 기인하는 안구(눈)의 굴절력에 비해 안구 전후의 길이가 짧아 망막의 뒤쪽에 물체의 상이 맺히기 때문에 먼 곳은 잘 보이나 가까운 것은 잘 보이지 않는다.

37 환경오염 방지대책과 거리가 가장 먼 것은?

① 환경오염의 실태파악   ② 환경오염의 원인규명
③ 행정대책과 법적규제   ④ 경제개발 억제정책

해 경제개발 억제정책은 환경오염 방지대책과 거리가 멀다.

38 세균이 분비한 독소에 의해 감염을 일으키는 것은?

① 감염형 세균성 식중독   ② 독소형 세균성 식중독
③ 화학성 식중독   ④ 진균성 식중독

해 ① 감염형 세균성 식중독: 식품 속에 증식한 세균을 먹고 발병하는 식중독을 말한다.
③ 화학성 식중독: 인간이 유독성 화학물에 의해 오염된 식품을 섭취함으로써 발병하는 식중독을 말한다.
④ 진균독 식중독: 진균류에 속하는 곰팡이의 유독성 대사산물로 이를 섭취하였을 때 나타나는 식중독을 말한다.

39 자외선의 파장 중 가장 강한 범위는?

① 200~220nm ② 260~280nm
③ 300~320nm ④ 360~380nm

해 UVC, 260~280nm인 자외선 C는 세포와 세균을 파괴하는 힘이 강한 자외선이다.

40 공기의 자정작용과 관련이 가장 먼 것은?

① 이산화탄소와 일산화탄소의 교환 작용 ② 자외선의 살균작용
③ 강우, 강설에 의한 세정작용 ④ 기온역전작용

해 공기의 자정 작용
- 강력한 희석력
- 강우에 의한 용해성, 가스의 용해 흡수, 부유성 미립물의 세척
- 산소, 오존 등에 의한 산화 작용
- 태양선에 의한 살균 정화 작용
- 식물의 이산화탄소 흡수, 산소 배출에 의한 정화 작용

41 법정 전염병 중 제3군 전염병에 속하는 것은?

① 후천성면역결핍증 ② 장티푸스
③ 일본뇌염 ④ B형 간염

해 제3군 전염병: 간헐적으로 유행할 가능성이 있어 지속적으로 그 발생을 감시하고 방역대책의 수립이 필요한 전염병으로 결핵, 한센병, 성병, 성홍열, 수막구균성수막염, 레지오넬라증, 비브리오패혈증, 발진티푸스, 발진열, 쯔쯔가무시증, 렙토스피라증, 후천성면역결핍증(AIDS) 등이 있다.

42 대기오염에 영향을 미치는 기상조건으로 가장 관계가 큰 것은?

① 강우, 강설 ② 고온, 고습
③ 기온역전 ④ 저기압

해 기온역전: 날씨가 맑은 밤에 지면의 열이 식어서 지면 근처의 공기가 그 위의 공기보다 낮아지는 현상으로 위로 올라 갈수록 기온이 상승하는 현상을 말한다. 특히 기온역전은 스모그 현상을 유발시킨다.

43 소음이 인체에 미치는 영향으로 가장 거리가 먼 것은?

① 불안증 및 노이로제 ② 청력장애
③ 중이염 ④ 작업능률 저하

해 소음이 인체에 미치는 영향
① 심리적 영향: 사고능력 저하, 휴식과 수면의 방해, 회화의 방해, 건전한 일상생활의 방해 등이 있다.
② 생리적 기능에 미치는 영향: 피로의 증대, 조급함, 정신집중의 곤란, 작업에 대한 에너지 소비 증대, 위액 분비의 감소, 심혈관계에의 영향, 침액의 분비 감소, 자율신경, 내분비계의 영향, 수면방해 등이 있다.
③ 청각에 미치는 영향: 난청이 초래되는 음향외상, 소음성 난청, 소음성 돌발난청 등이 있다.

44 음용수의 일반적인 오염지표로 사용되는 것은?
① 탁도
② 일반세균수
③ 대장균수
④ 경도

🎯 대장균의 존재 여부는 분변에 의한 오염 유무의 지표가 된다.

45 다음 중 독소형 세균성 식중독의 원인균?
① 보툴리누스균
② 살모넬라균
③ 장염비브리오균
④ 대장균

🎯 독소형 세균성 식중독의 원인균에는 웰치균, 보툴리누스균, 포도상구균 등이 있다.

46 어류인 송어, 연어 등을 날로 먹었을 때 주로 감염될 수 있는 것은?
① 갈고리촌충
② 긴촌충
③ 폐디스토마
④ 선모충

🎯 ① 갈고리촌충: 머리에 갈고리가 있어 유구촌충이라고도 하고 돼지고기에 의해 감염되므로 돼지고기촌충이라고도 한다.
③ 폐디스토마: 폐흡충과에 속하는 편형동물의 총칭으로 사람 및 그 밖의 포유류의 폐에 기생하며 폐디스토마라고도 한다. 체내이행도중에 복강, 정소, 음낭, 뇌, 안구 등에 기생하는 경우도 있다.
④ 선모충: 돼지, 개, 쥐 등 많은 포유동물과 사람 간에 감염되는 인축공통기생충의 하나로 동물의 소장 점막 내에 암수의 성충이 기생한다.

47 이상 저온 작업으로 인한 건강 장애인 것은?
① 참호족
② 열경련
③ 울열증
④ 열쇠약증

🎯 ② 열경련: 고온에서 작업하는 일에 종사하여 땀이 많이 나고, 급성의 염분손실과 수분손실의 결과, 사지근, 배근, 안면근 등에 경련이 일어난 상태를 말한다.
③ 울열증: 고온고습한 실내에서 노동을 한다든가 무덥고 흐린 날 심한 체육 운동을 할 때 체열의 방사가 충분히 되지 않고 열이 체내에 축적되어 과열 상태가 됨으로써 일어나는 질병으로 열사병이라고도 한다.
④ 열쇠약증: 고온 고습 환경에서 노동, 작업, 복사열, 열방사가 적고 격심한 근육노동으로 인한 체온 부조절, 순환기능의 실종, 수분과 염분손실에 의해 발생한다.

48 수인성 전염병이 아닌 것은?
① 일본뇌염
② 이질
③ 콜레라
④ 장티푸스

🎯 수인성 전염병: 주로 물을 매개로 발생하는 전염병이며 소화기 계통 전염병이 대부분으로 음료수나 음식을 통해서 또는 환자나 보균자와의 접촉으로 생기는 전염병이다. 종류로는 식중독, 장티푸스, 콜레라, 세균성이질 등이 있다.

49 진동이 심한 작업장 근무자에게 다발하는 질환으로 청색증과 동통, 저림 증세를 보이는 질병은?

① 레이노드씨병 ② 진폐증
③ 열경련 ④ 잠함병

해 ② 진폐증: 폐에 분진이 침착하여 이에 대해 조직 반응이 일어난 상태를 말한다.
③ 열경련: 고온에서 작업하는 일에 종사하여 땀이 많이 나고, 급성의 염분손실과 수분손실의 결과, 사지근, 배근, 안면근 등에 경련이 일어난 상태를 말한다.
④ 잠함병: 잠수부나 잠함내 작업자 또는 고기압 하에서 일하는 사람에게서 볼 수 있는 질병. 케이슨병 또는 잠수부병이라고도 한다.

50 인수공통 전염병으로만 짝지어진 것은?

① 폴리오, 장티푸스 ② 탄저, 리스테리아증
③ 결핵, 유행성 감염 ④ 홍역, 브루셀라증

해 인수공통 전염병: 척추동물과 사람 사이에 자연적으로 이환할 수 있는 질병 또는 감염상태를 말한다. 인수공통 전염병에는 결핵, 탄저, 야토병, 돈닥독균증, 유행성출혈열, 리스테리아증, 브루셀라 등이 있다.

51 다음 중 물리적 소독방법이 아닌 것은?

① 방사선 멸균법 ② 건열 소독법
③ 고압증기 멸균법 ④ 생석회 소독법

해 물리적 소독방법: 약품을 사용하지 않고 병원성 미생물을 죽이는 방법으로 화염멸균법, 건열멸균법, 소각법, 자외선 소독법, 고압증기 멸균법, 방사선 멸균법 등이 있다.

52 다음 중 포르말린수 소독에 가장 적합하지 않은 것은?

① 고무제품 ② 배설물
③ 금속제품 ④ 플라스틱

해 포르말린이란 메틸알코올을 산화하여 만든 포름알데히드의 수용액으로 자극적인 냄새가 있는 무색투명한 액체이며, 장기보존하면 혼탁해진다. 주요 용도는 접착제, 플라스틱과 같은 각종 수지의 합성원료 외에 소독제, 살균제, 방부제, 방충제, 살충제로 30~50배로 희석하여 약 1%액(포르말린수)으로 사용한다.

53 다음 중 도자기류의 소독방법으로 가장 적당한 것은?

① 염소 소독 ② 승홍수 소독
③ 자비 소독 ④ 저온 소독

해 자비소독: 끓는 물속에 넣어 소독하는 것으로 100℃ 이상으로는 올라가지 않으므로 균 전부를 사멸시키는 것은 불가능하다. 병원성이지만 내열성인 균은 적기 때문에 10~20분 끓임으로써 대부분의 병원균을 죽일 수 있다. 식기류나 도자기류, 주사기류, 의류 등을 소독하는데 유용하다.

54 살균력은 강하지만 자극성과 부식성이 강해서 상수 또는 하수의 소독에 주로 이용되는 것은?

① 알코올
② 질산은
③ 승홍
④ 염소

해 ① 알코올: 분자량이 작은 알코올은 상온에서 액체 상태로 존재하며, 분자량이 커질수록 녹는점이 높아져 분자량이 큰 알코올은 고체로 존재하기도 한다. 소독용으로서는 에탄올, 이소프로판올이 사용되고 메탄올은 독성이 강하기 때문에 사용되지 않는다.
② 질산은: 은의 질산염으로서 많은 은 화합물의 선구물질이다. 브로민화은의 제조원료, 은 도금, 분석용 시약, 도자기의 착색, 상아 등의 부식제로서 사용된다.
③ 승홍: 염화수은(Ⅱ)의 의약품명이다. 맹독성이며 분석시약 또는 촉매로 사용된다.

55 소독의 정의에 대한 설명 중 가장 옳은 것은?

① 모든 미생물을 열이나 약품으로 사멸하는 것
② 병원성 미생물을 사멸, 또는 제거하여 감염력을 잃게 하는 것
③ 병원성 미생물에 의한 부패방지를 하는 것
④ 병원성 미생물에 의한 발효방지를 하는 것

해 소독: 병의 감염이나 전염을 예방하기 위하여 병원균을 죽이는 일. 약품, 일광, 열탕, 증기 따위를 이용한다.

56 소독약으로서의 석탄산에 관한 내용 중 틀린 것은?

① 사용농도는 3% 수용액을 주로 쓴다.
② 고무제품, 의류, 가구, 배설물 등의 소독에 적합하다.
③ 단백질 응고작용으로 살균기능을 가진다.
④ 세균포자나 바이러스에 효과적이다.

해 석탄산: 강한 단백질 응고에 의하여 부식작용을 나타내기 때문에 세균, 진균의 살균작용과 함께 조직의 괴사를 일으킨다. 또한 말초지각신경도 국소자극을 받은 후 마비되며 상처가 없는 피부에서 쉽게 흡수되어, 중추신경계전반의 흥분 후에 억제를 일으킨다.

57 일광소독과 가장 직접적인 관계가 있는 것은?

① 높은 온도
② 높은 조도
③ 적외선
④ 자외선

해 일광소독: 자외선을 이용하여 세균을 사멸시키는 소독으로 결핵균의 소독 등에 이용된다. 자외선의 살균효과가 강한 파장은 254~280nm이지만, 햇빛의 경우는 오존층이나 산소에 흡수되므로 295nm 이상의 것만이 지표상에 도달한다.

58 미생물의 발육과 그 작용을 제거하거나 정지시켜 음식물의 부패나 발효를 방지하는 것은?

① 방부 ② 소독
③ 살균 ④ 살충

해 ② 소독: 전염병의 전염을 방지할 목적으로 병원균을 멸살하는 것이다.
③ 살균: 세균 따위의 미생물을 죽이는 것으로 약품에 의한 화학적 방법과 열을 이용한 물리적 방법이 있다.
④ 살충: 벌레나 해충을 죽이는 것을 말한다.

59 승홍수의 설명으로 틀린 것은?

① 금속을 부식시키는 성질이 있다.
② 피부소독에는 0.1%의 수용액을 사용한다.
③ 염화칼륨을 첨가하면 자극성이 완화된다.
④ 살균력이 일반적으로 약한 편이다.

해 승홍수: 이염화수은의 수용액. 강력한 살균력이 있어 기물의 살균이나 피부 소독에는 0.1% 용액, 매독성 질환에는 0.2% 용액을 쓰며, 점막이나 금속 기구를 소독하는 데는 적당하지 않다.

60 음용수 소독에 사용할 수 있는 소독제는?

① 요오드 ② 페놀
③ 염소 ④ 승홍수

해 음용수 소독에는 일반적으로 염소와 오존이 사용되고 있다.

61 다음 중 배설물의 소독에 가장 적당한 것은?

① 크레졸 ② 오존
③ 염소 ④ 승홍

해 배설물 소독에는 크레졸 비누액을 3%로 희석하여 사용한다.

62 다음의 계면활성제 중 살균보다는 세정의 효과가 더 큰 것은?

① 양성 계면활성제 ② 비이온 계면활성제
③ 양이온 계면활성제 ④ 음이온 계면활성제

해 ① 양성 계면활성제: 계면활성제 중 물에 용해되어 이온으로 해리되어 분자 내에 양이온성 관능기를 하나 또는 그 이상으로 갖는 계면활성물질을 말한다.
② 비이온 계면활성제: 물에 이온화되지 않고 용해되는 계면활성제로, 폴리옥시에틸렌알킬에테르 같은 소수성 단위체와 친수성 단위체와의 블록중합 또는 그래프트중합에 의하여 합성된 고분자 활성제가 해당된다.
③ 양이온 계면활성제: 수용액 속에서 이온화하여 생성된 양이온 부분이 계면활성을 나타내는 계면활성제이다. 카티온 계면활성제, 양성비누, 역성비누라고도 한다.
④ 음이온 계면활성제: 물 속에서 이온화한 음이온 부분이 일반적으로 세정작용이 강하여 계면활성작용을 나타내는 물질이다. 아니온계면활성제라고도 한다.

63 화학적 소독제의 이상적인 구비조건에 해당하지 않는 것은?

① 가격이 저렴해야 한다.
② 독성이 적고 사용자에게 자극이 없어야 한다.
③ 소독효과가 서서히 증대되어야 한다.
④ 희석된 상태에서 화학적으로 안정되어야 한다.

해 화학적 소독제의 이상적인 구비조건
㉠ 살균력이 좋아야 한다.   ㉡ 금속 부식성이 없어야 한다.
㉢ 표백성이 없어야 한다.   ㉣ 용해성이 높아야 한다.
㉤ 침투력이 강해야 한다.   ㉥ 사용하기 간편하고 값이 싸야 한다.

64 다음 중 습열 멸균법에 속하는 것은?

① 자비 소독법   ② 화염 멸균법
③ 여과 멸균법   ④ 소각 소독법

해 습열 멸균법: 멸균하고자 하는 물체를 끓는 물이나 증기로 멸균하는 방법으로 자비 멸균법, 고압증기 멸균법, 저온 멸균법, 초고온 멸균법 등이 있다.

65 소독약에 대한 설명 중 적합하지 않은 것은?

① 소독시간이 적당한 것
② 소독 대상물을 손상시키지 않는 소독약을 선택할 것
③ 인체에 무해하며 취급이 간편할 것
④ 소독약은 항상 청결하고 밝은 장소에 보관할 것

해 소독약: 사람에게 해로운 세균을 죽이거나 약화시키는 데 쓰는 약으로 알코올, 과산화수소수, 승홍수, 산화칼슘, 크레졸, 포르말린, 아이오딘 따위가 있다.

66 물리적 살균법에 해당되지 않는 것은?

① 열을 가한다.   ② 건조시킨다.
③ 물을 끓인다.   ④ 포름알데하이드를 사용한다.

해 물리적 살균법에는 화염멸균법, 건열멸균법, 소각소독법 등이 있다.

67 비교적 가격이 저렴하고 살균력이 있으며 쉽게 증발되어 잔여량이 없는 살균제는?

① 알코올   ② 요오드
③ 크레졸   ④ 페놀

해 ② 요오드: 비금속 할로겐족 원소의 하나로 상온에서는 회흑색의 결정이나 가열하면 짙은 보라색의 증기가 되어 승화되며 소독용 약품으로 쓰인다.
③ 크레졸: 오르토, 메타, 파라 3종의 이성체 혼합물. 무색, 황색, 황적갈색의 투명한 액체. 석탄타르, 석유분해물

로부터 얻는다. 페놀과 같은 냄새가 나고, 살균력은 페놀의 2~4배이다. 단백질을 변성시킴으로써 살균한다. 소독에 이용한다.
④ 페놀: 페놀은 페놀수지를 비롯하여 폴리탄산에스테르수지, 에폭시수지 등 각종 합성수지나, 의약품 공업의 원료, 노닐페놀과 같은 세제나 각종 물감의 원료로 이용된다.

68 다음 미생물 중 크기가 가장 작은 것은?
① 세균
② 곰팡이
③ 리케차
④ 바이러스
해 미생물의 크기: 곰팡이>효모>세균>리케차>바이러스

69 질병 발생의 역학적 삼각형 모형에 속하는 요인이 아닌 것은?
① 병인적 요인
② 숙주적 요인
③ 감염적 요인
④ 환경적 요인
해 질병 발생은 병인, 숙주, 환경의 세 가지 인자에 의해서 야기된다.(삼요인설, 역학적 삼각형 모형)

70 다음 중 승홍수 사용 시 적당하지 않은 것은?
① 사기 그릇
② 금속류
③ 유리
④ 에나멜 그릇
해 승홍수: 이염화수은의 수용액. 강력한 살균력이 있어 기물의 살균이나 피부 소독에는 0.1% 용액, 매독성 질환에는 0.2% 용액을 쓰며, 점막이나 금속 기구를 소독하는 데는 적당하지 않다.

71 일광소독법은 햇빛 중의 어떤 영역에 의해 소독이 가능 한가?
① 적외선
② 자외선
③ 가시광선
④ 우주선
해 일광소독법: 일광에 약 1% 포함되어 있는 자외선의 살균력을 이용한 것으로 전염병예방법 시행규칙에 의하면, '소각·증기소독·약물소독을 시행하기 어려운 의류·침구·기구·깔개·도서·서류 기타 물건은 햇볕에 쬐어, 또는 대기 중에 건조시켜 소독한다.'라고 규정하고 있다.

72 다음 소독 방법 중 완전 멸균으로 가장 빠르고 효과적인 방법은?
① 유통증기법
② 간헐살균법
③ 고압증기법
④ 건열 소독
해 ① 유통증기법: 가열 수증기를 직접 유통시킴으로서 미생물을 사멸하는 방법을 말한다. 일반적으로 100℃의 유통 수증기 속에서 30~60분 간 처리한다.

② 간헐살균법: 일정한 시간 간격을 두고 가열을 반복하는 살균 방법. 대개 24시간 간격으로 100℃에서 15~30분간 3회 반복하여 가열한다.
③ 고압증기법: 적당한 온도 및 압력의 포화수증기 중에서 가열함으로써 미생물을 사멸하는 방법을 말한다. 일반적으로 115℃의 경우 30분간, 121℃의 경우 20분간, 126℃의 경우 15분간 처리한다.
④ 건열 소독: 100℃ 이상의 건열로 수분이 없이 균을 사멸하는 방법으로 증기멸균기에 거즈, 솜, 수술용 기계 등을 넣어 60분간 소독한다.

73 비교적 약한 살균력을 작용시켜 병원 미생물의 생활력을 파괴하여 감염의 위험성을 없애는 조작은?

① 소독　　　　　　　　　　② 고압증기멸균
③ 방부처리　　　　　　　　④ 냉각처리

해 ② 고압증기멸균: 병원에서 가장 많이 이용하고 있는 확실한 멸균법으로 고압증기멸균장치를 사용한다. 멸균대상물에 따라 적절한 온도와 압력을 설정하여 가열한 포화수증기로 효소와 조직 단백질의 비가역적인 응고작용과 변성으로 미생물을 사멸시킨다.
③ 방부처리: 물질의 부패를 막기 위해 약제를 이용하는 것으로 즉, 동식물성 유기물이 미생물의 작용에 의해 부패하는 것을 막기 위해 방부제를 치는 것이다.
④ 냉각처리: 더운 물건을 차게 하거나 아주 식혀서 차게 하는 방법이다.

74 소독약품으로서 갖추어야 할 구비조건이 아닌 것은?

① 안전성이 높을 것　　　　② 독성이 낮을 것
③ 부식성이 강할 것　　　　④ 융해성이 높을 것

해 소독약의 구비조건
- 살균력이 강해야 한다.
- 금속부식성이 없어야 한다.
- 표백성이 없어야 한다.
- 용해성이 높아야 한다.
- 사용하기에 간편해야 한다.
- 가격이 저렴(경제적)해야 한다.
- 침투력이 강해야 한다.

75 균체의 단백질 응고작용과 관계가 가장 적은 소독약은?

① 석탄산　　　　　　　　　② 크레졸액
③ 알코올　　　　　　　　　④ 과산화수소수

해 단백질 응고작용: 석탄산, 크레졸액, 알코올 등이 있다.

76 석탄산계수(페놀계수)가 5일 때 의미하는 살균력은?

① 페놀보다 5배 높다.　　　② 페놀보다 5배 낮다.
③ 페놀보다 50배 높다.　　 ④ 페놀보다 50배 낮다.

해 석탄산계수: 소독약이 페놀의 몇 배의 효력을 갖는가를 표준균을 사용하여 일정 조건하에서 측정한 수치를 석탄산계수라고 한다. 석탄산 계수가 클수록 살균력이 강하며 계수 1은 페놀과 같은 살균력을 가지는 것을 의미한다.

77 소독약을 사용하여 균 자체에 화학반응을 일으켜 세균의 생활력을 빼앗아 살균하는 것은?

① 물리적 멸균법 ② 건열 멸균법
③ 여과 멸균법 ④ 화학적 살균법

해 ① 물리적 멸균법: 열, 햇빛, 자외선, 초단파 따위를 이용하여 균을 죽여 없애는 방법이다.
② 건열 멸균법: 건조한 열을 이용하여 세균이나 균류를 죽이는 방법의 하나로 150~160℃ 정도의 고온으로 건조 상태에서 멸균하는데 병, 시험관, 도자기 따위의 멸균에 쓰인다.
③ 여과 멸균법: 열에 의하여 파괴되거나 변질되는 액상 물질을 여과기에 통과시켜 미생물을 분리 제거하는 방법이다.

78 (   )안에 알맞은 것은?

> 미생물이란 일반적으로 육안의 가시 한계를 넘어선 (   )mm 이하의 미세한 생물체를 총칭하는 것이다.

① 0.01 ② 0.1
③ 1 ④ 10

해 미생물은 육안의 가시한계를 넘어선 0.1mm이하의 미세한 생물체를 총칭하는 것이다.

79 미생물의 성장과 사멸에 주로 영향을 미치는 요소로 가장거리가 먼 것은?

① 영양 ② 빛
③ 온도 ④ 호르몬

해 미생물의 성장과 사멸에 주로 영향을 미치는 요소로는 습도, 온도, 수소이온농도(pH), 영양과 신진대사, 광선 등이 있다.

80 다음 중 이·미용실에서 사용하는 수건을 철저하게 소독하지 않았을 때 주로 발생할 수 있는 전염병은?

① 장티푸스 ② 트라코마
③ 페스트 ④ 일본뇌염

해 트라코마는 환자의 눈곱으로 감염되므로 환자가 사용한 수건, 세면기, 침구 등은 다른 가족들의 것과 엄격하게 구별하여 사용해야 한다.

81 다음 중 건열에 멸균법이 아닌 것은?

① 화염멸균법 ② 자비소독법
③ 건열멸균법 ④ 소각소독법

해 자비소독법: 가장 간편한 소독법으로 100℃에서 10~30분간 끓이는 방법으로 주사기, 주사바늘, 금속, 유리제품의 소독 등에 사용된다.

82 이·미용실 바닥 소독용으로 가장 알맞은 소독약품은?

① 알코올　　　　　　　　② 크레졸
③ 생석회　　　　　　　　④ 승홍수

해 이·미용실 바닥 소독용으로 가장 알맞은 소독약품은 포르말린→크레졸→석탄산 순으로 사용한다.

83 유리제품의 소독방법으로 가장 적합한 것은?

① 끓는 물에 넣고 10분간 가열한다.
② 건열 멸균기에 넣고 소독한다.
③ 끓는 물에 넣고 5분간 가열한다.
④ 찬물에 넣고 75℃ 까지만 가열한다.

해 유리제품의 소독방법으로는 건열멸균기를 이용하여 미생물을 산화시켜 포자 등을 완전히 멸균하는 방법인 건열멸균법이 가장 적합하다.

84 다음 중 소독방법과 소독대상이 바르게 연결된 것은?

① 화염멸균법-의류나 타올　　② 자비소독법-아마인유
③ 고압증기멸균법-예리한 칼날　④ 건열멸균법-바세린(vaseline)및 파우더

해 ① **화염멸균법**: 주로 접종기구나 시험관구 면전 등의 멸균에 이용한다.
② **자비소독법**: 주사기, 주사바늘, 금속, 유리제품의 소독 등에 사용된다.
③ **고압증기멸균법**: 의료기기, 기재 중 고압, 고온에 견디어내는 물품, 금속제품, 유리제품, 종이 또는 섬유제품, 물, 배지, 시약이나 액상의약품 등의 멸균에 적합하다.

85 구내염, 입안세척 및 상처소독에 발포작용으로 소독이 가능한 것은?

① 알코올　　　　　　　　② 과산화수소
③ 승홍수　　　　　　　　④ 크레졸비누액

해 ① **알코올**: 수지와 피부소독, 날이 있는 소독에 주로 사용된다.
③ **승홍수**: 손이나 발, 유리제품이나 도자기, 의류 소독에 적합하다.
④ **크레졸비누액**: 1~2% 수용액을 피부 또는 점막 등의 일반 소독에 사용한다.

86 소독약품의 사용과 보존상의 일반적인 주의사항으로 틀린 것은?

① 약품을 냉암소에 보관한다.
② 소독대상물품에 적당한 소독약과 소독방법을 선정한다.
③ 병원체의 종류나 저항성에 따라 방법과 시간을 고려한다.
④ 한 번에 많은 양을 제조하여 필요할 때마다 조금씩 덜어 사용한다.

해 소독약은 미리 만들어 두는 것 보다는 필요할 때 조금씩 만들어 쓰는 것이 좋다.

87 미생물을 대상으로 한 작용이 강한 것부터 순서대로 옳게 배열된 것은?

① 멸균〉소독〉살균〉청결〉방부
② 멸균〉살균〉소독〉방부〉청결
③ 살균〉멸균〉소독〉방부〉청결
④ 소독〉살균〉멸균〉청결〉방부

해 살균력의 순서 : 청결〈방부〈소독〈살균〈멸균

88 고압증기멸균법에 해당하는 것은?

① 멸균 물품에 잔류독성이 많다.
② 포자를 사멸시키는데 멸균시간이 짧다.
③ 비경제적이다.
④ 많은 물품을 한꺼번에 처리할 수 없다.

해 고압증기멸균법: 포화된 고압증기 형태의 습열로 아포를 포함한 모든 미생물을 파괴시키는 물리적인 방법이다. 습열을 가할 때 침투력이 강하고 미생물에 대한 멸균효과가 크며, 관리방법이 편리하고 독성이 없으며 경제적이다.

89 세균의 형태가 S자형 혹은 가늘고 길게 만곡 되어 있는 것은?

① 구균   ② 간균
③ 구간균   ④ 나선균

해 ① 구균: 세균 중 형태가 구형인 것으로 대부분 그람양성균이며, 병원성을 지닌다. 염증, 화농을 일으키며 항생물질로 치료한다. 둥근 모양으로 생긴 세균을 통틀어 이르는 말이다.
② 간균: 간균은 막대기 모양 또는 원통형 세균으로 그 크기와 길이는 다양하고 양 끝의 모양도 일정하지 않으며 편모나 포자를 가지고 있기도 하다.
③ 구간균: 바이러스보다는 크며 모양이 다양하고 광학현미경으로 겨우 관찰할 수 있다.

90 역성비누액에 대한 설명으로 틀린 것은?

① 냄새가 거의 없고 자극이 적다.
② 소독력과 함께 세정력(洗淨力)이 강하다.
③ 수지, 기구, 식기소독에 적당하다.
④ 물에 잘 녹고 흔들면 거품이 난다.

해 역성비누: 양이온성 계면활성제로서, 물에 용해하였을 때 그 친유기부분이 양이온으로 해리하는 물질을 말한다. 강한 계면활성능을 가져, 표면흡착성이 꽤 높아 살균제로서도 널리 이용되고 있으며 그 외에 소독제, 방부제, 섬유유연제, 대전방지제, 아스팔트의 유화제 등 그 이용범위는 광범위하다.

91 다음 중 소독용 알코올의 가장 적합한 실용 농도는?

① 30%   ② 50%
③ 70%   ④ 95%

🖍 일반적은 소독용 알코올의 농도는 70%를 말한다. 50%이하의 알코올의 농도는 살균효과가 급격히 떨어지고, 농도가 100%인 알코올은 수분 함량이 적기 때문에 살균이 되기 전에 대기 중으로 날아가 버린다.

92 석탄산계수가 2인 소독약 A를 석탄산계수 4인 소독약 B와 같은 효과를 내려면 그 농도를 어떻게 조정하면 되는가? (단, A, B의 용도는 같다.)

① A를 B보다 2배 묽게 조정한다.
② A를 B보다 4배 묽게 조정한다.
③ A를 B보다 2배 짙게 조정한다.
④ A를 B보다 4배 짙게 조정한다.

🖍 석탄산계수: 소독약이 페놀의 몇 배의 효력을 갖는가를 표준균을 사용하여 일정 조건하에서 측정한 수치를 석탄산계수라고 한다. 석탄산 계수가 클수록 살균력이 강하며 계수 1은 페놀과 같은 살균력을 가지는 것을 의미한다.

93 전염병예방법 중 제1종전염병 환자의 배설물 등을 처리 하는 가장 적합한 방법은?

① 건조법   ② 건열법
③ 매몰법   ④ 소각법

🖍 ① 건조법: 식품을 저장할 때에, 수분을 완전히 말려 부패 세균의 번식을 막는 방법.
② 건열법: 건열멸균기를 사용하여 160~170℃의 열에서 1~2시간정도 멸균하는 방법이며, 증기나 습기가 있으면 안 되는 물건(파우더)에 이용된다.

94 다음 중 건열멸균에 관한 내용이 아닌 것은?

① 화학적 살균 방법이다.
② 주로 건열 멸균기(dry oven)를 사용한다.
① 유리기구, 주사침 등의 처리에 이용된다.
④ 160℃에서 1시간 30분 정도 처리한다.

🖍 건열 멸균법: 건조한 열을 이용하여 세균이나 균류를 죽이는 방법의 하나로 150~160℃ 정도의 고온으로 건조 상태에서 멸균하는데 병, 시험관, 도자기 따위의 멸균에 쓰인다. 건열멸균법은 물리적 살균 방법이다.

95 태양광선 중 가장 강한 살균작용을 하는 것은?

① 중적외선　　　　　　　② 가시광선
③ 원적외선　　　　　　　④ 자외선

해 ① 중적외선: 비금속 계열의 제품 건조에 가장 적합한 파장이다.
　② 가시광선: 눈으로 지각되는 파장 범위를 가진 빛. 물리적인 빛은 눈에 색채로서 지각되는 범위의 파장 한계 내에 있는 스펙트럼이다.
　③ 원적외선: 파장이 25㎛ 이상인 적외선으로 가시광선보다 파장이 길어서 눈에 보이지 않고 열작용이 크며 침투력이 강하다.

96 생석회 분말소독의 가장 적절한 소독 대상물은?

① 전염병 환자실　　　　　② 화장실 분변
③ 채소류　　　　　　　　④ 상처

해 생석회는 화장실의 분변 소독에 가장 효과적이다.

97 미용 용품이나 기구 등을 일차적으로 청결하게 세척하는 것은 다음의 소독방법 중 어디에 해당 되는가?

① 희석　　　　　　　　　② 방부
③ 정균　　　　　　　　　④ 여과

해 ② 방부: 물질이 썩거나 삭아서 변질되는 것을 막는 것이다.
　③ 정균: 세균의 성장과 대사가 저지되는 일을 말한다.
　④ 여과: 거름종이나 여과기를 써서 액체 속에 들어 있는 침전물이나 입자를 걸러 내는 일을 말한다.

98 다음 소독제 중 상처가 있는 피부에 가장 적합하지 않은 것은?

① 승홍수　　　　　　　　② 과산화수소
③ 포비돈　　　　　　　　④ 아크리놀

해 ② 과산화수소: 수소와 산소의 화합물로 옅은 푸른색을 띠며 희석한 용액은 무색이고 물보다 점성이 큰 액체이다. 무색의 액체로 산화작용이 강하여 표백제나 소독제 또는 로켓의 연료 따위로 쓰인다.
　③ 포비돈: 백색 또는 엷은 황백색의 가루로 냄새는 없거나 약간 특이한 냄새가 나고 맛은 없다. 의약품 조제 또는 제조용으로만 사용한다.
　④ 아크리놀: 리바놀의 약전명. 강력한 살균제, 방부제로 화농성 피부병, 농양, 창상, 눈, 귀, 인후 등의 소독, 세정에 1,000배액으로 사용한다.

99 운동성을 지닌 세균의 사상부속기관은 무엇인가?
① 아포 ② 편모
③ 원형질막 ④ 협막
해 편모: 세균의 운동기관으로 현재까지 알려져 있는 세균의 80%는 이 편모로 유영운동을 한다.

100 손 소독에 가장 적당한 크레졸수의 농도는?
① 1~2% ② 0.1~0.3%
③ 4~5% ④ 6~8%
해 1~2%의 크레졸수: 수지, 피부 소독에 적합하다.

정답	1	2	3	4	5	6	7	8	9	10
	③	③	②	①	④	③	①	②	③	①
	11	12	13	14	15	16	17	18	19	20
	③	③	②	②	②	③	③	①	④	①
	21	22	23	24	25	26	27	28	29	30
	②	③	④	①	③	①	③	②	②	②
	31	32	33	34	35	36	37	38	39	40
	②	④	③	④	①	③	④	②	③	④
	41	42	43	44	45	46	47	48	49	50
	①	③	③	③	①	②	①	①	①	②
	51	52	53	54	55	56	57	58	59	60
	④	②	③	④	②	④	④	①	④	③
	61	62	63	64	65	66	67	68	69	70
	①	④	③	①	④	④	①	②	③	②
	71	72	73	74	75	76	77	78	79	80
	②	③	①	③	④	①	④	②	④	②
	81	82	83	84	85	86	87	88	89	90
	②	②	②	④	②	④	②	②	④	②
	91	92	93	94	95	96	97	98	99	100
	③	③	④	①	④	②	①	②	②	①

한권으로 끝내는
미용사(일반)

화장품학

03

1. 화장품 개론
2. 화장품 제조
3. 화장품의 종류와 기능
▷ 실전문제

화장품 개론

🟦 화장품의 정의

1. 화장품이란

화장품은 인체를 청결하게 미화하여 용모를 밝게 변화시키거나 피부나 모발의 건강을 유지 또는 증진하기 위하여 인체에 사용하는 것으로 인체에 대한 작용이 경미한 것을 말한다.

2. 화장품의 4대 요건

① **안전성**: 피부에 대한 자극과 알레르기, 독성이 없어야 한다.
② **안정성**: 보관에 따른 변질, 변색, 변취, 미생물의 오염이 없어야 한다.
③ **사용성**: 피부 손상 시 손놀림이 쉽고 피부에 잘 스며들어야 한다.
④ **유효성**: 피부에 적절한 보습, 노화억제, 자외선 차단, 미백, 세정, 색채효과 등을 부여할 수 있어야 한다.

🟦 화장품의 분류

분류	목적	주요제품
기초화장품	세안 피부보호, 피부정돈	클렌징크림, 클렌징 폼, 화장수, 클렌징 오일, 마사지크림, 팩, 에센스
메이크업 화장품	베이스 메이크업 포인트 메이크업	메이크업 베이스, 파운데이션, 페이스파우더, 아이섀도, 립스틱, 아이라이너, 마스카라, 네일에나멜, 블러셔
모발화장품	세정, 컨디셔닝, 퍼머넌트, 트리트먼트, 정발, 탈색, 염색, 육모, 탈모, 영모, 제모	샴푸, 린스, 헤어트리트먼트, 헤어로션, 양모제, 염색제, 탈색제, 육모제, 무스, 스프레이, 헤어젤, 헤어왁스, 왁싱크림
바디화장품	미화, 체취억제 세정효과, 신체보호	바디클린저, 바디로션, 샤워코롱 바디스크럽
방향화장품	미향, 향취	퍼퓸, 오드퍼퓸, 오드트왈렛, 오드콜로뉴

02 화장품 제조

1 화장품의 원료 및 작용

1. 화장품의 원료
① 피부에 대해 우수한 안전성을 갖고 있어야 한다.
② 냄새가 적고, 품질이 일정해야 하며 사용 목적에 따른 기능이 우수해야 한다.
③ 산화 안정성 등이 우수해야 한다.

2. 수성 원료와 작용
① 정제수
 ㉠ 세균과 칼슘, 마그네슘 등의 금속이온이 제거된 물이다.
 ㉡ 실험실에서 기구 세척용과 용매로 주로 사용되며 제약회사에서는 액체나 연고제조제, 시 용매로 사용한다.
 ㉢ 화장품이나 샴푸의 변질, 부패, 산화를 막기 위해 사용된다.
② 에탄올
 ㉠ 휘발성과 친유성, 친수성을 동시에 가지고 있어 피부에 청량감과 수렴 효과를 준다.
 ㉡ 배합량이 높아지면 살균, 소독 작용이 나타난다.
 ㉢ 화장품에 사용되는 에탄올은 메탄올, 부탄올, 페놀 등을 첨가한 변성 알코올이다.

3. 유성 원료와 작용
① 유성원료: 화장품의 구성 성분으로 많이 사용되고 있으며, 지용성이다.
② 오일
 ㉠ 식물성 오일

올리브유	올리브 열매에서 얻은 지방유이다.
세인트존스 워트 오일	뛰어난 살균, 항염 작용이 있어 상처, 화상 등에 좋으나 감광작용을 하기 때문에 바른 후 붕대로 감아주는 것이 좋다.
피마자유	피마자의 종자에서 추출한다.
아보카도 오일	썬텐 오일의 기본 재료이며 비타민을 많이 함유하고 있다.(특히 비타민A가 많다.)
동백유	두발용 기름으로 많이 사용된다.

ⓒ 동물성 오일

밍크오일	상처 치유에 효과가 있는 것으로 밍크의 피하지방에서 추출한다.
스쿠알렌수	심해 상어의 간유에서 얻은 스쿠알렌에 수소를 첨가하여 얻은 것으로 피부에 친숙함에 좋다.

ⓒ 광물성 오일

ⓐ 유동 파라핀
- 석유에서 얻어지는 고분자 탄화수소로 피부의 노폐물을 녹여 피부표면을 깨끗하게 해 준다.
- 피부표면에 수소성 피막을 형성해주고 수분증발을 억제해 준다.

③ 왁스

㉠ 호호바유

ⓐ 호호바 종자에서 얻은 액체왁스로 산화에 대한 안정성이 우수하다.
ⓑ 사용촉감이 양호하고 피부에 친화력이 있어 크림이나 립스틱 등에 사용된다.

㉡ 밀랍: 벌집에서 가열압착법·용제추출법 등에 의해 채취하는 동물성 고체랍으로 화장품이나 양초 등의 원료로 사용된다.

㉢ 라놀린: 양의 털에서 얻은 것으로 물을 함유하는 성분이 우수하여 크림이나 입술연지 등에 사용된다.

4. 계면활성제와 그 작용

① 계면활성제

㉠ 한 분자 내에 친수성기와 친유성기를 함께 가지고 있는 분자이다.
㉡ 물에 용해할 경우 음이온성과 양이온성, 해리하는 것과 해리하지 않은 것, 비이온으로 구분하는데 화장품에 많이 사용하는 것은 비이온성 계면활성제이다.
㉢ 천연계면활성제인 레시틴은 계란에 많이 함유되어 있는 것으로 물과 기름을 섞이게 하는 유화작용이 있다.

② 계면활성제의 종류와 특징

종류	특징
음이온 계면활성제	비누, 합성세제, 식기세제 등이 있으며, 세정력과 기포력이 탁월하다. 계면활성제의 약 70%는 여기에 속한다.
양이온 계면활성제	린스, 살균소독제, 섬유유연제, 섬유대전제 등으로 이용되고 있다.
비이온 계면활성제	액체세탁제, 섬유정련제, 식품용유화제 등으로 이용되고 있다.
양성이온 계면활성제	컨디셔닝샴푸의 원료로 사용되는 것으로 별도의 린스를 쓰지 않아도 샴푸와 린스를 동시에 할 수 있는 원료이다.

5. 기타 원료와 그 작용

① 색소
- ㉠ **천연색소**: 동식물에 함유되거나 혹은 미생물이 생산하는 색소로 천연물이더라도 광물은 포함하지 않는다. 종류로는 소르바, 소르빈하, 젤루통, 천연고무 등이 있다.
- ㉡ **인공색소**: 식품, 의약품, 화장품, 도료 등에 첨가하여 일정한 색을 부여하는 화학적 합성색소로 수용성 색소인 인공 타르색소와 물에 불용성인 알루미늄레이크, 산화철, 산화티타늄, 클로로필류, 아나트, β-카로틴 등이 있다.

② 보습제

피부가 건조되는 것을 막아 피부를 부드럽고 촉촉하게 하는 물질이다.
- ㉠ 글리세린: 단맛이 있고 끈끈하며 흡습성이 강하다.
- ㉡ 솔비톨: 복숭아, 사과 등의 과즙에 함유된 당알코올이다.
- ㉢ 히알론산나트륨: 포유류의 결합조직내에 있다.

③ 방부제
- ㉠ 미생물의 공격으로부터 화장품을 일정기간동안 보존해 주는 보존제이다.
- ㉡ 박테리아와 곰팡이의 성장을 억제하는 기능을 한다.
- ㉢ 벤조산, 파라옥시, 안식향산 등이 있다.

② 화장품의 제조

▶ 화장품의 제조 공정은 대부분 액상비누의 제조공정과 동일하다.
▶ 화장품의 제조 공정은 교반기에서 곧바로 충전기로 이어진다.

1. 화장품의 제조 공정

① 교반(믹서)
- ㉠ 화장품은 로션, 크림, 스킨 등 다양한 점도를 보이기 때문에 화장품 제조에 사용되는 교반기 또한 상당히 다양하다.
- ㉡ 교반기에서 화장품의 연료를 혼합하게 되는데, 기능에 따라 다양한 첨가제를 넣어주게 된다.
- ㉢ 사용되는 첨가제 중에서 천연에센스오일은 별도로 에센스추출기를 사용하여 직접 추출할 수도 있다.

② 충전
　㉠ 교반이 끝난 화장품은 정확한 용량을 용기에 담아야 하는데, 사람이 일일이 주입할 수도 있으나 시간이 오래 걸리며 일정한 양을 주입하기는 불가능하다.
　㉡ 충전기를 이용하여 자동으로 주입하면 시간의 단축과 함께 정확한 용량을 주입할 수가 있다.
③ 포장: 주입이 끝난 화장품은 포장을 해야 하기 때문에 상황에 따라서는 포장 기기가 필요할 수도 있다.

2. 화장품 제조와 주요 기술

① **가용화**: 수성성분에 소량의 유성성분을 투명하게 용해한다. 향수, 화장수, 에센스 등에 사용한다.
② **분산**: 액체와 고체입자를 계면활성제와 균일하게 혼합하는 것으로 마스카라, 아이라이너 같은 메이크업 화장품에 사용된다.
③ **유화**: 수성성분과 다량의 유성성분을 안정한 상태로 균일하게 혼합하는 것으로 로션, 크림 등의 메이크업 화장품에 사용된다.
　㉠ 수중유(O/W)형: 물에 기름이 분산된 형태이다.
　㉡ 유중수(W/O)형: 기름에 물이 분산된 형태이다.

03 화장품의 종류와 기능

1 기초 화장품

아름다운 피부를 언제나 유지하기 위한 것으로 메이크업의 효율적 방법의 토대가 되는 중요한 화장품이다.

1. 클렌징 제품
① 클렌징크림: 세안을 목적으로 하는 화장용 크림으로 피부로부터 흡수되는 것을 막기 위하여 광물유를 주성분으로 하여 만든다.
② 클렌징 폼: 메이크업을 지울 때 잔여물 없이 깨끗하게 지워주고 산뜻한 사용감이 있어 피부톤까지 화사하게 만들어 준다.
③ 클렌징 오일: 화장을 지우거나 세안하는 데 사용하는 오일로 피지 성분을 녹여내기 때문에 블랙헤드를 제거할 수 있다.

2. 화장수
① 유연화장수: 피부 pH회복, 보습효과, 피부를 부드럽고 촉촉한 상태로 유지시켜 준다.
② 수렴화장수: 모공 수축과 보습, 피지 분비 억제 효과가 있어 사용감이 산뜻하고 화장 상태를 지속시키는 기능이 있다.

3. 팩: 밀가루, 달걀, 황토 따위에 각종 약제나 영양제, 과일 따위를 반죽하여서 얼굴에 바르거나 붙이는 화장품으로 혈액 순환을 좋게 하고 털구멍의 더러움을 제거하여, 피부의 노화를 방지하고, 표백·청정 따위의 효과가 있다.

4. 마사지 크림: 피부를 상하게 하지 않고 때를 제거하며 영양을 주는 크림이다.

5. 에센스: 에센스는 영양분이 농축되어 있는 제품으로 피부를 수분으로 촉촉하게 하기 위해 기초 화장 후에 발라준다.

❷ 메이크업 화장품

색조 화장을 하기 전 얼굴색을 고르게 표현하기 위해 바르는 화장품을 말한다.

1. **메이크업 베이스**: 파운데이션을 바르기 전에 화장의 바탕을 다듬기 위한 밑화장용 화장품으로 파운데이션의 퍼짐을 좋게 하고 균일하게 잘 밀착되도록 하여 파운데이션의 화장 효과를 높여 준다.

2. **파운데이션**: 가루분을 기름에 섞어 액체 또는 고체 형태로 만든 것으로 팩트나 파우더 전에 얼굴에 펴바르는 화장품이다.

3. **페이스파우더**: 가루 타입의 화장품으로 피부색과 잡티 보정을 위해 얼굴에 바르는 것이다.

4. **아이섀도**: 위 눈꺼풀에 칠하여 입체감과 눈매를 돋보이게 하는 색조화장품이다.

5. **아이라이너**: 눈꺼풀에 선을 그어 눈을 크게 보이게 하거나 눈을 돋보이게 하는 화장품이다.

6. **마스카라**: 속눈썹이 짙고 길어 보이도록 하기 위하여 칠하는 화장품이다.

7. **립스틱**: 입술에 색조와 질감을 주기 위해서 바르는 화장품으로 막대모양이다.

8. **블러셔**: 볼에 바르는 색조화장품으로 건강하고 아름다운 얼굴색과 매력적인 분위기를 만들어 준다.

9. **네일에나멜**: 손톱에 칠하여 반짝거리게 하는 화장품으로 손톱의 표면에 아름다운 광택이 있는 피막을 만들어 장식과 보호의 역할을 한다.

③ 모발화장품

인체를 청결, 미화하여 매력을 더하고 용모를 밝게 변화시키거나 피부, 모발의 건강을 유지 또는 증진하기 위하여 인체에 사용되는 물품으로서 인체에 대한 작용이 경미한 것을 말한다.

1. **샴푸**: 머리를 감는 데 쓰는 액체 비누로 두피나 모발에 붙어 있는 땀·피지·먼지 등을 씻어낸다.

2. **헤어트리트먼트**: 모발을 탄력있고 윤기나게 회복시키고 건강한 모발을 유지하기 위해 이용하는 트리트먼트용 재료이다.

3. **헤어로션**: 모발용 로션으로 영양공급과 모발 정돈의 기능이 있다.

4. **양모제**: 털의 성장을 돕는 약으로 모근을 자극하여 털의 성장을 돕고, 그 탈락을 막을 목적으로 사용한다.

5. **염색제**: 모발에 엷은 코팅효과를 준다.

6. **탈모제**: 필요 없는 털을 없애기 위하여 바르는 약으로 황화칼륨, 황화스트론튬, 황화바륨 따위에 완화제를 섞어 연고나 크림의 형태로 사용한다.

7. **육모제**: 알코올 수용액에 각종 약효 성분을 첨가한 외용제로 두부에 사용하여 두피기능을 정상화시키며, 두피의 혈액순환을 촉진시켜 여포의 기능을 높여 발모, 발육 촉진 및 탈모, 비듬, 가려움증 방지 등의 효과를 갖는다.

8. **무스**: 거품 모양의 정발료로 자연스러운 헤어스타일을 손쉽고도 빠르게 만들 수 있다.

9. **헤어스프레이**: 알코올에 합성수지와 향료를 더한 뿌리는 정발료로 모발에 균일하게 분무하여 헤어스타일의 고정과 광택을 준다.

10. **헤어젤**: 모발에 볼륨감과 자신이 맘에 드는 헤어스타일을 만들어 주며 촉촉함과 윤기를 준다.

11. **헤어왁스**: 머리에 적당한 윤기를 주고 내츄럴한 세팅력이 있으며, 흐트러진 머리를 정돈해 준다.

4 바디(body)관리 화장품

1. **바디클린저**: 기포세정제를 함유하고 있으며 풍부한 거품의 생성과 지속성을 가지고 있다. 피부 표면의 이물질 제거와 보습의 기능을 갖추고 있다.

2. **바디로션**: 유액형태로 만들어진 것으로 전신의 피부를 보호해주는 역할을 한다.

3. **바디오일**: 피부의 유연함과 부드러움을 유지해주고 전신에 유분과 수분을 주어 보습효과를 향상시켜 준다.

4. **샤워코롱**: 향기와 상쾌한 기분을 주며 보습성분과 함께 피부 재생 기능과 촉촉한 피부를 유지해 준다.

5. **바디스크럽**: 각질 제거의 기능뿐만 아니라 피부의 모공을 자극시켜 노폐물이 배출되는 것을 돕고 모세혈관을 자극해 혈액순환을 돕는다.

5 네일화장품

1. **네일 에나멜**: 손톱에 칠하여 반짝거리게 하는 화장품으로 손톱의 표면에 아름다운 광택이 있는 피막을 만들어 장식과 보호의 역할을 한다.

2. **베이스코트**: 네일 에나멜을 바르기 전에 손톱을 코팅시켜주는 역할로 네일 에나멜이 착색되거나 변색되는 것을 방지해주고 네일 에나멜의 밀착성을 높여준다.

3. **코트**: 네일 에나멜을 바른 뒤에 바르는 것으로 네일 에나멜이 오랫동안 지속시켜 주는 역할을 한다.

4. **폴리시리무버**: 손톱에 칠한 네일 에나멜을 지울 때에 이용하는 네일 에나멜 제거액이다.

5. **큐티클오일**: 식물성 원료를 주성분으로 사용하여 손톱이나 발톱 주변의 죽은 세포들을 깨끗하게 정리하기 위해서 피부조직을 부드럽게 하여 제거를 쉽게 하기 위해 사용한다.

6. **큐티클 크림**: 손톱, 발톱 주변의 피부를 부드럽게 하여 네일 에나멜을 칠할 때 방해가 되지 않게 할 때 사용된다.

7. **네일 보강제**: 자연 네일에만 사용하는 손톱 보강제로 찢어지거나 갈라진 약한 손톱을 튼튼하게 만들어주기 위한 강화제이다.

6 방향화장품

1. **퍼퓸**: 향료를 알코올 등에 녹여서 만든 액체 화장품으로 향이 풍부하기 때문에 적당량만 포인트에 사용한다. 향기의 지속시간은 6~7시간이며 향의 농도는 15~30%이다.

2. **오드퍼퓸**: 퍼퓸과 오드트왈렛의 중간 타입으로 향수보다는 강도가 낮아 부담이 덜하다. 향기의 지속시간은 5~6시간 전후이며 향료의 농도는 9~12%이다.

3. **오드트왈렛**: 알코올에 5~7%의 향료를 부향시킨 향수로 향분(香分)이 적고, 다소의 수분을 함유하고 있어 욕실, 거실, 병실 등의 살포용에서 수건이나 그 밖의 의류 등에도 사용이 가능한 만능 향수이다.

4. **오드콜로뉴**: 알코올에 감귤계 기타의 천연방향유를 배합하여 용해시킨 가볍고 신선한 효과가 있어 목욕 후나 운동 후에 사용하면 좋다. 향의 농도는 3~5%이다.

5. **샤워코롱**: 몸에 뿌리는 향수로 바디미스트보다 향이 강하고 강한 알코올 기운을 가지고 있다. 향의 농도는 1~3%이다.

7 아로마 오일 및 캐리어 오일

1. 아로마 오일
식물의 꽃이나 잎, 줄기, 껍질, 열매 등에서 추출한 천연오일로 심신의 안정과 신체의 면역 기능을 활성화하여 몸과 마음의 균형과 질병의 예방에 도움을 준다.

2. 아로마 오일의 사용법

입욕법	37~38℃ 되는 온수를 욕조에 약 3분의 2만큼 채우고 몸 상태에 따라 아로마를 4~8방울 떨어뜨린 후 잘 섞어 전신을 15분에서 20분 동안 입욕한 후 그것을 닦아내지 않고 타올로 물기만 제거해 준다.
흡입법	손수건이나 티슈에 아로마 1방울을 떨어뜨려 수시로 향기를 흡입하다. 숨을 들이쉬고 약 5초간 숨을 멈췄다가 내쉬는 것이 가장 좋은 흡입방법이다.
마사지법	캐리어 오일에 아로마 오일을 몸 상태에 따라 약 15~30방울정도 혼합하여 아침과 저녁에 소량씩 발라준다. 샤워 후나 입욕을 한 후에 바디오일 처럼 발라줘도 좋다.
습포법	온수에 아로마 오일을 3~6방울 정도 혼합하여 거즈나 수건에 적신 다음 통증이 있는 관절 부위에 감싼 후 랩이나 붕대로 감아 최소 20분에서 최대 8시간 정도 찜질하면 좋다.
족욕법	대야나 족욕기에 아로마를 4~8방울 떨어뜨려 15~20분간 족욕을 하면 발의 피로를 덜어주고 청결히 해준다.
좌욕법	좌욕기에 37~39℃ 되는 물을 넣고 아로마 오일을 4~8방울 넣어 좌욕을 한다.
확산법	아로마 램프에 뜨거운 물을 약 3분의 2정도 담고 아로마 오일을 3~6방울 떨어뜨려 방안에 확산시킨다. 수면을 취하는 밤에 사용하면 더 좋다.
세정법	샴푸에 3방울 정도 떨어뜨려 머리를 감거나 미온수에 3~4방울 떨어뜨려 린스 대용으로 사용하면 좋다.
가글법	미온수에 1방울 정도 떨어뜨린 후 가글하면 좋다.
향수법	물 약 100ml에 15방울 정도 떨어뜨려 스프레이에 넣어 사용한다. 겨드랑이나 발에 뿌려주면 데오드란트 효과가 있다.

3. 캐리어 오일
① 콩류나 식물의 씨앗에서 추출하며 고도로 농축된 물질인 에센셜오일과 블렌딩하여 피부에 안전하게 바를 수 있도록 하는 역할을 한다.
② 100% 천연오일로 인체에 유익한 불포화 지방산과 비타민, 미네랄 등 각종 영양분이 들어 있어 피부를 아름답고 매끄럽게 가꿔준다.

4. 캐리어 오일의 종류와 특징

포도씨	콜레스테롤이 없고 유분이 가장 적은 오일로 가볍고 냄새가 없으며 피부 침투력이 뛰어나다. 여드름이 많은 지성피부에 좋다.
해바라기	가벼운 점도를 가지고 있는 오일로 비타민A, B, D, E 등의 영양분을 포함하고 있다. 바디와 얼굴에 사용할 수 있다.
세사미 오일	피부에 흡수력이 뛰어나며 부드럽게 하는 윤활제로 쓰인다. 바디와 얼굴에 사용할 수 있다.
보라지	불포화지방산인 라놀린이 함유되어 있어 피부 재생과 항염증 작용, 알레르기 반응에 효과가 있다.
스위트 아몬드	에센셜 오일의 침투력을 높여 주기 때문에 많이 쓰이며 피부 건조, 가려움증, 염증성 질환에 효과적이다.
아보카도	비타민A, B, D 등이 풍부하고 점성이 매우 커 다른 오일과 10~20% 정도 혼합하여 사용한다. 습진 피부, 주름에 효과적이다.
살구씨	비타민A가 많이 포함되어 있다. 소염 작용, 주름, 건성 피부에 좋다.
올리브	머리를 부드럽게 하는 작용을 하기 때문에 모발관리에 자주 이용된다.
윗점	비타민E가 풍부하고 향산화 효과가 뛰어나 오일의 산화 방지에 사용되며 건성, 노화 피부, 피부의 탄력을 높여 준다.
카렌쥴라	상처 부위와 건선, 습진, 아토피 피부 등의 피부 질환에 효과적이고 아로마 에센셜 오일과 함께 사용하면 더 좋다.
세인트 존스 워트	신경통, 류머티즘과 같은 통증에 사용되며 하이퍼리신이라는 성분이 있어 내복하면 면역력을 증가시켜 준다.
코코넛	점성이 큰 오일이기 때문에 다른 오일과 혼합하여 사용할 경우 민감한 피부에 자극을 줄 수 있다.
이브닝 프라임 로즈	불포화지방산인 감마 리놀레산이 함유되어 있고 건선, 습진, 아토피에 뛰어난 효과를 가지고 있다.
로즈힙	비타민C가 풍부하며 피부의 재생효과와 노화에 효과적이다.
캐놀라	비타민과 미네랄 함량이 높으며 유연과 윤활 작용을 가지고 있다. 모든 피부에 사용이 가능하다.
캐롯 씨드	비타민A, B, C, D와 베타카로틴이 포함되어 있어 항염 작용과 피부 건조, 습진, 피부 재생에 효과가 있다.
헤이즐넛	혈액순환 촉진과 수렴 작용이 뛰어나다. 지성, 복합성 피부, 여드름에 많이 사용한다. 자외선 차단 제품으로 사용된다.
호호바	단백질, 미네랄, 에스테르 성분이 함유되어 있어 모든 피부뿐만 아니라, 손톱이나 모발 관리에도 사용된다.

8 기능성 화장품

피부의 미백에 도움을 주고, 피부의 주름개선에 도움을 주거나 피부를 곱게 태워주어 자외선으로부터 피부를 보호하는데 도움을 주는 화장품을 말한다.

1. 기능성 화장품의 종류

① **미백화장품**: 피부의 색깔은 멜라닌 색소의 종류와 양에 의해 결정된다. 피부의 멜라닌 세포에서는 멜라닌을 생성하여 주변의 피부세포에 전달함으로써 피부색을 형성하는데, 멜라닌의 형성과정에는 타이로시나제라는 효소가 중요한 작용을 담당한다. 미백화장품은 이 효소의 활성을 억제하는 기능을 이용한 것이다.

▶미백화장품의 성분

알부틴	하이드록시 페놀과 글리코사이드가 에테르로 구성되어 있으며, 월귤나무 열매에서 추출한 글리코실레이티드 하이드로퀴논이다. 알부틴은 타이로시나아제를 저해하며 멜라닌 색소의 형성을 방해하는 작용을 한다.
코직산	UVA와 UVB에 의한 피부의 색소침착 완화 기능이 있으나 공기중에서 불안정하고 피부에 자극을 유발시킨다.
비타민C와 유도체	대표적인 멜라민 생성 억제제로 쓰이고 있으며 진한 멜라민을 환원시켜 엷은 색으로 만드는 작용을 한다. 비타민C는 안전성은 높으나 안정성이 떨어져 각종 유도체를 이용한다.

② **주름개선 기능성 화장품**: 퍼밍제품이라 하여 피부에 탄력을 주어 피부의 주름을 개선해 주는 화장품이다.

▶주름개선 기능성 화장품의 성분

레틴산	주름개선과 여드름피부에도 효과가 있으며, 기저층에서 새로운 세포를 촉진시켜 주름을 억제해 준다.
아데노신	피부침투시 안정성과 지속력이 뛰어나며 진피층에서 DNA와 단백질합성을 촉진하여 세포의 자생력으로 피부에 건강함과 젊음을 유지시켜 준다.
레티닐팔미테이트	비타민A의 유도체로 피부노화방지의 성분이다. 레티놀의 한 종류이며 안정적이며 피부에 탄력을 주고 각질을 연화시킨다.

③ **자외선차단 기능성 화장품**: 햇빛으로부터 피부를 보호하여 자연스럽고 보기 좋게 피부를 태워주거나 보호하는 화장품을 말한다.

㉠ 자외선 차단 기능성 화장품의 특징

ⓐ 저자극성 시스템으로 무향, 무방부제, 무색소제품이어야 한다.
ⓑ UVA와 UVB를 완벽하게 차단해야 한다.
ⓒ 메이크업베이스 겸용이며, 종합병원 임상결과 무자극제품이어야 한다.

ⓒ 자외선 차단 지수: SPF는 자외선B(UVB)의 차단효과를 표시하는 단위. 자외선양이 1일 때 SPF15 차단제를 바르면 피부에 닿는 자외선의 양이 15분의1로 줄어든다는 의미다. 따라서 SPF는 숫자가 높을수록 차단 기능이 강한 것이다.

ⓒ 자외선 차단제의 성분

ⓐ 유기계 자외선 차단제

파티메이드-O	UVB차단 성분으로 많이 사용되지는 않는다.
옥티녹세이트	UVB차단 성분으로 혼합성이 우수하다.
옥틸살리시레이트	UVB차단 성분으로 흡수력이 약해 다른 성분과 혼합하여 사용한다.
옥토크릴렌	SPF 수치를 높이기 위해 혼합하여 사용한다.
엔슐리졸	UVA차단, UVB를 선택차단한다.
옥시벤존	UVA차단 성분이다.
메라디메이트	UVA와 UVB를 차단하나 차단성이 약하다.
아보메존	UVA차단성분으로 강력하지만 안정성에 의구심이 있다.

ⓑ 무기계 자외선 차단제(물리적 산란제)

티티늄 디옥사이드	광범위 자외선 차단제로 안정성이 입증되고 백티현상이 있다.
징크 옥사이드	UVA차단제로 백티현상이 티티늄 디옥사이드보다 덜하다.

Chapter 03 실전문제

01 여러 가지 꽃 향의 혼합된 세련되고 로맨틱한 향으로 아름다운 꽃다발을 안고 있는 듯, 화려하면서도 우아한 느낌을 주는 향수의 타입은?

① 싱글 플로럴(single florl)
② 플로럴 부케(florl bouquet)
③ 우디(woody)
④ 오리엔탈(oriental)

해 ① 싱글 플로럴(single florl): 한 가지 꽃의 향기만 사용하는 향수이다.
③ 우디(woody): 우디향수나무의 담백하고 은은한 향을 느끼게 하는 향수이다.
④ 오리엔탈(oriental): 동물성향료와 안식향, 유향, 샌달우드, 바닐라 등의 향조가 주로 이용되는 향수를 말한다.

02 다음 중 광물성 오일에 속하는 것은?

① 올리브유
② 스쿠알렌
③ 실리콘 오일
④ 바셀린

해 광물성 오일: 석유나 광물질에서 추출한 것으로 기름기가 지나치게 많고 피부호흡을 방해할 수 있으므로 다른 종류의 오일과 혼합해서 사용해야 한다. 대표적인 화장품 원료로는 유동파라핀과 바셀린 등이 있다.

03 포인트 메이크업(point make-up) 화장품에 속하지 않는 것은?

① 블러셔
② 아이섀도
③ 파운데이션
④ 립스틱

해 포인트 메이크업: 눈두덩, 입가, 볼 등 얼굴의 어느 한 점을 강조하는 화장법으로 아이섀도, 마스카라, 인조속눈썹, 눈썹먹, 아이라인, 립스틱, 블러셔 등이 있다.

04 다음 화장품 중 그 분류가 다른 것은?

① 화장수
② 클렌징 크림
③ 샴푸
④ 팩

해 기초화장품: 세안 클렌징크림, 클렌징 폼 피부정돈 화장수, 팩, 마사지크림 피부보호 로션, 모이스처 크림 메이크업 화장품 베이스 메이크업 파운데이션, 페이스 파우더
모발화장품: 샴푸, 헤어린스, 헤어트리트먼트, 헤어스프레이, 헤어무스, 포마드, 퍼머넌트웨이브로션, 염모제, 헤어블리치, 육모제 양모제, 탈모제, 제모제

05 자외선 차단지수를 무엇이라 하는가?
① FDA ② SPF
③ SCI ④ WHO

해 ① FDA: 우리나라의 보건복지부에 해당하는 미국 보건후생부의 산하 기관으로 독립된 행정기구로 미국 내에서 생산되는 식품, 의약품, 화장품뿐만 아니라 수입품과 일부 수출품의 효능과 안전성을 주로 관리하고 있다.
③ SCI: 국가의 과학기술력을 나타내는 척도로 미국의 과학정보연구소가 지난 1960년대부터 사용했다.
④ WHO: 보건·위생 분야의 국제적인 협력을 위하여 설립한 UN 전문기구이다.

06 다음 중 기능성 화장품의 영역이 아닌 것은?
① 피부의 미백에 도움을 주는 제품
② 피부의 주름 개선에 도움을 주는 제품
③ 피부의 여드름 개선에 도움을 주는 제품
④ 자외선으로부터 피부를 보호하는데 도움을 주는 제품

해 기능성화장품: 피부의 미백에 도움을 주거나, 피부의 주름개선에 도움을 주거나, 피부를 곱게 태워주거나 자외선으로부터 피부를 보호하는데 도움을 주는 제품으로 보건복지부령이 정한 것을 말한다.

07 다음 중 바디용 화장품이 아닌 것은?
① 샤워젤 ② 바스오일
③ 데오도란트 ④ 헤어에센스

해 바디용 화장품에는 바디클린저, 바디오일, 바스트토너, 체취반지제 등이 있다. 헤어에센스는 모발화장품이다.

08 기초화장품의 사용 목적 및 효과와 가장 거리가 먼 것은?
① 피부의 청결 유지 ② 피부 보습
③ 잔주름, 여드름 방지 ④ 여드름의 치료

해 기초화장품의 사용 목적
① 세안: 피부표면의 더러움이나 메이크업 찌꺼기 및 노폐물을 제거하여 피부를 청결하게 해준다.
② 피부정돈: 비누세안에 의해 상승된 ph를 정상적인 상태로 빨리 돌아오게 하고 유분과 수분을 공급하여 피부결을 정돈해 준다.
③ 피부보호: 피부표면의 건조를 방지해 줌과 동시에 피부를 매끄럽게 하고, 추위로부터 피부를 보호하거나 공기 중에 있는 세균이 침입하는 것을 막아준다.

09 수렴화장수의 원료에 포함되지 않는 것은?

① 습윤제　　　　　　　　　② 알코올
③ 물　　　　　　　　　　　　④ 표백제

해 수렴화장수: 알코올이 들어가 있어 지성피부나 모공이 큰 피부에 사용하게 된다. 수렴화장수는 피부를 약산성으로 정돈할 뿐만 아니라 피지를 녹이고 소독하고 모공과 피부를 수렴하는 역할을 한다. 수렴화장수의 원료로는 알코올, 물, 습윤제 등이 있다.

10 클렌징크림의 설명으로 맞지 않은 것은?

① 메이크업화장을 지우는데 사용한다.
② 클렌징 로션보다 유성성분 함량이 적다.
③ 피지나 기름때와 같은 물에 잘 닦이지 않는 오염물질을 닦아내는데 효과적이다.
④ 깨끗하고 촉촉한 피부를 위해서 비누로 세정하는 것보다 효과적이다.

해 클렌징크림: 피부의 때를 벗기기 위한 기름과 물을 유화시켜서 만든 크림. 얼굴이나 몸에 묻은 메이크업료, 피지, 땀 등에 대하여 크림을 구석구석 발라서 묻히게 하여 크림과 함께 제거한다.

11 캐리어오일로서 부적합한 것은?

① 미네랄오일　　　　　　　② 살구씨 오일
③ 아보카도 오일　　　　　　④ 포도씨 오일

해 캐리어오일: 에센셜 오일을 희석해주는 식물성 오일로 독특한 향이 있고 휘발성이 없는 끈적끈적한 성분으로 자체 성분만으로도 다양한 치유 효과를 가지고 있다.

12 다음 중 화장품의 사용되는 주요 방부제는?

① 에탄올　　　　　　　　　② 벤조산
③ 파라옥시안식향산 메칠　　④ BHT

해 화장품의 사용되는 주요 방부제는 페놀, 크레졸, 레놀신, 파라옥시안식향산 메칠 등이 있다.

13 보습제가 갖추어야 할 조건이 아닌 것은?

① 다른 성분과 혼용성이 좋을 것
② 휘발성이 있을 것
③ 적절한 보습능력이 있을 것
④ 응고점이 낮을 것

해 보습제가 갖추어야 할 조건
① 적절한 흡습력이 있어야 하며 흡습성의 지속성이 있어야 한다.
② 흡습력이 온도, 바람, 습도 등의 환경조건의 변화에 쉽게 영향을 받지 말아야 하며, 흡습력이 피부나 제품의 건조방지에 도움이 되어야 한다.
③ 가능한 휘발성이지 않아야 하며 다른 성분과의 상용성이 좋고 응고점이 낮을수록 좋다.
④ 적당한 점성, 우수한 사용감촉, 피부와의 친화성이 있어야 하며, 가능한 한 무색, 무취, 무미일 것이며 안정성이 좋아야 한다.

14 화장품의 제형에 따른 특징의 설명이 틀린 것은?
① 유화제품-물에 오일성분이 계면활성제에 의해 우유 빛으로 백탁화된 상태의 제품
② 유용화제품-물에 다량의 오일성분이 계면활성제에 의해 현탁하게 혼합된 상태의 제품
③ 분산제품-물 또는 오일 성분에 미세한 고체입자가 계면활설제에 의해 균일하게 혼합된 상태의 제품
④ 가용화제품-물에 소량의 오일성분이 계면활성제에 의해 투명하게 용해되어 있는 상태의 제품

15 내가 좋아하는 향수를 구입하여 샤워 후 바디에 나만의 향으로 산뜻하고 상쾌함을 유지시키고자 한다면, 부향률은 어느 정도로 하는 것이 좋은가?
① 1~3% ② 3~5%
③ 6~8% ④ 9~12%
해 은은하면서 산뜻하고 상쾌한 기분을 느낄 수 있는 것으로 목욕이나 샤워 후에 전신에 사용하면 좋은 것은 샤워콜로뉴인데 이것의 부향률은 1~3%이다.

16 화장품의 사용목적과 가장 거리가 먼 것은?
① 인체를 청결, 미화하기 위하여 사용한다.
② 용모를 변화시키기 위하여 사용한다.
③ 피부, 모발의 건강을 유지하기 위하여 사용한다.
④ 인체에 대한 약리적인 효과를 주기 위해 사용한다.
해 화장품의 사용목적: 피부를 노폐물을 제거하여 청결하게 유지하고 타인에게 아름답게 보이기 위한 장식적인 목적이 있다.

17 아로마 오일의 사용법 중 확산법으로 맞는 것은?

① 따뜻한 물에 넣고 몸을 담근다.
② 아로마 램프나 스프레이를 이용한다.
③ 수건에 적신 후 피부에 붙인다.
④ 손수건, 티슈 등에 1~2방울 떨어뜨리고 심호흡을 한다.

해 확산법: 아로마 램프에 뜨거운 물을 약 3분의 2정도 담고 아로마 오일을 3~6방울 떨어뜨려 방안에 확산시킨다. 수면을 취하는 밤에 사용하면 더 좋다.

18 다음 중 향료의 함유량이 가장 적은 것은?

① 퍼퓸(Perfume)
② 오데 토일렛(Eau de Toilet)
③ 샤워 코롱(Shower Cologne)
④ 오데 코롱(Eau de Cologen)

해 퍼퓸: 15~30%, 오데 토일렛: 6~8%, 샤워 코롱: 1~3%, 오데 코롱: 3~5%

19 눈꺼풀에 색감을 주어 입체감을 살려 눈의 표정을 강조하는 화장품은?

① 아이라이너
② 아이섀도우
③ 아이브로우 펜슬
④ 마스카라

해 ① 아이라이너: 눈의 윤곽을 그리는 화장품이다.
③ 아이브로우 펜슬: 눈썹을 그리거나 눈의 가장자리에 선을 그리는 데 사용하는 눈썹용 화장품이다.
④ 마스카라: 속눈썹이 짙고 길어 보이도록 하기 위하여 칠하는 화장품이다.

20 세정용 화장수의 일종으로 가벼운 화장의 제거에 사용하기에 가장 적합한 것은?

① 클렌징 오일
② 클렌징 워터
③ 클렌징 로션
④ 클렌징크림

해 ① 클렌징 오일: 화장을 지우거나 세안하는 데 사용하는 화장용 오일로 주로 식물성 오일을 사용한다.
③ 클렌징 로션: 세안을 목적으로 하는 유화성 로션이다.
④ 클렌징크림: 피부의 때를 벗기기 위한 기름과 물을 유화시켜서 만든 크림이다.

21 화장품에서 요구되는 4대 품질 특성이 아닌 것은?

① 안전성
② 안정성
③ 보습성
④ 사용성

해 화장품의 4대 특성: 안전성, 안정성, 사용성, 유효성

22 현대 향수의 시초라고 할 수 있는 헝가리워터(Hungary water)가 개발된 시기는?

① 1770년경   ② 970년경
③ 1570년경   ④ 1370년경

해 헝가리워터: 헝가리 워터는 14세기 헝가리의 엘리자베스 여왕이 애용하던 콜로뉴(Cologne: 화장수)로, '엘리자베스 여왕의 물' 또는 아름다움을 유지하게 하는 '영혼의 물'이라고도 불린다.

23 화장수에 가장 널리 배합되는 알코올 성분은 다음 중 어느 것인가?

① 프로판올   ② 부탄올
③ 에탄올   ④ 메탄올

해 에탄올은 휘발성이 있으며 피부에 시원한 청량감과 가벼운 수렴효과를 부여한다. 화장수, 아스트린젠트, 헤어토닉, 향수 등에 사용된다.

24 화장품 성분 중 아줄렌은 피부에 어떤 작용을 하는가?

① 미백   ② 자극
③ 진정   ④ 색소침착

해 화장품 성분 중 아줄렌은 외부환경으로부터 민감해진 피부를 진정시켜주는 작용을 한다.

25 박하(peppermint)에 함유된 시원한 느낌의 혈액순환 촉진 성분은?

① 자이리톨   ② 멘톨
③ 알코올   ④ 마조람 오일

해 박하에는 시원한느낌을주는 멘톨, 밤민트 성분 등이 함유돼 있어 혈액순환을 촉진해 준다.

26 다음 중 식물성 오일의 종류가 아닌 것은?

① 올리브유   ② 피마자유
③ 밍크오일   ④ 아보카도 오일

해 밍크오일은 동물성 오일의 종류이다.

27 피부가 건조되는 것을 막아 피부를 부드럽고 촉촉하게 하는 물질은?

① 색소   ② 보습제
③ 계면활성제   ④ 방부제

해 피부가 건조되는 것을 막아 피부를 부드럽고 촉촉하게 하는 물질은 보습제이다.

28 다음 중 지성 피부 관리에 알맞은 크림은?

① 콜드크림　　　　　　　② 라노린 크림
③ 바니싱크림　　　　　　④ 에모리엔트크림

🅷 바니싱크림: 진주 모양의 광택을 가진 기름 성분이 적은 O/W형 크림으로, 피부에 칠해서 펴면 소실하는 듯이 보인다.

29 진흙 성분의 머드팩에 주로 함유되어 있는 성분은?

① 카올린이나 벤토나이트　　② 유황
③ 캄포　　　　　　　　　　④ 레시틴

🅷 머드팩은 피지 흡착 기능이 뛰어난 벤토나이트와 카올린이 함유돼 피부 노폐물을 청소하고 피지를 흡착한다.

30 향수의 구비요건이 아닌 것은?

① 향에 특징이 있어야 한다.
② 향이 강하므로 지속성이 약해야 한다.
③ 시대성에 부합하는 향이어야 한다.
④ 향의 조화가 잘 이루어져야 한다.

🅷 향수의 구비요건
- 향에 특징이 있어야 한다.
- 향의 확산성이 좋아야 한다.
- 향이 적당히 강하고 지속성이 좋아야 한다.
- 시대성에 부합하는 향이어야 한다.
- 향의 조화가 잘 이루어져야 한다.

31 미백 화장품의 메커니즘이 아닌 것은?

① 자외선 차단　　　　　　② 도파(DOPA) 산화 억제
③ 티로시나제 활성화　　　④ 멜라닌 합성 저해

🅷 미백 화장품의 메커니즘: 자외선 차단, 도파 산화 억제, 멜라닌 합성 저해, 티로시나제 작용 억제 등이다.

32 땀의 분비로 인한 냄새와 세균의 증식을 억제하기 위해 주로 겨드랑이 부위에 사용하는 것은?

① 데오도란트 로션　　　　② 핸드로션
③ 보디로션　　　　　　　④ 파우더

🅷 ② 핸드로션: 손에 바르는 로션으로 손을 매우 아름답고 윤기있게 만들어준다.
　③ 보디로션: 몸에 바르는 로션으로 주로 목욕 후에 바른다. 유액형태로 만들어진 것으로 전신의 피부를 보호해주

는 역할을 한다.
④ 파우더: 미립자의 분말 화장품으로 입자가 수분이나 기름을 흡수하는 작용이 있다.

33 자외선 차단제에 대한 설명 중 틀린 것은?
① 자외선 차단제의 구성성분은 크게 자외선 산란제와 자외선 흡수제로 구분된다.
② 자외선 차단제 중 자외선 산란제는 투명하고, 자외선 흡수제는 불투명한 것이 특징이다.
③ 자외선 산란제는 물리적인 산란작용을 이용한 제품이다.
④ 자외선 흡수제는 화학적인 흡수작용을 이용한 제품이다.

해 자외선 차단제
- 자외선 산란제: 이산화티탄 같은 무기물질을 이용하여 물리적인 산란작용에 의해 자외선이 피부속으로 침투하는 것을 막아 준다. 불투명하기 때문에 크림이나 로션에 많이 배합되면 미관상(백탁현상) 좋지 않다.
- 자외선 흡수제: 파바(PABA)와 같은 유기물질을 이용하여 화학적인 흡수작용에 의해 자외선이 피부 속으로 침투하는 것을 소멸시킨다. 투명하기 때문에 미관상 좋다.

34 다음 중 기능성 화장품의 범위에 해당하지 않는 것은?
① 미백크림
② 바디오일
③ 자외선차단 크림
④ 주름개선 크림

해 바디오일: 피부의 유연함과 부드러움을 유지해주고 전신에 유분과 수분을 주어 보습효과를 향상시켜 준다.

35 화장수의 작용이 아닌 것은?
① 피부에 남은 클렌징 잔여물 제거 작용
② 피부의 pH 밸런스 조절 작용
③ 피부에 집중적인 영양공급 작용
④ 피부 진정 또는 쿨링 작용

해 화장수의 작용
- 세안 후 남아있는 노폐물이나 메이크업 잔여물을 닦아내 피부를 청결하게 한다.
- 각질층의 수분 공급 및 피부 생리 작용의 조절
- 피부의 pH 밸런스 조절

정답	1	2	3	4	5	6	7	8	9	10
	②	④	③	③	②	③	④	④	④	②
	11	12	13	14	15	16	17	18	19	20
	①	③	②	②	①	④	②	③	②	②
	21	22	23	24	25	26	27	28	29	30
	③	④	③	④	②	③	②	③	①	②
	31	32	33	34	35					
	③	①	②	②	③					

한권으로 끝내는
미용사(일반)

공중위생법규

04

1. 공중위생관리법의 목적 및 정의
2. 영업의 신고 및 폐업
3. 영업자 준수사항
4. 이·미용사의 면허
5. 이·미용사의 업무
6. 행정지도감독
7. 업소 위생등급
8. 보수교육
9. 벌칙
10. 행정처분기준
▷ 실전문제

공중위생관리법의 목적 및 정의

1 공중위생관리법의 목적 및 정의

1. 공중위생관리법의 목적
대중이 이용하는 영업과 시설의 위생관리 등에 관한 사항을 규정하여 위생수준을 향상시키고 국민의 건강증진에 기여함에 있다.

2. 공중위생관리법의 정의
① **공중위생영업**: 많은 사람들을 대상으로 위생관리 서비스를 제공하는 영업을 말하며 숙박업, 이용업, 미용업, 위생관리용업, 목욕업 등을 말한다.
② **미용업(일반)**: 손님의 머리나 얼굴, 피부 등을 손질하여 손님의 외모를 아름답게 가꿔주는 영업을 말한다.
③ **이용업**: 손님의 머리카락과 수염을 깎거나 다듬어서 손님의 외모를 단정하게 보이도록 하는 영업을 말한다.
④ **공중이용시설**: 많은 사람들이 이용하기 때문에 이용자의 건강과 공중위생에 영향을 미칠 수 있는 건축물이나 시설로써 대통령령이 정하는 것을 말한다.
⑤ **공중위생관리법(설정법)**
  공중위생관리법 시행령은 대통령령으로 한다.
  공중위생관리법 시행규칙은 보건복지부령으로 한다.

3. 미용업의 분야

미용업의 분야
• **헤어디자인**: 컷에서부터 파마, 염색, 드라이, 세팅, 업스타일 등 얼굴형에 어울리는 머리스타일과 컬러링 연출과 헤어케어를 함.
• **피부관리**: 피부의 구조와 기능을 이해하고 피부타입을 판별하여 다양한 피부손질과 미용기기를 이용한 피부관리를 함.
• **메이크업**: 시간, 장소, 목적에 맞는 화장법과 고객 얼굴의 장점을 살리고 결점을 보완하는 등 개성을 표현하는 것에 중점을 두고 행함.
• **네일아트**: 손톱의 구조와 기능을 바탕으로 기본 매니큐어에서부터 여러 응용방법, 인조손톱을 이용한 네일아트 등을 행함.

02 영업의 신고 및 폐업

1 영업의 신고 및 폐업신고

1. 영업의 신고
공중위생영업의 신고를 하려는 자는 공중위생영업의 종류별 시설과 설비기준에 적합한 시설을 갖춘 뒤 신고서와 서류를 함께 첨부하여 시장, 군수, 구청장에게 제출해야 한다.

2. 영업을 신고할 때 첨부서류
① 영업시설 및 설비개요서
② 면허증 사본
③ 교육필증

3. 변경신고
① 영업소의 상호 또는 명칭
② 영업소의 소재지
③ 신고한 영업장 면적의 1/3 이상의 증감
④ 대표자의 성명(법인의 경우에 한함)

4. 공중위생영업의 위생관리 의무
① 미용기구는 소독한 기구와 소독하지 않은 기구를 구분하여 보관이 가능한 용기를 비치해 놓아야 한다.
② 자외선 살균기나 소독기 등과 같은 미용기구를 소독하는 장비를 갖추어야 한다.
③ 영업소 내의 작업장소와 응접장소, 상담실, 탈의실 등을 분리하여 칸막이를 설치할 때에는 외부에서 내부의 확인이 가능하도록 각각 전체 벽면적의 1/3 이상은 투명하게 만들어야한다.

5. 폐업신고
미용업을 폐업한 날부터 20일 이내에 시장이나 군수, 구청장에게 신고해야 한다.

❷ 영업의 승계

① 공중위생영업자가 그 공중위생영업을 양도하거나 사망했을 때 또는 법인의 합병에 의할 때에는 그 양수인이나 상속인 또는 합병 후 존속되는 법인이나 합병에 의해 설립되는 법인은 그 공중위생영업자의 지위를 승계한다.
② 민사집행법에 의한 경매 채무자 회생 및 파산에 관한 법률에 의한 환가나 국세징수법, 관세법 또는 지방세법에 의한 압류재산의 매각 그 밖에 이에 준하는 절차에 따라 공중위생영업 관련 시설 및 설비의 전부를 인수한 자는 이 법에 의한 그 공중위생영업자의 지위를 승계한다.
③ 제1항 또는 제2항의 규정에 불구하고 이용업 또는 미용업의 경우에는 제6조의 규정에 의한 면허를 소지한 자에 한하여 공중위생영업자의 지위를 승계할 수 있다.
④ 제 1항 또는 제 2항의 규정에 의하여 공중위생영업자의 지위를 승계한 자는 1월 이내에 보건복지부령이 정하는 바에 따라 시장, 군수 또는 구청장에게 신고하여야 한다.

 03 영업자 준수 사항

❶ 위생관리

① 공중위생영업자의 그 이용자에게 건강상 위해 요인이 발생하지 아니하도록 영업관련시설 및 설비를 위생적이고 안전하게 관리하여야 한다.
② 의료기구나 의약품을 사용하지 아니하는 순수한 화장 또는 피부미용을 하여야 한다.
③ 미용기구는 소독을 한 기구와 소독을 하지 아니한 기구로 분리하여 보관하고, 면도기는 1회용 면도날만을 손님 1인에 한하여 사용하여야 한다. 이 경우 미용기구의 소독기준 및 방법은 보건복지부령으로 정한다.
④ 영업소 내에 미용업신고증, 개설자의 면허증 원본 및 미용요금표를 게시하여야 한다.
⑤ 실내공기는 보건복지부령이 정하는 위생관리기준에 적합하도록 유지하여야 한다.

⑥ 영업소, 화장실 기타 공중이용시설안에서 시설이용자의 건강을 해칠 우려가 있는 오염물질이 발생되지 아니하도록 할 것. 이 경우 오염물질의 종류와 오염허용기준은 보건복지부령으로 정한다.
⑦ 소독기, 자외선 살균기 등 미용기구를 소독하는 장비를 갖추어야 한다.
⑧ 영업장 안의 조명도는 75lux 이상이 되도록 유지하여야 한다.

 이·미용사의 면허

1 면허발급 및 취소

1. 면허발급

① 미용사 면허증 발급 신청
  ㉠ 미용사 면허증을 발급받으려는 자는 다음의 서류를 시장·군수 또는 구청장(자치구의 구청장을 말함. 이하 같음)에게 제출하여 미용사 면허를 신청해야 한다.
    ⓐ 미용사 면허신청서 1부
    ⓑ 의사 진단서 1부(정신질환자, 전염성 결핵환자 및 마약·대마·향정신성의약품 중독자가 아니라는 내용) 또는 전문의 진단서 1부(신청인이 정신질환자인 경우 '정신질환자이지만 미용사로서 적합하다'는 내용)
    ⓒ 최근 6개월 이내에 찍은 탈모 정면 상반신 사진(3cm×4cm) 2장
    ⓓ 그 밖에 다음의 구분에 따른 증명서나 국가기술자격증 1부

구분	제출서류
고등학교, 전문대학 또는 이와 동등 이상의 학력이 있다고 교육부장관이 인정하는 학교에서 미용에 관한 학과를 졸업한 자 및 「학점인정 등에 관한 법률」에 따라 대학 또는 전문대학을 졸업한 자와 동등 이상의 학력이 있는 것으로 인정되어 미용에 관한 학위를 취득한 자	졸업증명서 또는 학위증명서 1부
교육부장관이 인정하는 고등기술학교에서 1년 이상 미용에 관한 소정의 과정을 이수한 자	이수증명서 1부
'국가기술자격법'에 따라 미용사(일반) 또는 미용사(피부) 자격증을 취득한 자가 '전자정부법' 제38조제1항에 따른 행정정보의 공동이용에 동의하지 않은 경우	미용사 국가기술자격증 사본 1부

② 미용사 면허증 발급
  ㉠ 미용사 면허를 신청 완료한 자가 미용사 면허 취득 자격이 있다고 인정되는 경우 시장·군수 또는 구청장으로부터 면허증을 교부받는다.
  ㉡ 미용사 면허증을 발급한 시장·군수 또는 구청장은 면허등록관리대장(전자문서 포함)을 작성·관리해야 한다.

2. 미용사 면허증 재발급

① 면허증을 재발급 받을 수 있는 경우
  ㉠ 미용사는 다음의 어느 하나에 해당하는 경우 면허증의 재발급을 신청할 수 있다.
    ⓐ 면허증의 기재사항 중 성명 및 주민등록번호가 변경된 경우
    ⓑ 면허증을 잃어버린 경우
    ⓒ 면허증이 헐어 못쓰게 된 경우
② 면허증 재발급 신청
  ㉠ 면허증의 재발급을 신청하려는 자 가운데 현재 미용업에 종사하고 있는 자는 영업소 관할 시장·군수 또는 구청장(자치구의 구청장을 말함. 이하 같음)에게, 영업에 종사하고 있지 않은 자는 면허를 내준 시장·군수 또는 구청장에게 다음의 서류(전자문서 포함) 등을 제출해야 한다.
  ㉡ 재교부 신청 시 첨부해야 할 서류
    ⓐ 면허증의 기재사항이 변경되거나 못쓰게 된 경우: 면허증 원본
    ⓑ 면허증 분실 시: 분실사유서 1부
    ⓒ 주민등록번호가 변경된 경우: 주민등록등(초)본 1부
    ⓓ 성명이 변경된 경우: 호적등(초)본 1부

3. 면허취소

① 미용사 면허의 취소·정지
  ㉠ 미용사가 다음의 어느 하나에 해당하는 경우에는 미용사 면허취소 또는 면허정지 처분을 받을 수 있다.
    ⓐ '공중위생관리법' 또는 같은 법에 따른 명령에 위반한 경우

구분	행정처분
면허증을 다른 사람에게 빌려준 경우	1차 위반 시: 면허정지 3개월 2차 위반 시: 면허정지 6개월 3차 위반 시: 면허취소
이중으로 면허를 취득한 경우	면허취소(나중에 발급받은 면허만 취소함)
면허정지처분을 받고 그 정지 기간 중 미용업 업무를 한 경우	면허취소
손님에게 성매매알선 등 행위 또는 음란행위를 하게 하거나 이를 알선 또는 제공한 미용업소 업주	1차 위반 시: 면허정지 2개월 2차 위반 시: 면허정지 3개월 3차 위반 시: 면허취소

ⓑ 미용사 면허 결격사유에 해당하는 경우

구분	행정처분
금치산자	면허취소
정신질환자(정신질환자이지만 전문의가 미용사로서 적합하다고 인정하는 사람은 제외)	
공중의 위생에 영향을 미칠 수 있는 전염성 결핵환자	
마약·대마 또는 향정신성의약품의 중독자	

ⓒ '국가기술자격법'에 따른 자격취소 또는 자격정지에 해당하는 때

구분	행정처분
거짓, 그 밖의 부정한 방법으로 자격을 취득한 경우	면허취소
업무수행 중 해당 자격과 관련하여 고의 또는 중대한 과실로 타인에게 손해를 가하여 금고 이상의 형을 선고받은 경우	면허취소
업무수행 중 해당 자격과 관련하여 고의 또는 중대한 과실로 타인에게 손해를 가하여 자격상실 이하의 형을 선고받은 경우	면허정지 3년
업무수행 중 해당 자격과 관련하여 고의 또는 중대한 과실로 타인에게 손해를 가하였으나, 형을 선고받지 않은 경우	면허정지 2년
업무를 성실히 수행하지 않거나 품위를 손상시켜 공익을 해치거나 다른 사람에게 손해를 입힌 경우	면허정지 1년
미용사 자격증을 1회 대여 또는 이중취업(사실상 대여에 해당하는 경우. 이하 같음)한 경우	면허정지 3년
미용사 자격증을 2회 이상 대여 또는 이중취업한 경우	면허취소
미용사 자격증 대여로 인해 타인에게 손해를 입힌 경우	면허취소
미용사 자격정지(면허정지)기간 종료 후 3년 이내에 자격정지처분에 해당하는 행위를 한 경우	면허취소

ⓒ 시장·군수·구청장이 미용사의 면허취소·면허정지 처분을 하려는 때에는 '행정절차법'에 따른 청문절차를 거쳐야 한다.

ⓒ 위의 면허취소·면허정지 처분에 이의가 있는 자는 행정심판을 청구하거나 행정소송을 제기할 수 있다.

ⓔ 미용사 면허가 취소된 후 계속하여 업무를 하거나 면허정지 기간 중에 업무를 한 자는 300만원 이하의 벌금에 처해진다.

② **미용사 면허증 반납**

ⓐ 미용사 면허가 취소되거나 면허의 정지처분을 받은 자는 지체 없이 관할 시장·군수 또는 구청장에게 면허증을 반납해야 한다.

ⓑ 면허의 정지처분을 받은 자가 반납한 면허증은 그 면허정지기간 동안 관할 시장·군수 또는 구청장이 보관한다.

ⓒ 미용사 면허증을 분실하여 재교부를 받은 자가 분실한 면허증을 찾았을 때는 시장, 군수에게 찾은 면허증을 반납한다.

2 면허수수료

1. 면허증 발급 수수료 납부
미용사 면허증을 신규로 발급받으려는 자는 5,500원의 수수료를 해당 지방자치단체의 수입증지 또는 정보통신망을 이용한 전자화폐·전자결제 등의 방법으로 시장·군수 또는 구청장에게 납부해야 한다.

2. 면허증 재발급 수수료 납부
미용사 면허증을 재발급 받으려는 자는 3,000원의 수수료를 해당 지방자치단체의 수입증지 또는 정보통신망을 이용한 전자화폐·전자결제 등의 방법으로 시장·군수 또는 구청장에게 납부해야 한다.

05 이·미용사의 업무

1 이미용사의 업무

① 이용사의 업무범위는 이발, 아이론, 면도, 머리피부손질, 머리카락염색 및 머리감기로 한다.
② 미용사의 업무범위
  ㉠ 2007년 12월 31일 이전에 미용사자격을 취득한 자로서 미용사 면허를 받은 자는 파마, 머리카락 자르기, 머리모양내기, 머리피부손질, 머리카락염색, 머리감기, 손톱과 발톱의 손질 및 화장, 피부미용(의료기기나 의약품을 사용하지 아니하고 피부상태분석, 피부관리, 제모, 눈썹손질을 말한다), 얼굴의 손질 및 화장으로 한다.
  ㉡ 2008년 1월 1일 이후에 미용사자격을 취득한 자
    ⓐ **미용사(일반)**: 파마, 머리카락자르기, 머리카락모양내기, 머리피부손질, 머리카락염색, 머리감기, 손톱과 발톱의 손질 및 화장, 의료기기나 의약품을 사용하지 아니하는 눈썹손질, 얼굴의 손질 및 화장으로 한다.
    ⓑ **미용사(피부)**: 의료기기나 의약품을 사용하지 아니하고 피부상태분석, 피부관리, 제모, 눈썹손질로 한다.

06 행정지도감독

1 영업소 출입검사

① 특별시장·광역시장도지사 또는 시장·군수·구청장은 공중위생관리상 필요하다고 생각될 때에는 공중위생업자 및 공중이용시설의 소유자에게는 필요한 보고를 하게 하거나 소속 공무원으로 하여금 영업소·사무소·공중이용시설 등에 출입하여 공중위생업자의 위생관리의무 이행과 공중이용시설의 위생관리 실태 등에 대하여 검사하도록 하거나 필요에 따라서는 공중위생영업장부나 서류 등을 열람하게 할 수 있다.
② ①항의 경우 관계공무원은 그 권한을 증명할 수 있는 증표를 항상 지녀야 하며, 관계인에게 이를 보여줘야 한다.

2 영업제한

시·도지사는 공익상 또는 선량한 풍속을 유지하기 위해서 필요하다고 인정될 때에는 공중위생업자 및 종사원에게 영업시간 및 영업행위에 대하여 필요한 제한을 할 수 있다.

3 영업소 폐쇄

① 시장·군수·구청장은 공중위생업자가 공중위생관리법 또는 법에 의한 명령에 위반하거나 또는 '성매매알선 등 행위의 처벌에 관한 법률', '풍속영업의 규제에 관한법률', '청소년 보호법', '의료법'에 위반하여 관계행정기관의 정의 요청이 있을 때에는 6월 이내의 기간을 정하여 영업의 정지 또는 일부 시설의 사용중지를 명하거나 영업소폐쇄 등을 명할 수 있다.
② 규정에 의한 영업의 정지, 일부 시설의 사용중지와 영업소 폐쇄 명령 등의 세부적인 기준은 보건복지부령으로 정한다.
③ 시장·군수·구청장은 공중위생업자가 영업소 폐쇄명령을 받고도 계속하여 영업을 할 때에는 관계공무원으로 하여금 당해 영업소를 폐쇄하기 위하여 다음의 조치를 하게 할 수 있다.
　㉠ 당해 영업소의 간판이나 기타 영업표지물의 제거
　㉡ 당해 영업소가 위법한 영업소임을 알리는 게시물 등의 부착
　㉢ 영업을 위하여 필수불가결한 기구 또는 시설물을 사용할 수 없게 하는 봉인

④ 시장·군수·구청장은 규정에 의한 봉인을 한 후 봉인을 계속할 필요가 없다고 인정되는 때와 영업자 등이나 그 대리인이 당해 영업소를 폐쇄할 것을 약속할 때 및 정당한 사유를 들어 봉인의 해제를 요청할 때에는 그 봉인을 해제할 수 있다. 규정에 의한 게시물 등의 제거를 요청하는 경우에도 같다.

4 공중위생 감시원

1. 공중위생 감시원

① 공중위생 감시원의 자격 및 임명은 서울특별시장, 광역시장, 도지사 또는 시장, 군수, 구청장이 다음에 해당하는 소속 공무원 중에서 공중위생 감시원을 임명한다.
  ㉠ 위생사 또는 환경기사 2급 이상의 자격증이 있는 자
  ㉡ 대학에서 화학·화공학·환경공학 또는 위생학 분야를 전공하고 졸업한 자 또는 이와 동등한 자격이 있는 자
  ㉢ 외국에서 위생사 또는 환경기사의 면허를 받은 자
  ㉣ 3년 이상 공중위생 행정에 종사한 경력이 있는 자

② 공중위생 감시자의 업무범위
  ㉠ 시설 및 설비의 확인
  ㉡ 공중위생영업관련 시설 및 설비의 위생상태 확인·검사, 공중위생영업자의 위생관리의무 및 영업자 준수사항 이행여부의 확인
  ㉢ 공중이용시설의 위생관리상태의 확인·검사
  ㉣ 위생지도 및 개선명령 이행여부의 확인
  ㉤ 공중위생업소의 영업의 정지, 일부시설의 사용중지 또는 영업소 폐쇄명령 이행여부 확인
  ㉥ 위생교육 이행여부의 확인

2. 명예 공중위생 감시원

① 시·도지사는 공중위생의 관리를 위한 명예 공중위생 감시원을 둘 수 있다.
② 명예 공중위생 감시원의 자격 및 위촉방법, 업무 범위 등에 관하여 필요한 사항은 대통령령으로 정한다.
③ 명예 공중위생 감시원의 자격
  ㉠ 공중위생에 대한 지식이 있는 자
  ㉡ 단체 등의 장이 추천하는 자
④ 명예 공중위생 감시원의 업무
  ㉠ 검사 대상물의 수거 지원
  ㉡ 위반사항에 대한 신고 및 자료제공
  ㉢ 시·도지사가 따로 정하여 부여하는 임무

07 업소 위생등급

1 위생평가

① 공중위생영업소의 위생서비스수준 평가는 시장, 군수, 구청장이 관할한다.
② 위생서비스 평가의 주기, 방법, 위생관리 등급의 기준, 기타평가는 보건복지부령이 관할한다.
③ 시·도지사는 위생서비스 평가계획을 수립하여 시장, 군수, 구청장에게 통보한다.
④ 위생서비스 수준 평가는 2년마다 실시한다.

2 위생등급

최우수업소	녹색등급
우수업소	황색등급
일반대상관리업소	백색등급

3 위생서비스 평가의 결과

① 시·도지사 또는 시장·군수·구청장은 보건복지부령이 정하는 바에 의하여 위생서비스평가의 결과에 따른 위생관리등급을 해당공중위생영업자에게 통보하고 이를 공표하여야 한다.
  ㉠ 공중위생영업자는 제1항의 규정에 의하여 시·도지사 또는 시장·군수·구청장으로부터 통보받은 위생관리등급의 표지를 영업소의 명칭과 함께 영업소의 출입구에 부착할 수 있다.
  ㉡ 보건복지부장관, 시·도지사 또는 시장·군수·구청장은 위생서비스평가의 결과 위생서비스의 수준이 우수하다고 인정되는 영업소에 대하여 포상을 실시할 수 있다.
  ㉢ 보건복지부장관, 시·도지사 또는 시장·군수·구청장은 위생서비스평가의 결과에 따른 위생관리등급별로 영업소에 대한 위생감시를 실시하여야 한다. 이 경우 영업소에 대한 검사와 위생감시의 실시주기 및 횟수등 위생관리등급별 위생감시기준은 보건복지부령으로 정한다.

1 영업자 위생교육

1. 위생교육 이수

① 위생교육 이수 의무
  ㉠ 미용업자(양수인, 승계인 포함)는 위생교육 실시기관으로부터 매년 3시간의 위생교육을 받아야 한다.
  ㉡ 위생교육은 '공중위생관리법' 및 관리 법규, 소양교육(친절 및 청결에 관한 사항 포함), 기술교육, 그 밖에 공중위생에 관하여 필요한 내용을 교육한다.
  ㉢ 이 경우 위생교육 실시단체는 교육교재를 편찬하여 교육대상자에게 제공해야 한다.
  ㉣ 영업신고 전에 위생교육을 받아야 한다. 다만, 다음 각 호의 어느 하나에 해당하는 자는 영업 신고를 한 후 6개월 이내에 위생교육을 받을 수 있다.
    ⓐ 천재지변, 본인의 질병·사고, 업무상 국외출장 등의 사유로 교육을 받을 수 없는 경우
    ⓑ 교육을 실시하는 단체의 사정 등으로 미리 교육을 받기 불가능할 경우
  ㉤ 위생교육을 받은 자가 위생교육을 받은 날부터 2년 이내에 위생교육을 받은 업종과 같은 업종의 영업을 하려는 경우에는 해당 영업에 대한 위생교육을 받은 것으로 본다.

② 영업장별 공중위생 책임자 지정
  미용업자 중 영업에 직접 종사하지 않거나 2이상의 장소에서 영업을 하는 자는 종업원 중 영업장별로 공중위생에 관한 책임자를 지정하고 그 책임자로 하여금 위생교육을 받게 해야 한다.

③ 도서, 벽지지역에서 영업하는 미용업자의 위생교육
  미용업자 중 보건복지부장관이 고시하는 도서·벽지지역에서 미용업을 하는 자는 공중위생 교육교재를 배부 받아 이를 익히고 활용함으로써 교육을 받은 것으로 할 수 있다.

2. 위생교육 수료증 수령

① 위생교육을 수료한 자는 위생교육 실시단체의 장으로부터 수료증을 교부받는다.
② 위생교육 수료증을 교부한 위생교육 실시단체의 장은 교육실시 결과를 교육 후 1개월 이내에 시장·군수·구청장(자치구의 구청장을 말함)에게 통보해야 하며, 수료증 교부대장 등 교육에 관한 기록을 2년 이상 보관관리해야 한다.

3. 위반 시 제재

① 행정처분
  ㉠ 위생교육을 받지 않은 미용업자는 시장·군수·구청장으로부터 다음과 같은 행정처분을 받을 수 있다.

위반사항	행정처분기준			
	1차 위반	2차 위반	3차 위반	4차 위반
위생교육을 받지 않은 경우	경고	영업정지 5일	영업정지 10일	영업소 폐쇄명령

　ⓒ 해당 영업정지처분이 고객들에게 심한 불편을 주거나 그 밖에 공익을 해칠 우려가 있다고 시장·군수·구청장이 판단한 경우 미용업자는 영업정지를 대신해 과징금 처분(위반행위의 종류·정도 등 감안하여 최대 3천만원 한도로 '공중위생관리법 시행령' 별표 1을 기준으로 산정됨)을 받을 수 있다.

② 과태료
　㉠ 위생교육을 받지 않은 자는 200만원 이하의 과태료가 부과된다.
　㉡ 행정처분의 불이행 시 제재
위에서 언급한 개선명령, 영업정지처분을 받고 이행하지 않으면 다음과 같은 처분을 받을 수 있다.

위반사항	행정처분기준			
	1차 위반	2차 위반	3차 위반	4차 위반
시도지사 또는 시장군수구청장의 개선명령을 이행하지 않은 경우	경고	영업정지 10일	영업정지 1개월	영업소 폐쇄명령
영업정지처분을 받고 그 영업정지 기간 중 영업을 한 경우	영업소 폐쇄명령			

　ⓒ 영업소 폐쇄명령을 받고도 계속 영업을 하면 해당 미용업소의 간판 제거, 봉인, 위법업소임을 알리는 게시물 부착 등의 조치를 받을 수 있다.
　㉣ 시, 도지사 또는 시장·군수·구청장의 개선명령을 위반하면 300만원 이하의 과태료가 부과된다.
　㉤ 영업정지처분을 받고도 그 기간 중에 영업을 하거나 또는 영업소 폐쇄명령을 받고도 계속하여 영업을 한 자는 1년 이하의 징역 또는 1천만원 이하의 벌금에 처해진다.

2 위생교육기관

1. 위생교육 실시단체
① 위생교육 실시단체는 보건복지부장관이 허가·고시한 단체 또는 '공중위생관리법'에 따라 공중위생업자가 설립한 단체로서 다음과 같다.

구분	실시기관
미용업(일반) 및 미용업(종합)	(사) 대한미용사회 (http://www.beautyassn.or.kr)
미용업(피부)	(사) 한국피부미용사회 (http://www.estheticassn.co.kr)

09 벌칙

1 위반자에 대한 벌칙, 과징금

1. 벌칙
국가 또는 지방자치단체의 법규에서 그 법규위반 행위에 대한 제재로서 형벌이나 행정벌을 과할 것을 정하는 규정이다.

※ 벌금: 재산형 중 하나로, 일정 금액을 국가에 납부하는 형벌이다.

① 300만원 이하의 벌금
  ㉠ 위생관리 기준 또는 오염허용 기준을 지키지 아니한 자로서 개선 명령에 따르지 아니한자
  ㉡ 면허가 취소된 후 계속하여 업무를 행한 자
  ㉢ 면허 정지 기간 중에 업무를 행한 자
  ㉣ 면허를 받지 아니한 자가 업무를 개설하거나 업무에 종사한 자

② 6월 이하의 징역 또는 500만원 이하의 벌금
  ㉠ 건전한 영업질서를 위하여 영업자가 준수해야 할 사항을 준수하지 아니한 자
  ㉡ 규정에 의한 변경신고를 하지 아니한 자
  ㉢ 공중위생영업자의 지위를 승계한 자로서 규정에 의해 신고를 하지 아니한 자

③ 1년 이하의 징역 또는 1천만원 이하의 벌금
  ㉠ 영업정지 명령 또는 일부 시설의 사용 중지 명령을 받고도 그 기간 중에 영업을 하거나 그 시설을 이용한 자
  ㉡ 영업소 폐쇄 명령을 받고도 계속하여 영업을 한 자
  ㉢ 규정에 의한 신고를 아니한 자

2. 과징금
① 국가가 국민에게 부과징수하는 금전 중에서 조세를 제외한 총칭이다.
② 부과하는 위반행위의 종별, 정도에 따른 과징금의 금액 등의 사항은 대통령령이 관할한다.
③ 과징금의 절차(보건복지부령 관할)
  ㉠ 통지서를 받은 날로부터 20일 이내에 납부해야 한다.
  ㉡ 분할해서 납부할 수 없다.
  ㉢ 천재지변 및 그 밖에 부득이한 사유로 그 기간에 납부할 수 없을 때에는 7일 이내에 납부해야 한다.

2 과태료, 양벌규정

1. 과태료
① 과태료 부과, 징수절차
　㉠ 대통령령이 정하는 바에 의하여 시장, 군수, 구청장이 부과, 징수한다.
　㉡ 과태료 불복이 있는 자는 그 처분의 고지를 받은 날로부터 30일 이내에 처분권자에게 이의를 제기할 수 있다.
　　ⓐ 영업정지의 경우 그 처분기준 일수의 1/2 범위안의 경감
　　ⓑ 영업장 폐쇄의 경우에는 3월 이상의 영업정지처분으로 경감
② 200만원 이하의 과태료
　㉠ 이, 미용업소의 위생관리 의무를 지키지 아니한 자
　㉡ 영업소 외의 장소에서 이용 또는 미용 업무를 행한 자
　㉢ 위생교육을 받지 아니한 자
③ 300만원 이하의 과태료
　㉠ 폐업신고를 아니한 자
　㉡ 위생기준, 수질기준을 준수하지 아니한 자
　㉢ 개선명령에 따르지 아니한 자, 위반한 자
　㉣ 규정보고를 하지 아니하거나 관계공무원의 출입, 검사 기타 조치를 거부, 방해 또는 기피한 자

2. 양벌규정
법인의 대표자나 법인 또는 개인의 대리인, 사용인, 기타 종업원이 그 법인 또는 개인의 업무에 관하여 위반행위를 한 때에는 행위자를 벌하는 외에 그 법인 또는 개인에 대하여도 동조의 벌금형이 과한다.

3 행정처분

1. 행정처분의 근거
① 위반행위가 2이상인 경우로서 그에 해당하는 각각의 처분기준이 다른 경우에는 그 중한 처분에 의하되, 그 이상의 처분기준이 영업정지에 해당하는 경우에는 가장 중한 정지처분기간에 나머지 각각의 정지처분기간의 1/2를 더하여 처분한다.
② 위반행위의 차수에 따른 행정처분 기준은 최근 1년간 같은 위반행위로 행정처분을 받은 경우에 이를 적용한다. 이 때 그 기준적용일은 동일 위반사항에 대한 행정처분일과 그 처분 후의 재적발일(수거검사에 의한 경우에는 검사결과를 처분청이 접수한 날)을 기준으로 한다.

2. 행정처분의 경감

① 행정처분권자는 위반사항의 내용으로 보아 그 위반정도가 경미하거나 해당 위반사항에 관하여 검사로부터 기소유예의 처분을 받거나 법원으로부터 선고유예의 판결을 받은 때에는 개별기준에 불구하고 그 처분기준을 다음의 구분에 따라 경감할 수 있다.
　㉠ 영업정지의 경우에는 그 처분기준 일수의 2분의 1의 범위 안에서 경감할 수 있다.
　㉡ 영업장 폐쇄의 경우에는 3월 이상의 영업정지처분으로 경감할 수 있다.

3. 행정처분의 절차

① 위반행위의 적발 및 접수
② **청문통지실시**: 10일 이상의 출석준비 기간을 준다.
③ **행정처분사전통지**: 10일 이상의 의견제출 기간을 준다.
④ **행정처분의 실시**: 청문실시 또는 의견 제출을 받은 후 특별한 사유가 없는 한 14일 이내에 실시
⑤ **업무정지 및 영업정지 기간 설정**: 우편송달 및 준비기간을 감안하여 정지 개시일은 시행일로부터 10일 이후로 설정
⑥ **면허취소 및 영업장 폐쇄명령일자**: 행정 처분 일을 기산일로 한다.
⑦ **처분의 정정**: 행정청은 처분의 오기·오산 기타 이에 준하는 명백한 잘못이 있는 때에는 직권 또는 신청에 의하여 지체 없이 정정하고 이를 당사자에게 통지한다.

10 행정처분기준

1 행정처분기준

1. 영업신고를 하지 않거나 시설과 설비기준을 위반한 경우

위반사항	행정처분기준			
	1차 위반	2차 위반	3차 위반	4차 위반
영업신고를 하지 않은 경우	영업장 폐쇄명령			
시설 및 설비기준을 위반한 경우	개선명령	영업정지 15일	영업정지 1월	영업장 폐쇄명령

2. 변경신고를 하지 않은 경우

위반사항	행정처분기준			
	1차 위반	2차 위반	3차 위반	4차 위반
신고를 하지 않고 영업소의 명칭 및 상호 또는 영업장 면적의 3분의 1 이상을 변경한 경우	경고 또는 개선명령	영업정지 15일	영업정지 1월	영업장 폐쇄명령
신고를 하지 아니하고 영업소의 소재지를 변경한 경우	영업정지 1월	영업정지 2월	영업장 폐쇄명령	
지위승계신고를 하지 않은 경우	경고	영업정지 10일	영업정지 1월	영업장 폐쇄명령

3. 공중위생영업자의 위생관리업무 등을 지키지 않은 경우

위반사항	행정처분기준			
	1차 위반	2차 위반	3차 위반	4차 위반
소독을 한 기구와 소독을 하지 않은 기구를 각각 다른 용기에 넣어 보관하지 않거나 1회용 면도날을 2인 이상의 손님에게 사용한 경우	경고	영업정지 5일	영업정지 10일	영업장 폐쇄명령
피부미용을 위하여 「약사법」에 따른 의약품 또는 「의료기기법」에 따른 의료기기를 사용한 경우	영업정지 2월	영업정지 3월	영업장 폐쇄명령	
점빼기·귓볼뚫기·쌍꺼풀수술·문신·박피술 그 밖에 이와 유사한 의료행위를 한 경우	영업정지 2월	영업정지 3월	영업장 폐쇄명령	
미용업 신고증 및 면허증 원본을 게시하지 않거나 업소 내 조명도를 준수하지 않은 경우	경고 또는 개선명령	영업정지 5일	영업정지 10일	영업장 폐쇄명령
개별미용서비스의 최종 지불가격 및 전체 미용서비스의 총액에 관한 내역서를 이용자에게 미리 제공하지 않은 경우	경고	영업정지 5일	영업정지 10일	영업정지 1월
카메라나 기계장치를 설치한 경우	영업정지 1월	영업정지 2월	영업장 폐쇄명령	

4. 면허 정지 및 면허 취소 사유에 해당하는 경우

위반사항	행정처분기준			
	1차 위반	2차 위반	3차 위반	4차 위반
면허증을 다른 사람에게 대여한 경우	면허정지 3월	면허정지 6월	면허취소	
「국가기술자격법」에 따라 자격이 취소된 경우	면허취소			
「국가기술자격법」에 따라 자격정지처분을 받은 경우(「국가기술자격법」에 따른 자격정지처분 기간에 한정한다)	면허정지			
이중으로 면허를 취득한 경우(나중에 발급받은 면허를 말한다)	면허취소			
면허정지처분을 받고도 그 정지 기간 중 업무를 한 경우	면허취소			

위반사항	행정처분기준			
	1차 위반	2차 위반	3차 위반	4차 위반
영업소 외의 장소에서 미용 업무를 한 경우	영업정지 1월	영업정지 2월	영업장 폐쇄명령	
보고를 하지 않거나 거짓으로 보고한 경우 또는 관계 공무원의 출입, 검사 또는 공중위생영업 장부 또는 서류의 열람을 거부·방해하거나 기피한 경우	영업정지 10일	영업정지 20일	영업정지 1월	영업장 폐쇄명령
위생지도 및 개선명령에 따른 개선명령을 이행하지 않은 경우	경고	영업정지 10일	영업정지 1월	영업장 폐쇄명령
영업정지처분을 받고도 그 영업정지 기간에 영업을 한 경우	영업장 폐쇄명령			
공중위생영업자가 정당한 사유 없이 6개월 이상 계속 휴업하는 경우	영업장 폐쇄명령			
공중위생영업자가 「부가가치세법」 제8조에 따라 관할 세무서장에게 폐업신고를 하거나 관할 세무서장이 사업자 등록을 말소한 경우	영업장 폐쇄명령			
공중위생영업자가 영업을 하지 않기 위하여 영업시설의 전부를 철거한 경우	영업장 폐쇄명령			

5. 「성매매알선 등 행위의 처벌에 관한 법률」, 「풍속영업의 규제에 관한 법률」, 「청소년 보호법」 또는 「의료법」을 위반하여 관계 행정기관의 장으로부터 그 사실을 통보받은 경우

위반사항	행정처분기준			
	1차 위반	2차 위반	3차 위반	4차 위반
손님에게 성매매알선 등 행위 또는 음란행위를 하게 하거나 이를 알선 또는 제공한 경우				
1. 영업소	영업정지 3월	영업장폐쇄명령		
2. 미용사(사주)	면허정지 3월	면허취소		
손님에게 도박 그 밖에 사행행위를 하게 한 경우	영업정지 1월	영업정지 2월	영업장폐쇄명령	
음란한 물건을 관람·열람하게 하거나 진열 또는 보관한 경우	경고	영업정지 15일	영업정지 1월	영업장 폐쇄명령
무자격안마사로 하여금 안마사의 업무에 관한 행위를 하게 한 경우	영업정지 1월	영업정지 2월	영업장 폐쇄명령	

6. **보건복지부령이 정하는 영업소 외의 장소에서 업무를 행할 수 있는 특별한 사유의 경우**

① 질병으로 인하여 영업소에 나올 수 없는 자에 대하여 이·미용을 하는 경우

② 혼례에 참여하는 자에 대하여 그 의식 직전에 이·미용을 하는 경우

③ 시장·군수·구청장이 특별한 사정이 있다고 인정한 경우

Chapter 04 실전문제

01 관계공무원의 출입 검사 기타 조치를 거부 방해 또는 기피했을 때의 과태료 부과기준은?

① 300만원 이하 ② 200만원 이하
③ 100만원 이하 ④ 50만원 이하

해 규정보고를 하지 아니하거나 관계공무원의 출입, 검사 기타 조치를 거부, 방해 또는 기피한 자는 300만원 이하의 과태료를 부과해야 한다.

02 보건복지부령이 정하는 특별한 사유가 있을 시 영업소 외의 장소에서 이 미용업무를 행할 수 있다. 그 사유에 해당하지 않는 것은?

① 기관에서 특별히 요구하여 단체로 이·미용을 하는 경우
② 질병으로 인하여 영업소에 나올 수 없는 자에 대하여 이·미용을 하는 경우
③ 혼례에 참여하는 자에 대하여 그 의식 직전에 이·미용을 하는 경우
④ 시장·군수·구청장이 특별한 사정이 있다고 인정한 경우

해 보건복지부령이 정하는 특별한 사유의 경우
- 질병으로 인하여 영업소에 나올 수 없는 자에 대하여 이·미용을 하는 경우
- 혼례에 참여하는 자에 대하여 그 의식 직전에 이·미용을 하는 경우
- 시장·군수·구청장이 특별한 사정이 있다고 인정한 경우

03 다음 중 이용사 또는 미용사의 면허를 받을 수 있는 자는?

① 약물 중독자 ② 암환자
③ 정신질환자 ④ 금치산자

해 이용사 또는 미용사의 면허를 받을 수 없는 자
- 금치산자
- 정신질환자(전문의가 미용사로서 적합하다고 인정하는 사람은 제외)
- 공중위생에 영향을 미칠 수 있는 감염자로서 결핵환자
- 마약중독자, 그 밖에 대마 또는 향정신성의약품의 중독자
- '공중위생관리법' 또는 같은 법 규정에 의한 명령을 위반하였거나 미용사 면허증을 다른 사람에게 대여하여 면허가 취소된 후 1년이 경과되지 아니한 자

04 이 미용업자에게 과태료를 부과징수 할 수 있는 처분권자에 해당되지 않는 자는?
① 보건복지부장관
② 시장
③ 군수
④ 구청장

🖩 과태료 부과, 징수절차: 대통령령이 정하는 바에 의하여 시장, 군수, 구청장이 부과, 징수한다.

05 공중위생의 관리를 위한 지도, 계몽 등을 행하게 하기 위하여 둘 수 있는 것은?
① 명예공중위생감시원
② 공중위생조사원
③ 공중위생평가단체
④ 공중위생전문교육원

🖩 명예 공중위생 감시원
  • 시·도지사는 공중위생의 관리를 위한 명예 공중위생 감시원을 둘 수 있다.
  • 명예 공중위생 감시원의 자격 및 위촉방법, 업무 범위 등에 관하여 필요한 사항은 대통령령으로 정한다.

06 과태료 처분에 불복이 있는 경우 어느 기간 내에 이의를 제기할 수 있는가?
① 처분한 날로부터 30일 이내
② 처분의 고지를 받은 날로부터 30일 이내
③ 처분한 날로부터 15일 이내
④ 처분이 있음을 안날로부터 15일 이내

🖩 과태료 처분에 불복이 있는 경우 그 처분의 고지를 받은 날로부터 30일 이내에 처분권자에게 이의를 제기할 수 있다.

07 영업소 안에 면허증을 게시하도록 "위생관리의무 등"의 규정에 명시된 자는?
① 이·미용업을 하는 자
② 목욕장업을 하는 자
③ 세탁업을 하는 자
④ 위생관리용역업을 하는 자

🖩 영업소 내에 미용업신고증, 개설자의 면허증 원본 및 미용요금표를 게시하도록 규정에 명시된 자는 이·미용업을 하는 자이다.

08 이·미용업 영업소에서 손님에게 음란한 물건을 관람 열람하게 한 때에 대한 1차 위반 시 행정처분 기준은?
① 영업정지 15일
② 영업정지 1월
③ 영업장 폐쇄명령
④ 경고

🖩 이·미용업 영업소에서 손님에게 음란한 물건을 관람 열람하게 한 때에 대한 1차 위반 시 행정처분 기준은 경고이다.

09 공중위생영업의 신고를 위하여 제출하는 서류에 해당하지 않는 것은?

① 영업시설 및 설비개요서
② 교육필증
③ 면허증 원본
④ 재산세 납부 영수증

해 영업을 신고할 때 첨부서류: 영업시설 및 설비개요서, 면허증 사본, 교육필증 등이다.

10 공중위생영업소를 개설하고자 하는 자는 원칙적으로 언제까지 위생교육을 받아야 하는가?

① 개설하기 전
② 개설 후 3개월 내
③ 개설 후 6개월 내
④ 개설 후 1년 내

해 미용업 영업신고를 하려는 자는 영업신고 전에 위생교육을 받아야 한다.

11 이·미용업소에서 이·미용 요금표를 게시하지 아니한 때의 1차 위반 행정처분기준은?

① 경고
② 영업정지 5일
③ 영업허가 취소
④ 영업장 폐쇄명령

해 미용신고영업증, 면허증 원본 및 미용요금표를 게시하지 아니하거나 업소 내 조명도를 준수하지 아니한 때 1차 위반 행정처분기준은 경고이다.

12 면허증을 다른 사람에게 대여한 때의 2차 위반 행정처분 기준은?

① 면허정지 6월
② 면허정지 3월
③ 영업정지 3월
④ 영업정지 6월

해 면허증을 다른 사람에게 대여한 때 2차 위반 행정처분 기준은 면허정지 6개월이다.

13 공중위생영업에 해당하지 않는 것은?

① 세탁업
② 위생관리업
③ 미용업
④ 목욕장업

해 공중위생영업: 다수인을 대상으로 위생관리서비스를 제공하는 영업으로서 숙박업, 목욕장업, 이용업, 미용업, 세탁업, 위생관리용역업을 말한다.

14 면허의 정지명령을 받은 자는 그 면허증을 누구에게 제출해야 하는가?

① 보건복지부장관
② 시, 도지사
③ 시장, 군수, 구청장
④ 이 미용사 중앙회장

해 면허의 정지처분을 받은 자가 반납한 면허증은 그 면허정지기간 동안 관할 시장·군수 또는 구청장이 보관한다.

15 행정처분사항 중 1차 처분이 경고에 해당하는 것은?

① 귓볼 뚫기 시술을 한 때
② 시설 및 설비기준을 위반한 때
③ 신고를 하지 아니하고 영업소 소재를 변경한 때
④ 위생교육을 받지 아니한 때

해 ① 귓볼 뚫기 시술을 한 때 1차 처분은 영업정지 2월이다.
② 시설 및 설비기준을 위반한 때 1차 처분은 개선명령이다.
③ 신고를 하지 아니하고 영업소 소재를 변경한 때 1차 처분은 영업장 폐쇄명령이다.

16 다음 중 이·미용업을 개설할 수 있는 경우는?

① 이·미용사 면허를 받은 자
② 이·미용사의 감독을 받아 이·미용을 행하는 자
③ 이·미용사의 자문을 받아서 이·미용을 행하는 자
④ 위생관리 용역업 허가를 받은 자로서 이·미용에 관심이 있는 자

해 이·미용업을 개설할 수 있는 경우는 이·미용사 면허를 받은 자이며, 미용사 면허를 신청 완료한 자가 미용사 면허 취득 자격이 있다고 인정되는 경우 시장·군수 또는 구청장으로부터 면허증을 교부받는다.

17 이·미용업소의 시설 및 설비 기준으로 적합한 것은?

① 소독을 한 기구와 소독을 하지 아니한 기구를 구분하여 보관할 수 있는 용기를 비치하여야 한다.
② 소독기, 적외선 살균기 등 기구를 소독하는 자비를 갖추어야 한다.
③ 밀폐된 별실을 24개 이상 둘 수 있다.
④ 작업장소와 응접장소, 상담실, 탈의실 등을 분리하여 칸막이를 설치하려는 때에는 각각 전체 벽면적의 2분의 1이상은 투명하게 하여야 한다.

해 ② 자외선 살균기나 소독기 등과 같은 미용기구를 소독하는 장비를 갖추어야 한다.
③ 이용업소 안에 별실 그 밖에 이와 유사한 시설을 설치할 수 없다.
④ 영업소 내의 작업장소와 응접장소, 상담실, 탈의실 등을 분리하여 칸막이를 설치할 때에는 외부에서 내부의 확인이 가능하도록 각각 전체 벽면적의 1/3 이상은 투명하게 만들어야한다.

18 위생서비스 평가의 결과에 따른 조치에 해당되지 않는 것은?

① 이·미용업자는 위생관리 등급 표지를 영업소 출입구에 부착할 수 있다.
② 시·도지사는 위생서비스의 수준이 우수하다고 인정되는 영업소에 대한 포상을 실시할 수 있다.

③ 시장, 군수는 위생관리 등급 별로 영업소에 대한 위생 감시를 실시할 수 있다.
④ 구청장은 위생관리 등급의 결과를 세무서장에게 통보할 수 있다.

해 위생서비스 평가의 결과에 따른 조치
- 공중위생영업자는 제1항의 규정에 의하여 시·도지사 또는 시장·군수·구청장으로부터 통보받은 위생관리등급의 표지를 영업소의 명칭과 함께 영업소의 출입구에 부착할 수 있다.
- 보건복지부장관, 시·도지사 또는 시장·군수·구청장은 위생서비스평가의 결과 위생서비스의 수준이 우수하다고 인정되는 영업소에 대하여 포상을 실시할 수 있다.
- 보건복지부장관, 시·도지사 또는 시장·군수·구청장은 위생서비스평가의 결과에 따른 위생관리등급별로 영업소에 대한 위생감시를 실시하여야 한다. 이 경우 영업소에 대한 출입·검사와 위생감시의 실시주기 및 횟수 등 위생관리등급별 위생감시기준은 보건복지부령으로 정한다.

19 이·미용의 업무를 영업장소 외에서 행하였을 때 이에 대한 처벌기준은?

① 3년 이하의 징역 또는 1천만 원 이하의 벌금
② 500만 원 이하의 과태료
③ 200만 원 이하의 과태료
④ 100만 원 이하의 벌금

해 이·미용의 업무를 영업장소 외에서 행하였을 때는 200만원 이하의 과태료에 처해진다.

20 이·미용사의 면허증을 대여한 때의 1차 위반 행정처분기준은?

① 면허정지 3월   ② 면허정지 6월
③ 영업정지 3월   ④ 영업정지 6월

해 이·미용사의 면허증을 대여한 때의 1차 위반 행정처분기준은 면허정지 3월이다.

21 공중위생업자가 카메라나 기계장치를 설치한 경우 1차 위반 시 행정처분 기준은?

① 영업장 폐쇄명령   ② 영업정치 6월
③ 영업정지 2월   ④ 영업정지 1월

해 공중위생업자가 카메라나 기계장치를 설치한 경우 행정처분 기준은 1차 위반 시 영업정지 1월, 2차 위반 시 영업정지 2월, 3차 위반 시 영업장 폐쇄명령이다.

22 공중위생업소가 의료법을 위반하여 폐쇄명령을 받았다. 최소한 어느 정도의 기간이 경과되어야 동일 장소에서 동일영업이 가능한가?

① 3개월   ② 6개월
③ 9개월   ④ 12개월

해 공중위생업소가 의료법을 위반하여 폐쇄명령을 받았을 때 최소한 6개월은 지나야 동일 장소에서 동일영업이 가능하다.

23 이·미용사 면허증을 분실하였을 때 누구에게 재교부 신청을 하여야 하는가?

① 보건복지부장관　　　② 시/도지사
③ 시장/군수/구청장　　④ 협회장

해 이·미용사 면허증을 분실하였을 때는 현재 미용업에 종사하고 있는 자는 영업소 관할 시장·군수 또는 구청장(자치구의 구청장을 말함. 이하 같음)에게, 영업에 종사하고 있지 않은 자는 면허를 내준 시장·군수 또는 구청장에게 재교부 신청을 하여야 한다.

24 이·미용사가 면허증 재교부 신청을 할 수 없는 것은?

① 면허증을 잃어버린 때
② 면허증 기재사항의 변경이 있는 때
③ 면허증이 못쓰게 된 때
④ 면허증이 더러운 때

해 미용사는 다음의 어느 하나에 해당하는 경우 면허증의 재발급을 신청할 수 있다.
- 면허증의 기재사항 중 성명 및 주민등록번호가 변경된 경우
- 면허증을 잃어버린 경우
- 면허증이 헐어 못쓰게 된 경우

25 위생관리 등급 공표사항으로 틀린 것은?

① 시장, 군수, 구청장은 위생서비스 평가결과에 따른 위생 관리등급을 공중위생영업자에게 통보하고 공표한다.
② 공중위생영업자는 통보받은 위생관리등급의 표지를 영업소 출입구에 부착할 수 있다.
③ 시장, 군수, 구청장은 위생서비스 결과에 따른 위생 관리등급 우수업소에는 위생감시를 면제할 수 있다.
④ 시장, 군수, 구청장은 위생서비스평가의 결과에 따른 위생관리등급별로 영업소에 대한 위생감시를 실시하여야 한다.

해 ③ 보건복지부장관, 시·도지사 또는 시장·군수·구청장은 위생서비스평가의 결과 위생서비스의 수준이 우수하다고 인정되는 영업소에 대하여 포상을 실시할 수 있다.

26 다음 중 이용사 또는 미용사의 면허를 취소할 수 있는 대상에 해당되지 않는 자는?

① 정신질환자　　　　② 감염병환자
③ 금치산자　　　　　④ 당뇨병환자

해 미용사가 다음의 어느 하나에 해당하는 경우에는 미용사 면허취소 또는 면허정지 처분을 받을 수 있다.
- 금치산자
- 정신질환자(정신질환자이지만 전문의가 미용사로서 적합하다고 인정하는 사람은 제외)
- 공중의 위생에 영향을 미칠 수 있는 전염성 결핵환자
- 마약·대마 또는 향정신성의약품의 중독자

27 시/도지사 또는 시장/군수/구청장은 공중위생관리상 필요하다고 인정하는 때에 공중위생영업자 등에 대하여 필요한 조치를 취할 수 있다. 이 조치에 해당하는 것은?

① 보고
② 청문
③ 감독
④ 협의

해 ② 청문: 사실조사를 하는 행정절차를 말한다.
　③ 감독: 어떤 일이나 그 일을 하는 사람을 잘못이 없도록 보살펴 다잡는 것 또는, 그 일을 하는 사람을 말한다.
　④ 협의: 여러 사람이 모여 서로 의논하는 것을 말함.

28 면허증을 다른 사람에게 대여하여 면허가 취소되거나 정지명령을 받은 자는 지체 없이 누구에게 면허증을 반납해야 하는가?

① 시·도지사
② 시장·군수·구청장
③ 보건복지부장관
④ 경찰서장

해 미용사 면허가 취소되거나 면허의 정지처분을 받은 자는 지체 없이 관할 시장·군수 또는 구청장에게 면허증을 반납해야 한다.

29 이·미용업의 영업자는 연간 몇 시간의 위생교육을 받아야 하는가?

① 3시간
② 8시간
③ 10시간
④ 12시간

해 미용업자(양수인, 승계인 포함)는 위생교육 실시기관으로부터 매년 3시간의 위생교육을 받아야 한다.

30 영업소의 폐쇄명령을 받고도 영업을 하였을 시에 대한 벌칙기준은?

① 2년 이하의 징역 또는 3천만 원 이하의 벌금
② 1년 이하의 징역 또는 1천만 원 이하의 벌금
③ 200만 원 이하의 벌금
④ 100만 원 이하의 벌금

해 영업소 폐쇄 명령을 받고도 계속하여 영업을 한 자는 1년 이하의 징역 또는 1천만원 이하의 벌금에 처해진다.

31 ( ) 안에 알맞은 것은?

> 시장·군수·구청장은 공중위생영업의 정지 또는 일부 시설의 사용중지 등의 처분을 하고자 하는 때에는( )을/를 실시하여야 한다.

① 위생서비스 수준의 평가
② 공중위생감사
③ 청문
④ 열람

해 공중위생영업의 정지, 일부 시설의 사용중지 및 영업소폐쇄명령 등의 처분을 하고자 하는 때에는 청문을 실시하여야 한다.

32 과태료의 부과·징수 절차로서 틀린 것은?

① 시장·군수·구청장이 부과·징수한다.
② 과태료 처분의 고지를 받은 날부터 30일 이내에 이의를 제기할 수 있다.
③ 과태료 처분을 받은 k가 이의를 제기한 경우 처분권자는 보건복지부 장관에게 이를 통보한다.
④ 기간 내 이의제기 없이 과태료를 납부하지 아니한 때에는 지방세 체납, 처분의 예에 따른다.

해 과태료 처분을 받은 k가 이의를 제기한 경우 처분권자는 지체 없이 관할법원에 이를 통보한다.

33 공중위생 감시원의 자격에 해당되지 않는 자는?

① 위생사 자격증이 있는 자
② 대학에서 미용학을 전공하고 졸업한 자
③ 외국에서 환경기사의 면허를 받은 자
④ 3년 이상 공중위생 행정에 종사한 경력이 있는 자

해 공중위생 감시원의 자격에 해당되는 자는
- 위생사 또는 환경기사 2급 이상의 자격증이 있는 자
- 대학에서 화학·화공학·환경공학 또는 위생학 분야를 전공하고 졸업한 자 또는 이와 동등한 자격이 있는 자
- 외국에서 위생사 또는 환경기사의 면허를 받은 자
- 3년 이상 공중위생 행정에 종사한 경력이 있는 자

34 건전한 영업질서를 위하여 공중위생영업자가 준수하여야 할 사항을 준수하지 아니한 자에 대한 벌칙 기준은?

① 1년 이하의 징역 또는 1천만 원 이하의 벌금
② 6월 이하의 징역 또는 500만 원 이하의 벌금
③ 3월 이하의 징역 또는 300만 원 이하의 벌금
④ 300만 원의 과태료

해 건전한 영업질서를 위하여 공중위생영업자가 준수하여야 할 사항을 준수하지 아니한 자는 6월 이하의 징역 또는 500만 원 이하의 벌금에 처한다.

35 이·미용 업소 내에 게시하지 않아도 되는 것은?

① 이·미용업 신고증
② 개설자의 면허증 원본
③ 근무자의 면허증 원본
④ 이·미용요금표

해 영업소 내에 미용업신고증, 개설자의 면허증 원본 및 미용요금표를 게시하여야 한다.

36 위법 사항에 대하여 청문을 시행할 수 없는 기관장은?

① 경찰서장
② 구청장
③ 군수
④ 시장

해 시장·군수·구청장은 공중위생영업의 정지 또는 일부 시설의 사용중지 등의 처분을 하고자 하는 때에는 청문을 실시하여야 한다.

37 이용업 또는 미용업의 영업장 실내조명 기준은?

① 30lx이상 　　　　　　② 50lx이상
③ 75lx이상 　　　　　　④ 120lx이상

해 이용업 또는 미용업의 영업장 안의 조명도는 75lux 이상이 되도록 유지하여야 한다.

38 이·미용 영업소 안에 면허증 원본을 게시하지 않은 경우 1차 행정처분기준은?

① 개선명령 또는 경고 　　② 영업정지 5일
③ 영업정지 10일 　　　　④ 영업정지 15일

해 미용신고영업증, 면허증 원본 및 미용요금표를 게시하지 아니하거나 업소 내 조명도를 준수하지 아니한 때 1차 행정처분기준은 경고 또는 개선명령이다.

39 다음 중 공중위생감시원의 직무사항이 아닌 것은?

① 시설 및 설비의 확인에 관한 사항
② 영업자의 준수사항 이행 여부에 관한 사항
③ 위생지도 및 개선명령 이행 여부에 관한 사항
④ 세금납부의 적정 여부에 관한 사항

해 공중위생감시원의 직무사항
• 시설 및 설비의 확인
• 공중위생영업관련 시설 및 설비의 위생상태 확인·검사, 공중위생영업자의 위생관리의무 및 영업자 준수사항 이행여부의 확인
• 공중이용시설의 위생관리상태의 확인·검사
• 위생지도 및 개선명령 이행여부의 확인
• 공중위생업소의 영업의 정지, 일부시설의 사용중지 또는 영업소 폐쇄명령 이행여부 확인
• 위생교육 이행여부의 확인

40 공중위생영업소의 위생서비스 수준 평가는 몇 년마다 실시하는가?(단 특별한 경우는 제외함)

① 1년 　　　　　　② 2년
③ 3년 　　　　　　④ 5년

해 공중위생영업소의 위생서비스 수준 평가는 2년마다 실시한다.

정답	1	2	3	4	5	6	7	8	9	10
	①	①	②	①	①	②	①	④	④	①
	11	12	13	14	15	16	17	18	19	20
	①	①	②	③	④	④	①	④	③	①
	21	22	23	24	25	26	27	28	29	30
	④	②	③	④	③	④	①	②	①	②
	31	32	33	34	35	36	37	38	39	40
	③	③	②	②	③	①	①	①	④	②

한권으로 끝내는
미용사(일반)

실전 모의고사

05

1회 실전모의고사
2회 실전모의고사
3회 실전모의고사

1회 실전 모의고사

01 조선시대 옛 여인이 예장할 때 정수리 부분에 꽂던 머리의 장신구는?
① 빗　　　　　　　　　　② 봉잠
③ 비녀　　　　　　　　　④ 첩지

02 미용의 특수성과 거리가 먼 것은?
① 손님의 머리 모양을 낼 때 시간적 제한을 받는다.
② 미용은 조형예술과 같은 정적예술 이기도 하다.
③ 손님의 머리모양을 낼 때 미용사 자신의 독특한 구상을 표현해야 한다.
④ 미용은 부용 예술이다.

03 브로우 드라이 (Blow Dry) 시술시 유의사항으로 틀린 것은?
① 드라이의 가열온도는 130℃ 정도가 적당하다.
② 일반적인 드라이의 경우 섹션의 폭은 2~3cm 정도가 적당하다.
③ 굵기가 다른 브러시를 준비하여 볼륨과 길이에 맞게 사용한다.
④ 모발끝 부분은 텐션이 잘 주어지지 않으므로 브러시를 회전하여 조절한다.

04 샴푸에 대한 설명 중 잘못된 것은?
① 다른 종류의 시술을 용이하게 하며, 스타일을 만들기 위한 기초적인 작업이다.
② 샴푸는 두피 및 모발의 더러움을 씻어 청결하게 한다.
③ 두피를 자극하여 혈액순환을 좋게 하며 모근을 강화시키는 동시에 상쾌감을 준다.
④ 모발을 잡고 비벼 주어 큐티클 사이사이에 있는 때를 씻어내고 모표피를 강하게 해 준다.

05 다음 도면과 같이 와인딩 했을 때 웨이브의 형상은?

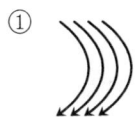
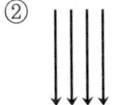

06 빗을 두발 스트랜드의 뒷면에 직각으로 넣고 두피 쪽을 향해 빗을 내리누르듯이 빗질하여 머리카락을 세우는 것을 무엇이라 하는가?
① 리핑　　　　　　　② 브러쉬 아웃
③ 백코밍　　　　　　④ 콤 아웃

07 유기합성 염모제를 사용할 때 시술 전에 부작용의 여부에 대한 예비 테스트와 관계가 없는 것은?
① 패치 테스트　　　　② 스킨 테스트
③ 엘러지 테스트　　　④ 헤어 테스트

08 컬을 깃털과 같이 일정한 모양을 갖추지 않고 부풀려서 볼륨을 준 뱅은?
① 플러프 뱅(fluff bang)　　② 롤 뱅(roll bang)
③ 프렌치 뱅(french bang)　④ 프린지 뱅(fringe bang)

09 헤어커팅(hair cutting) 방법 중 길이를 짧게 하지 않고 전체적으로 두발의 숱을 감소시키는 방법은?
① 페더링(feathering)
② 틴닝(thinning)
③ 클리핑(clipping)
④ 트리밍(trimming)

10 헤어스타일의 아웃라인(Out line)이 콘케이브 (Concave)형의 커트로 무거움보다는 예리함과 산뜻함을 나타내는 헤어스타일은?
① 그라데이션
② 스파니엘
③ 이사도라
④ 레이어

11 롤러 컬(roller curl)을 시술할 때 탑 부분에 사각으로 파트를 나누는 것은?
① 스파이럴 파트
② 스퀘어 파트
③ 크로카놀 파트
④ 플래트 파트

12 핑거 웨이브(fing wave)의 주요 3대 요소에 해당되지 않는 것은?
① 크레스트
② 루프의 크기
③ 리지
④ 트로프

13 두발의 70%이상을 차지하며, 멜라닌 색소와 섬유질 및 간충 물질로 구성되어 있는 곳은?
① 모표피(cuticle)
② 모수질(medulla)
③ 모피질 (cortex)
④ 모낭(follicle)

14 파운데이션 종류와 적합한 피부의 연결이 틀린 것은?
① 크림타입의 파운데이션-건성피부
② 파우더 타입의 파운데이션-지성피부
③ 리퀴드 타입의 파운데이션-건성피부
④ 케익크 타입의 파운데이션-건성피부

15 다음 성분 중 세정작용이 있으며 피부자극이 적어 유아용 샴푸제에 주로 사용되는 것은?
① 음이온성 계면활성제 ② 양이온성 계면활성제
③ 양쪽성 계면활성제 ④ 비이온성 계면활성제

16 모발에 도포한 약액이 쉽게 침투되게 하여 시술 시간을 단축하고자 할 때에 필요하지 않는 것은?
① 스팀타월 ② 헤어스티머
③ 신징 ④ 히팅캡

17 고대의 미용의 역사에 있어서 약 5000년 이전부터 가발을 즐겨 사용했던 고대 국가는?
① 이집트 ② 그리스
③ 로마 ④ 잉카제국

18 다음 질병 중 병원체가 바이러스(virus)인 것은?
① 장티푸스 ② 쯔쯔가무시병
③ 폴리오 ④ 발진열

19 다음 중 감각 온도의 3요소가 아닌 것은?
① 기온 ② 기습
③ 기압 ④ 기류

20 법정전염병 중 제1군 전염병이 아닌 것은?
① 페스트 ② 장출혈성대장균감염증
③ 세균성이질 ④ 디프테리아

21 도시 하수처리에 사용되는 활성오니법의 설명으로 가장 옳은 것은?
① 상수도부터 하수까지 연결되어 정화시키는 법
② 대도시 하수만 분리하여 처리하는 방법
③ 하수 내 유기물을 산화시키는 호기성 분해법
④ 쓰레기를 하수에서 걸러내는 법

22 인구구성 중 14세 이하가 65세 이상 인구의 2배 정도이며 출생률과 사망률이 모두 낮은 형은?

① 피라미드형(pyramid form)
② 종형(bell form)
③ 항아리형(pot form)
④ 별형(accessive form)

23 대기오염에 영향을 미치는 기상조건으로 가장 관계가 큰 것은?

① 강우, 강설
② 고온, 고습
③ 기온역전
④ 저기압

24 한 나라의 보건수준을 측정하는 지표로서 가장 적절한 것은?

① 의과대학 설치수
② 국민소득
③ 전염병 발생율
④ 영아사망율

25 다음 중 만성적인 열중증을 무엇이라 하는가?

① 열허탈증(heat exhaustion)
② 열쇠약증(heat prostration)
③ 열경련(heat cramp)
④ 울열증(heat stroke)

26 보건행정의 목적달성을 위한 기본요건이 아닌 것은?

① 법적 근거의 마련
② 건전한 행정조직과 인사
③ 강력한 소수의 지지와 참여
④ 사회의 합리적인 전망과 계획

27 진동이 심한 작업장 근무자에게 다발하는 질환으로 청색증과 동통, 저림 증세를 보이는 질병은?

① 레이노드씨병
② 진폐증
③ 열경련
④ 잠함병

28 피부 보호 작용을 하는 것이 아닌 것은?

① 표피각질층 ② 교원섬유
③ 평활근 ④ 피하지방

29 땀띠가 생기는 원인으로 가장 옳은 것은?

① 땀띠는 피부표면에 있는 땀구멍이 일시적으로 막히기 때문에 생기는 발한기능의 장애 때문에 발생한다.
② 땀띠는 여름철 너무 잦은 세안 때문에 발생한다.
③ 땀띠는 여름철 과다한 자외선 때문에 발생하므로 햇볕을 받지 않으면 생기지 않는다.
④ 땀띠는 피부에 미생물이 감염되어 생긴 피부질환이다.

30 뜨거운 물을 피부에 사용할 때 미치는 영향이 아닌 것은?

① 혈관의 확장을 가져온다.
② 분비물의 분비를 촉진한다.
③ 모공을 수축시킨다.
④ 피부의 긴장감을 떨어뜨린다.

31 지성피부의 특징이 아닌 것은?

① 여드름이 잘 발생한다.
② 남성피부에 많다.
③ 모공이 매우 크며 반들거린다.
④ 피부 결이 섬세하고 곱다.

32 진피의 4/5를 차지할 정도로 가장 두꺼운 부분이며, 옆으로 길고 섬세한 섬유가 그물모양으로 구성되어 있는 층은?

① 망상층 ② 유두층
③ 유두하층 ④ 과립층

33 단백질의 최종 가수분해 물질은?
① 지방산 ② 콜레스테롤
③ 아미노산 ④ 카로틴

34 모발의 성분은 주로 무엇으로 이루어졌는가?
① 탄수화물 ② 지방
③ 단백질 ④ 칼슘

35 3% 소독액 1000mL 를 만드는 방법으로 옳은 것은?
(단, 소독액 원액의 농도는 100%이다.)
① 원액 300mL에 물 700mL를 가한다.
② 원액 30mL에 물 970mL를 가한다.
③ 원액 3mL에 물 997mL를 가한다.
④ 원액 3mL에 물 1000mL를 가한다.

36 소독에 대한 설명으로 가장 적합한 것은?
① 병원 미생물의 성장을 억제하거나 파괴하여 감염의 위험성을 없애는 것이다.
② 소독은 무균상태를 말한다.
③ 소독은 병원미생물의 발육과 그 작용을 제지 및 정지 시키며 특히 부패 및 발효를 방지시키는 것이다.
④ 소독은 포자를 가진 것 전부를 사멸하는 것을 말한다.

37 다음 중 크레졸의 설명으로 틀린 것은?
① 3%의 수용액을 주로 사용한다.
② 석탄산에 비해 2배의 소독력이 있다.
③ 손, 오물 등의 소독에 사용된다.
④ 물에 잘 녹는다.

38 고압증기멸균법에 대한 설명으로 옳지 않은 것은?
 ① 멸균방법이 쉽다.
 ② 멸균시간이 길다.
 ③ 소독비용이 비교적 저렴하다.
 ④ 높은 습도에 견딜 수 있는 물품이 주 소독대상이다.

39 자비소독시 살균력을 강하게 하고 금속기자재가 녹스는 것을 방지하기 위하여 첨가하는 물질이 아닌 것은?
 ① 2% 중조
 ② 2% 크레졸 비누액
 ③ 5% 석탄산
 ④ 5% 승홍수

40 다음 중 일광소독법의 가장 큰 장점인 것은?
 ① 아포도 죽는다.
 ② 산화되지 않는다.
 ③ 소독효과가 크다.
 ④ 비용이 적게 든다.

41 균(菌)의 내성을 가장 잘 설명한 것은?
 ① 균이 약에 대하여 저항성이 있는 것
 ② 균이 다른 균에 대하여 저항성이 있는 것
 ③ 인체가 약에 대하여 저항성을 가진 것
 ④ 약이 균에 대하여 유효한 것

42 다음 중 산소가 없는 곳에서만 증식을 하는 균은?
 ① 파상풍균
 ② 결핵균
 ③ 디프테리아균
 ④ 백일해균

43 플라스틱, 전자기기, 열에 불안정한 제품들을 소독하기에 가장 효과적인 방법은?
 ① 열탕소독
 ② 건열소독
 ③ 가스소독
 ④ 자비소독

44 물과 오일처럼 서로 녹지 않는 2개의 액체를 미세하게 분산시켜 놓는 상태는?
① 에멀젼 ② 레이크
③ 아로마 ④ 왁스

45 페이스(face) 파우더(가루형 분)의 주요 사용 목적은?
① 주름살과 피부결함을 감추기 위해
② 깨끗하지 않은 부분을 감추기 위해
③ 파운데이션의 번들거림을 완화하고 피부화장을 마무리하기 위해
④ 파운데이션을 사용하지 않기 위해

46 눈썹연필(아이브로우 펜슬)의 구비요건으로 옳은 것은?
① 선명하고 두껍게 그려질 수 있어야 한다.
② 지속성이 있어야 한다.
③ 균일하게 그려져야 한다.
④ 검정색이어야 한다.

47 주름개선 기능성 화장품의 효과와 가장거리가 먼 것은?
① 피부탄력 강화 ② 콜라겐 합성 촉진
③ 표피 신진대사 촉진 ④ 섬유아세포 분해 촉진

48 다음 중 화장품의 사용되는 주요 방부제는?
① 에탄올 ② 벤조산
③ 파라옥시안식향산 메칠 ④ BHT

49 캐리어오일로서 부적합한 것은?
① 미네랄오일 ② 살구씨 오일
③ 아보카도 오일 ④ 포도씨 오일

50 미백화장품에 사용되는 원료가 아닌 것은?
① 알부틴 ② 코직산
③ 레티놀 ④ 비타민C 유도체

51 1회용 면도날을 2인 이상의 손님에게 사용한 때에 대한 1차 위반 시 행정처분 기준은?
① 시정명령 ② 경고
③ 영업정지 5일 ④ 영업정지 10일

52 이용사 또는 미용사의 면허를 받을 수 없는 자는?
① 전문대학 또는 이와 동등 이상의 학력이 있다고 교육부장관이 인정하는 학교에서 이용 또는 미용에 관한 학과를 졸업한 자
② 고등학교 또는 이와 동등의 학력이 있다고 교육부장관이 인정하는 학교에서 이용 또는 미용에 관한 학과를 졸업한 자
③ 교육부장관이 인정하는 고등기술학교에서 6월 이상 이용 또는 미용에 관한 소정의 과정을 이수한자
④ 국가기술자격법에 의한 이용사 또는 미용사(일반, 피부)의 자격을 취득한 자

53 미용업 영업소에서 영업정지처분을 받고 그 영업정지 중 영업을 한 때에 대한 1차 위반시의 행정처분 기준은?
① 영업정지 1개월 ② 영업정지 3개월
③ 영업장 폐쇄 명령 ④ 면허취소

54 위생교육에 대한 내용 중 틀린 것은?
① 위생교육을 받은 자가 위생교육을 받은 날부터 1년 이내에 위생교육을 받은 업종과 같은 업종의 변경을 하려는 경우에는 해당영업에 대한 위생 교육을 받은 것으로 본다.
② 위생교육의 내용은 「공중위생관리법」 및 관련법규, 소양교육, 기술교육, 그 밖에 공중위생에 관하여 필요한 내용으로 한다.
③ 영업신고 전에 위생교육을 받아야 하는 자 중 천재지변, 본인의 질병, 사고, 업무상 국외출장 등의 사유로 교육을 받을 수 있다.
④ 위생교육실시 단체는 교육교재를 편찬하여 교육대상자에게 제공하여야 한다.

55 공중위생관리법에 규정된 벌칙으로 1년 이하의 징역 또는 1천만원 이하의 벌금에 해당하는 것은?
① 영업정지명령을 받고도 그 기간 중에 영업을 행한 자
② 위생관리 기준을 위반하여 환경오염 허용기준을 지키지 아니한 자
③ 공중위생영업자의 지위를 승계하고도 변경신고를 아니한 자
④ 건전한 영업질서를 위반하여 공중위생영업자가 지켜야 할 사항을 준수하지 아니한 자

56 신고를 하지 않고 영업소명칭(상호)을 바꾼 경우에 대한 1차 위반 시의 행정처분기준은?
① 주의
② 경고 또는 개선명령
③ 영업정지 10일
④ 영업정지 1월

57 이중으로 이·미용사 면허를 취득한 때의 1차 행정처분기준은?
① 영업정지 15일
② 영업정지 30일
③ 영업정지 6월
④ 나중에 발급받은 면허의 취소

58 공중위생영업자의 위생관리의무 등을 규정한 법령은?
① 대통령령
② 국무총리령
③ 보건복지부령
④ 노동부령

59 영업소의 폐쇄명령을 받고도 계속하여 영업을 하는 때에 영업소를 폐쇄하기 위해 관계공무원이 행할 수 있는 조치가 아닌 것은?
① 영업소의 간판기타 영업표지물의 제거
② 위법한 영업소임을 알리는 게시물 등의 부착
③ 영업을 위하여 필수불가결한 기구 또는 시설물을 사용할 수 없게 하는 봉인
④ 출입문의 봉쇄

60 이·미용 업소에서 음란행위를 알선 또는 제공시 영업소에 대한 1차 위반 행정처분기준은?
① 경고
② 영업정지 1월
③ 영업정지 3월
④ 영업장 폐쇄명령

2회 실전 모의고사

※ 정답과 해설 : 305p

01 조선중엽 상류사회 여성들이 얼굴의 밑화장으로 사용한 기름은?
① 동백기름 ② 콩기름
③ 참기름   ④ 파마자기름

02 브러쉬의 종류에 따른 사용목적이 틀린 것은?
① 덴멘 브러쉬는 열에 강하여 모발에 텐션과 볼륨감을 주는데 사용한다.
② 롤 브러쉬는 롤의 크기가 다양하고 웨이브를 만들기에 적합하다.
③ 스켈톤 브러쉬는 여성헤어스타일이나 긴 머리 헤어스타일 정돈에 주로 사용된다.
④ S형 브러쉬는 바람머리 같은 방향성을 살린 헤어스타일 정돈에 적합하다.

03 두발을 윤곽 있게 살려 목덜미(nape)에서 정수리(back)쪽으로 올라가면서 두발에 단차를 주어 커트하는 것은?
① 원랭스 커트   ② 쇼트 헤어 커트
③ 그라데이션 커트 ④ 스퀘어 커트

04 스킵 웨이브(skip wave)의 특징으로 가장 거리가 먼 것은?
① 웨이브(wave)와 컬(curl)이 반복 교차된 스타일이다.
② 폭이 넓고 부드럽게 흐르는 웨이브를 만들 때 쓰이는 기법이다.
③ 너무 가는 두발에는 그 효과가 적으므로 피하는 것이 좋다.
④ 퍼머넌트 웨이브가 너무 지나칠 때 이를 수정 보완하기 위해 많이 쓰인다.

05 핫오일 샴푸에 대한 설명 중 잘못된 것은?
① 플레인 샴푸하기 전에 실시한다.
② 오일을 따뜻하게 덥혀서 바르고 마사지한다.
③ 핫오일 샴푸 후 퍼머를 시술한다.
④ 올리브유 등의 식물성 오일이 좋다.

06 퍼머넌트 웨이브(permanent wave)시술시 두발에 대한 제1액의 작용 정도를 판단하여 정확한 프로세싱 타임을 결정하고 웨이브의 형성 정도를 조사하는 것은?
① 패치 테스트　　　　　　　　② 스트랜드 테스트
③ 테스트 컬　　　　　　　　　④ 컬러 테스트

07 컬이 오래 지속되며 움직임을 가장 적게 해주는 것은?
① 논스템(non stem)　　　　　② 하프스템(half stem)
③ 풀스템(full stem)　　　　　④ 컬 스템(curl stem)

08 한국 현대미용사에 대한 설명 중 옳은 것은?
① 경술국치 이후 일본인들에 의해 미용이 발달 했다.
② 1933년 일본인이 우리나라에 처음으로 미용원을 열었다.
③ 해방 전 우리나라 최초의 미용교육기관은 정화고등기술학교이다.
④ 오엽주씨가 화신백화점내에 미용원을 열었다.

09 스캘프 트리트먼트의 목적과 가장 관계가 먼 것은?
① 먼지나 비듬 제거
② 혈액순환을 왕성하게 하여 두피의 생리기능을 높임
③ 두피의 지방막을 제거해서 두발을 깨끗하게 해줌
④ 두피나 두발에 유분 및 수분을 보급하고 두발에 윤택함을 줌

10 헤어블리치 시술에 관한 사항 중 틀린 것은?
① 블리치 시술 후 일주일 이상 경과된 뒤에 퍼머 하는 것이 좋다.
② 블리치 시술 후 케라틴 등의 유출로 다공성 모발이 되므로 애프터 케어가 필요하다.
③ 블리치제 조합은 사전에 정확히 배합해 두고 사용 후 남은 블리치제는 공기가 들어가지 않도록 밀폐시켜 사용한다.
④ 블리치제는 직사광선이 들지 않는 서늘하고 건조한 곳에 보관한다.

11 오리지날 세트의 기본 요소가 아닌 것은?
① 헤어 파팅　　　　　　　　　② 헤어 세이핑
③ 헤어 스프레이　　　　　　　④ 헤어 컬링

12 물결상이 극단적으로 많은 웨이브로 곱슬곱슬하게 된 퍼머넌트의 두발에서 주로 볼 수 있는 것은?

① 와이드 웨이브
② 새도우 웨이브
③ 내로우 웨이브
④ 마셀 웨이브

13 헤어커팅의 방법 중 테이퍼링(tapering)에는 3가지의 종류가 있다. 이 중에서 노멀테이퍼(normal taper)는?

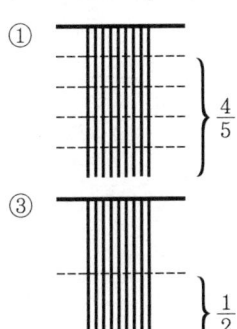

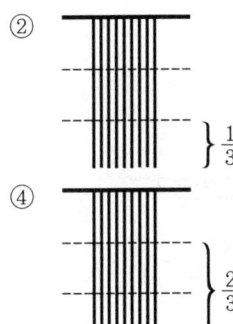

14 퍼머약의 제1액 중 티오글리콜산의 적정 농도는?

① 1~2%
② 2~7%
③ 8~12%
④ 15~20%

15 가발 손질법 중 틀린 것은?

① 스프레이가 없으면 엘레빗을 사용하여 컨디셔너를 골고루 바른다.
② 두발이 빠지지 않도록 차분하게 모근 쪽에서 두발 끝 쪽으로 서서히 빗질을 해 나간다.
③ 두발에만 컨디셔너를 바르고 파운데이션에는 바르지 않는다.
④ 열을 가하면 두발의 결이 변형되거나 윤기가 없어지기 쉽다.

16 단위 체적 안에 포함된 수분의 절대량을 중량이나 압력으로 표시한 것으로 현재 공기 $1m^3$ 중에 함유된 수증기량 또는 수증기 장력을 나타낸 것은?

① 절대습도
② 포화습도
③ 비교습도
④ 포차

17 하수오염이 심할수록 BOD는 어떻게 되는가?
① 수치가 낮아진다.
② 수치가 높아진다.
③ 아무런 영향이 없다.
④ 높아졌다 낮아졌다 반복한다.

18 인수 공통 전염병이 아닌 것은?
① 페스트　　　　　　② 우형 결핵
③ 나병　　　　　　　④ 야토병

19 잠함병의 직접적인 원인은?
① 혈중 CO_2 농도 증가
② 체액 및 혈액 속의 질소 기포 증가
③ 혈중 O_2 농도 증가
④ 혈중 CO 농도 증가

20 무구조충은 다음 중 어느 것을 날것으로 먹었을 때 감염될 수 있는가?
① 돼지고기　　　　　② 잉어
③ 게　　　　　　　　④ 쇠고기

21 자연독에 의한 식중독 원인물질과 서로 관계없는 것으로 연결된 것은?
① 테트로도톡신(tetrodotoxin)-복어
② 솔라닌(solanin)-감자
③ 무스카린(muscarin)-버섯
④ 에르고톡신(ergotoxin)-조개

22 현재 우리나라 근로기준법상에서 보건상 유해하거나 위험한 사업에 종사하지 못하도록 규정되어 있는 대상은?
① 임신중인 여자와 18세 미만인 자
② 산후 1년 6개월이 지나지 아니한 여성
③ 여자와 18세 미만인 자
④ 13세 미만인 어린이

23 공중보건학의 목적과 거리가 가장 먼 것은?
   ① 질병치료
   ② 수명연장
   ③ 신체적, 정신적 건강증진
   ④ 질병예방

24 인간 전체 사망자 수에 대한 50세 이상의 사망자 수를 나타낸 구성 비율은?
   ① 평균수명   ② 조사망률
   ③ 영아사망률   ④ 비례사망자수

25 비늘모양의 죽은 피부세포가 엷은 회백색 조각으로 되어 떨어져 나가는 피부층은?
   ① 투명층   ② 유극층
   ③ 기저층   ④ 각질층

26 피부가 추위를 감지하면 근육을 수축시켜 털을 세우게 한다. 어떤 근육이 털을 세우게 하는가?
   ① 안륜근   ② 입모근
   ③ 전두근   ④ 후두근

27 다음 중 알레르기에 의한 피부의 반응이 아닌 것은?
   ① 화장품에 의한 피부염
   ② 가구나 의복에 의한 피부질환
   ③ 비타민 과다에 의한 피부질환
   ④ 내복한 약에 의한 피부질환

28 다음 중 2도 화상에 속하는 것은?
   ① 햇볕에 탄 피부
   ② 진피층까지 손상되어 수포가 발생한 피부
   ③ 피하 지방층까지 손상된 피부
   ④ 피하 지방층 아래의 근육까지 손상된 피부

29 강한 유전경향을 보이는 특별한 습진으로 팔꿈치 안쪽이나 목 등의 피부가 거칠어지고 아주 심한 가려움증을 나타내는 것은?

① 아토피성 피부염 ② 일광피부염
③ 베를로크 피부염 ④ 약진

30 다음 중 필수지방산에 속하지 않는 것은?

① 리놀산(linolin acid)
② 리놀렌산(linolenic acid)
③ 아라키돈산(arachidonic acid)
④ 타르타르산(tartaric acid)

31 직경 1~2mm의 둥근 백색 구진으로 안면(특히 눈 하부)에 호발하는 것은?

① 비립종 ② 피지선 모반
③ 한관종 ④ 표피낭종

32 건강한 손톱상태의 조건으로 틀린 것은?

① 조상에 강하게 부착되어 있어야 한다.
② 단단하고 탄력이 있어야 한다.
③ 매끄럽게 윤이 흐르고 푸른빛을 띠어야 한다.
④ 수분과 유분이 이상적으로 유지되어야 한다.

33 천연보습인자 성분 중 가장 많이 차지하는 것은?

① 아미노산 ② 피롤리돈 카르복시산
③ 젖산염 ④ 포름산염

34 금속성 식기, 면 종류의 의류, 도자기의 소독에 적합한 소독방법은?

① 화염 멸균법 ② 건열 멸균법
③ 소각 소독법 ④ 자비 소독법

35 살균력은 강하지만 자극성과 부식성이 강해서 상수 또는 하수의 소독에 주로 이용되는 것은?

① 알코올
② 질산은
③ 승홍
④ 염소

36 양이론 계면 활성제의 장점이 아닌 것은?

① 물에 잘 녹는다.
② 색과 냄새가 거의 없다.
③ 결핵균에 효력이 있다.
④ 인체에 독성이 적다.

37 소독 약품의 구비 조건으로 잘못 된 것은?

① 용해성이 높을 것
② 표백성이 있을 것
③ 사용이 간편할 것
④ 가격이 저렴할 것

38 코발트나 세슘 등을 이용한 방사선 멸균법의 단점이라 할 수 있는 것은?

① 시설설비에 소요되는 비용이 비싸다.
② 투과력이 약해 포장된 물품에 소독효과가 없다.
③ 소독에 소요되는 시간이 길다.
④ 고온 하에서 적용되기 때문에 열에 약한 기구소독이 어렵다.

39 이·미용 업소에서 사용하는 수건의 소독방법으로 적합하지 않은 것은?

① 건열소독
② 자비소독
③ 역성비누소독
④ 증기소독

40 다음 중 여드름 짜는 기계를 소독하지 않고 사용했을 때 감염 위험이 큰 질병은?

① 후천성면역결핍증
② 결핵
③ 장티푸스
④ 이질

41 소독약의 살균력 지표로 가장 많이 이용되는 것은?
① 알코올　　　　　　　　② 크레졸
③ 석탄산　　　　　　　　④ 포름알데히드

42 다음 중 산화작용에 의한 소독법에 속하는 것은?
① 알코올　　　　　　　　② 오존
③ 자외선　　　　　　　　④ 끓는 물

43 혈청이나 약제, 백신 등 열에 불안정한 액체의 멸균에 주로 이용되는 멸균법은?
① 초음파멸균법　　　　　② 방사선멸균법
③ 초단파멸균법　　　　　④ 여과멸균법

44 여러 가지 꽃 향의 혼합된 세련되고 로맨틱한 향으로 아름다운 꽃다발을 안고 있는 듯, 화려하면서도 우아한 느낌을 주는 향수의 타입은?
① 싱글 플로럴(single florl)
② 플로럴 부케(florl bouquet)
③ 우디(woody)
④ 오리엔탈(oriental)

45 화장품 제조의 3가지 주요기술이 아닌 것은?
① 가용화 기술　　　　　　② 유화 기술
③ 분산 기술　　　　　　　④ 용융 기술

46 기능성 화장품류의 주요 효과가 아닌 것은?
① 피부 주름개선에 도움을 준다.
② 자외선으로부터 보호한다.
③ 피부를 청결히 하여 피부 건강을 유지한다.
④ 피부 미백에 도움을 준다.

47 다음 중 향료의 함유량이 가작 적은 것은?

① 퍼퓸(Perfume)
② 오데 토일렛(Eau de Toilet)
③ 샤워 코롱(Shower Cologne)
④ 오데 코롱(Eau de Cologen)

48 팩제의 사용 목적이 아닌 것은?

① 팩제가 건조하는 과정에서 피부에 심한 긴장을 준다.
② 일시적으로 피부의 온도를 높여 혈액순환을 촉진한다.
③ 노화한 각질층 등을 팩제와 함께 제거시키므로 피부 표면을 청결하게 할 수 있다.
④ 피부의 생리 기능에 적극적으로 작용하여 피부에 활력을 준다.

49 화장품의 분류와 사용목적, 제품이 일치하지 않는 것은?

① 모발 화장품-정발-헤어스프레이
② 방향 화장품-향취부여-오데코롱
③ 메이크업 화장품-색채 부여-네일 에나멜
④ 기초화장품-피부정돈-클렌징 폼

50 색소를 염료(dye) 와 안료(pigment)로 구분할 때 그 특징에 대해 잘못 설명되어진 것은?

① 염료는 메이크업 화장품을 만드는데 주로 사용된다.
② 안료는 물과 오일에 모두 녹지 않는다.
③ 무기 안료는 커버력이 우수하고 유기안료는 빛, 산, 알칼리에 약하다.
④ 염료는 물이나 오일에 녹는다.

51 명예공중위생감시원의 자격 임명 업무 범위 등에 필요한 사항을 정한 것은?

① 법률
② 대통령령
③ 보건복지부령
④ 당해 지방자치단체 조례

52 공중위생영업을 하고자 하는 자는 위생교육을 언제 받아야 하는가? (단, 예외 조항은 제외한다.)
① 영업소 개설을 통보한 후에 위생교육을 받는다.
② 영업소를 운영하면서 자유로운 시간에 위생교육을 받는다.
③ 영업신고를 하기 전에 미리 위생교육을 받는다.
④ 영업소 개설 후 3개월 이내에 위생교육을 받는다.

53 공중위생관리법상 위생교육을 받지 아니한 때 부과되는 과태료의 기준은?
① 30만원 이하
② 50만원 이하
③ 100만원 이하
④ 200만원 이하

54 이·미용사의 면허를 받지 아니한 자가 이·미용 업무에 종사하였을 때 이에 대한 벌칙기준은?
① 3년 이하의 징역 또는 1천만원 이하의 벌금
② 1년 이하의 징역 또는 1천만원 이하의 벌금
③ 300만원 이하의 벌금
④ 200만원 이하의 벌금

55 영업소 이외의 장소에서 예외적으로 이·미용 영업을 할 수 있도록 규정한 법령은?
① 대통령령
② 국무총리령
③ 보건복지부령
④ 시·도 조례

56 다음 중 이·미용업은 어디에 속하는가?
① 위생접객업
② 공중위생영업
③ 위생관리용역업
④ 위생관련업

57 공중위생서비스평가를 위탁받을 수 있는 기관은?
① 보건소
② 동사무소
③ 소비자단체
④ 관련전문기관 및 단체

58 영업자의 지위를 승계한 후 누구에게 신고하여야 하는가?
① 보건복지부장관　　② 시·도지사
③ 시장·군수·구청장　④ 세무서장

59 이·미용업의 상속으로 인한 영업자 지위 승계신고 시 구비서류가 아닌 것은?
① 영업자 지위승계 신고서
② 가족관계증명서
③ 양도계약서 사본
④ 상속자임을 증명할 수 있는 서류

60 이·미용 영업자가 이·미용사 면허증을 영업소 안에 게시하지 않아 당국으로부터 개선명령을 받았으나 이를 위반한 경우의 법적 조치는?
① 100만원 이하의 벌금　② 100만원 이하의 과태료
③ 200만원 이하의 벌금　④ 300만원 이하의 과태료

3회 실전 모의고사

※정답과 해설 : 311p

01 다음 중 콜드 퍼머넌트 웨이브 시술 시 두발에 부착된 제1액을 씻어 내는데 가장 적합한 린스는?

① 에그 린스(egg rinse)
② 산성 린스(acid rinse)
③ 레몬 린스(lemon rinse)
④ 플레인 린스(plain rinse)

02 퍼머넌트 웨이브 시술 중 테스트 컬(test crl)을 하는 목적으로 가장 적합한 것은?

① 2액의 작용 여부를 확인하기 위해서이다.
② 굵은 모발, 혹은 가는 두발에 로드가 제대로 선택 되었는지 확인하기 위해서이다.
③ 산화제의 작용이 미묘하기 때문에 확인하기 위해서이다.
④ 정확한 프로세싱 시간을 결정하고 웨이브 형성 정도를 조사하기 위해서이다.

03 스트록커트(stroke cut) 테크닉에 사용하기 가장 적합한 것은?

① 리버스 시저스(Reverse scissors)
② 미니 시저스(Mini scissors)
③ 직선날 시저스(Cutting scissors)
④ 곡선날 시저스(R-scissors)

04 다음 중 가는 로드를 사용한 콜드 퍼머넌트 직후에 나오는 웨이브로 가장 가까운 것은?

① 내로우 웨이브(narrow wave)
② 와이드 웨이브(wide wave)
③ 섀도 웨이브(shadow wave)
④ 호리존탈 웨이브(horizontal wave)

05 두발의 양이 많고, 굵은 경우 와인딩과 로드의 관계가 옳은 것은?
① 스트랜드를 크게 하고, 로드의 직경도 큰 것을 사용.
② 스트랜드를 적게 하고, 로드의 직경도 작은 것을 사용.
③ 스트랜드를 크게 하고, 로드의 직경도 작은 것을 사용.
④ 스트랜드를 적게 하고, 로드의 직경도 큰 것을 사용.

06 두발을 탈색한 후 초록색으로 염색하고 얼마동안의 기간이 지난 후 다시 다른 색으로 바꾸고 싶을 때 보색관계를 이용하여 초록색의 흔적을 없애려면 어떤 색을 사용하면 좋은가?
① 노란색
② 오렌지색
③ 적색
④ 청색

07 헤어린스의 목적과 관계없는 것은?
① 두발의 엉킴 방지
② 모발의 윤기 부여
③ 이물질 제거
④ 알칼리성을 약산성화

08 화장법으로는 흑색과 녹색의 두 가지 색으로 윗 눈꺼풀에 악센트를 넣었으며, 붉은 찰흙을 샤프란(꽃 이름임)을 조금씩 썩어서 이것을 볼에 붉게 칠하고 입술연지로도 사용한 시대는?
① 고대 그리스
② 고대 로마
③ 고대 이집트
④ 중국 당나라

09 현대미용에 있어서 1920년대에 최초로 단발머리를 함으로써 우리나라 여성들의 머리형에 혁신적인 변화를 일으키게 된 계기가 된 사람은?
① 이숙종
② 김활란
③ 김상진
④ 오엽주

10 업스타일을 시술할 때 백코밍의 효과를 크게 하고자 세모난 모양의 파트로 섹션을 잡는 것은?
① 스퀘어 파트
② 트라이앵귤러 파트
③ 카우릭 파트
④ 렉탱귤러 파트

11 원랭스의 정의로 가장 적합한 것은?

① 두발의 길이에 단차가 있는 상태의 커트
② 완성된 두발을 빗으로 빗어 내렸을 때 모든 두발이 하나의 선상으로 떨어지도록 자르는 커트
③ 전체의 머리 길이가 똑같은 커트
④ 머릿결을 맞추지 않아도 되는 커트

12 고객이 추구하는 미용의 목적과 필요성을 시각적으로 느끼게 하는 과정은 어디에 해당하는가?

① 소재
② 구상
③ 제작
④ 보정

13 플랫 컬의 특징을 가장 잘 표현한 것은?

① 컬의 루프가 두피에 대하여 0도 각도로 평평하고 납작하게 형성되어진 컬을 말한다.
② 일반적 컬 전체를 말한다.
③ 루프가 반드시 90도 각도로 두피 위에 세워진 컬로 볼륨을 내기 위한 헤어스타일에 주로 이용된다.
④ 두발의 끝에서부터 말아온 컬을 말한다.

14 완성된 두발선 위를 가볍게 다음에 커트하는 방법은?

① 테이퍼링(tapering)
② 틴닝(thinning)
③ 트리밍(trimming)
④ 싱글링(shingling)

15 레이저(razor)에 대한 설명 중 가장 거리가 먼 것은?

① 셰이핑 레이저를 이용하여 커팅하면 안정적이다.
② 초보자는 오디너리 레이저를 사용하는 것이 좋다.
③ 솜털 등을 깎을 때 외곡선상의 날이 좋다.
④ 녹이 슬지 않게 관리를 한다.

16 다공성 모발에 대한 사항 중 틀린 것은?
   ① 다공성모란 두발의 간층 물질이 소실되어 두발 조직 중에 공동이 많고 보습작용이 적어져서 두발이 건조해 지기 쉬우므로 손상모를 말한다.
   ② 다공성모는 두발이 얼마나 빨리 유액을 흡수하느냐에 따라 그 정도가 결정된다.
   ③ 다공성의 정도에 따라서 콜드웨이빙의 프로세싱 타임과 웨이빙의 용액의 정도가 결정된다.
   ④ 다공성의 정도가 클수록 모발의 탄력이 적으므로 프로세싱 타임을 길게 한다.

17 비타민 결핍증인 불임증 및 생식불능과 피부의 노화방지 작용 등과 가장 관계가 깊은 것은?
   ① 바타민A   ② 바타민B 복합체
   ③ 바타민E   ④ 바타민D

18 환경오염의 발생요인인 산성비의 가장 주요한 원인과 산도는?
   ① 이산화탄소 pH 5.6이하
   ② 아황산가스 pH 5.6이하
   ③ 염화불화탄소 pH 6.6이하
   ④ 탄화수소 pH 6.6이하

19 세계보건기구(WHO)에서 규정된 건강의 정의를 가장 적절 하게 표현한 것은?
   ① 육체적으로 완전히 양호한 상태
   ② 정신적으로 완전히 양호한 상태
   ③ 질병이 없고 허약하지 않은 상태
   ④ 육체적, 정신적, 사회적 안녕이 완전한 상태

20 주로 7~9월 사이에 많이 발생되며, 어패류가 원인이 되어 발병, 유행하는 식중독은?
   ① 포도상구균 식중독   ② 살모넬라 식중독
   ③ 보툴리누스균 식중독   ④ 장염 비브리오 식중독

21 돼지와 관련이 있는 질환으로 거리가 먼 것은?
① 유구조충 ② 살모넬라증
③ 일본뇌염 ④ 발진티푸스

22 한 국가가 지역사회의 건강수준을 나타내는 지표로서 대표적인 것은?
① 질병이환률 ② 영아사망률
③ 신생아사망률 ④ 조사망률

23 위생해충의 구제방법으로 가장 효과적이고 근본적인 방법은?
① 성충 구제 ② 살충제 사용
③ 유충 구제 ④ 발생원제거

24 파리에 의해 주로 전파될 수 있는 전염병은?
① 페스트 ② 장티프스
③ 사상충증 ④ 황열

25 기온측정 등에 관한 설명 중 틀린 것은?
① 실내에서는 통풍이 잘 되는 직사광선을 받지 않은 곳에 매달아 놓고 측정하는 것이 좋다.
② 평균기온은 높이에 비례하여 하강하는데, 고도 11,000m 이하에서는 보통 100m 당 0.5~0.7도 정도이다.
③ 측정할 때 수은주 높이와 측정자의 눈의 높이가 같아야 한다.
④ 정상적인 날의 하루 중 기온이 가장 낮을 때는 밤 12시 경이고 가장 높을 때는 오후 2시경이 일반적이다.

26 피부의 구조 중 진피에 속하는 것은?
① 과립층 ② 유극층
③ 유두층 ④ 기저층

27 안면의 각질제거를 용이 하게 하는 것은?
① 비타민C
② 토코페놀
③ AHA
④ 비타민E

28 피부의 산성도가 외부의 충격으로 파괴된 후 자연재연 되는데 걸리는 최소한의 시간은?
① 약 1시간 경과 후
② 약 2시간 경과 후
③ 약 3시간 경과 후
④ 약 4시간 경과 후

29 다음 중 결핍 시 피부표면이 경화되어 거칠어지는 주된 영양물질은?
① 단백질과 비타민A
② 비타민D
③ 탄수화물
④ 무기질

30 세포분열을 통해 새롭게 손·발톱을 생산해 내는 곳은?
① 조체
② 조모
③ 조소피
④ 조하막

31 피부색소의 멜라닌을 만드는 색소형성세포는 어느 층에 위치하는가?
① 과립층
② 유극층
③ 각질층
④ 기저층

32 한선(땀샘)의 설명으로 틀린 것은?
① 체온을 조절한다.
② 땀은 피부의 피지막과 산성막을 형성한다.
③ 땀을 많이 흘리면 영양분과 미네랄을 잃는다.
④ 땀샘은 손, 발바닥에는 없다.

33 다음 중 피부의 면역기능에 관계하는 것은?
① 각질형성 세포   ② 랑게르한스 세포
③ 말피기 세포   ④ 머겔 세포

34 세포의 분열증식으로 모발이 만들어지는 곳은?
① 모모(毛母)세포   ② 모유두
③ 모구   ④ 모소피

35 고압멸균기를 사용하여 소독하기에 가장 적합하지 않은 것은?
① 유리기구   ② 금속기구
③ 약액   ④ 가죽제품

36 병원성 미생물이 일반적으로 증식이 가장 잘 되는 pH의 범위는?
① 3.5~4.5   ② 4.5~5.5
③ 5.5~6.5   ④ 6.5~7.5

37 다음 중 일회용 면도기를 사용함으로서 예방 가능한 질병은? (단, 정상적인 사용의 경우를 말한다.)
① 옴(개선)병   ② 일본뇌염
③ B형 간염   ④ 무좀

38 소독약의 살균력 지표로 가장 많이 이용되는 것은?
① 알코올   ② 크레졸
③ 석탄산   ④ 포름알데이드

39 산소가 있어야만 잘 성장할 수 있는 균은?
① 호기성균   ② 혐기성균
③ 통성혐기성균   ④ 호혐기성균

40 다음 중 화학적 살균법이라고 할 수 없는 것은?
① 자외선살균법　　② 알코올살균법
③ 염소살균법　　　④ 과산화수소살균법

41 소독약의 구비조건에 해당하지 않는 것은?
① 높은 살균력을 가질 것
② 인축에 해가 없어야 할 것
③ 저렴하고 구입과 사용이 간편할 것
④ 기름, 알코올 등에 잘 용해되어야 할 것

42 다음 중 세균의 단백질 변성과 응고작용에 의한 기전을 이용하여 살균하고자 할 때 주로 이용되는 방법은?
① 가열　　② 희석
③ 냉각　　④ 여과

43 소독액을 표시 할 때 사용하는 단위로 용액 100ml속에 용질의 함량을 표시하는 수치는?
① 푼　　　② 퍼센트
③ 퍼밀리　④ 피피엠

44 세안용 화장품의 구비조건으로 부적당한 것은?
① 안정성=물이 묻거나 건조해지면 형과 질이 잘 변해야 한다.
② 용해성=냉수나 온탕에 잘 풀려야 한다.
③ 기포성=거품이 잘나고 세정력이 있어야 한다.
④ 자극성=피부를 자극시키지 않고 쾌적한 방향이 있어야 한다.

45 화장수의 설명 중 잘못된 것은?
① 피부의 각질층에 수분을 공급한다.
② 피부에 청량감을 준다.
③ 피부에 남아있는 잔여물을 닦아준다.
④ 피부의 각질을 제거한다.

46 아로마테라피(aromatherapy)에 사용되는 에센셜 오일에 대한 설명 중 가장 거리가 먼 것은?

① 아로마테라피에 사용되는 에센셜 오일은 주로 수증기 증류법에 의해 추출된 것이다.
② 에센셜 오일은 공기 중의 산소, 빛 등에 의해 변질될 수 있으므로 갈색병에 보관하여 사용하는 것이 좋다.
③ 에센셜 오일은 원액을 그대로 피부에 사용해야 한다.
④ 에센셜 오일을 사용할 때에는 안전성 확보를 위하여 사전에 패취테스트(patch test)를 실시하여야 한다.

47 아래에서 설명하는 유화기로 가장 적합한 것은?

- 크림이나 로션 타입의 제조에 주로 사용된다.
- 터빈형의 회전날개를 원통으로 둘러싼 구조이다.
- 균일하고 미세한 유화입자가 만들어진다.

① 디스퍼(Disper)
② 호모믹서(Homo-mixer)
③ 프로펠러믹서(Propeller mixer)
④ 호모게나이져(Homogenizer)

48 화장품 성분 중 무기 안료의 특성은?

① 내광성, 내열성이 우수하다.
② 선명도와 착색력이 뛰어나다.
③ 유기 용매에 잘 녹는다.
④ 유기 안료에 비해 색의 종류가 다양하다.

49 여드름 피부용 화장품에 사용되는 성분과 가장 거리가 먼 것은?

① 살리실산   ② 글리시리진산
③ 아줄렌   ④ 알부틴

50 화장품 법 상 화장품의 정의와 관련한 내용이 아닌 것은?
① 신체의 구조, 기능에 영향을 미치는 것과 같은 사용 목적을 겸하지 않는 물품
② 인체를 청결히 하고, 미화하고, 매력을 더하고 용모를 밝게 변화시키기 위해 사용하는 물품
③ 피부 혹은 모발을 건강하게 유지 또는 증진하기 위한 물품
④ 인체에 사용되는 물품으로 인체에 대한 작용이 경미한 것

51 이·미용업 면허를 받을 수 없는 자는?
① 전문대학에서 이용 또는 미용에 관한 학과를 졸업한 자
② 교육부장관이 인정하는 이·미용고등학교를 졸업한 자
③ 교육부장관이 인정하는 고등기술학교에서 6개월 수학한 자
④ 국가기술자격법에 의한 이·미용사 자격취득자

52 다음 중 이·미용업 영업자가 변경신고를 해야 하는 것을 모두 고른 것은?

> ㄱ. 영업소의 소재지
> ㄴ. 영업소 바닥의 면적의 3분의 1이상의 증감
> ㄷ. 종사자의 변동사항
> ㄹ. 영업자의 재산변동사항

① ㄱ ② ㄱ, ㄴ
③ ㄱ, ㄴ, ㄷ ④ ㄱ, ㄴ, ㄷ, ㄹ

53 영업소 외에서의 이용 및 미용업무를 할 수 없는 경우는?
① 관할 소재동지역 내에서 주민에게 이·미용을 하는 경우
② 질병, 기타의 사유로 인하여 영업소에 나올 수 없는 자에 대하여 미용을 하는 경우
③ 혼례나 기타 의식에 참여하는 자에 대하여 그 의식의 직전에 미용을 하는 경우
④ 특별한 사정이 있다고 인정하여 시장.군수.구청장이 인정하는 경우

54 시장, 군수, 구청장이 영업정지가 이용자에게 심한 불편을 주거나 그 밖에 공익을 해할 우려가 있는 경우에 영업정지처분에 갈음한 과징금을 부과할 수 있는 금액기준은?

① 1천만 원 이하 ② 2천만 원 이하
③ 3천만 원 이하 ④ 4천만 원 이하

55 이·미용사 면허증을 분실하여 재교부를 받은 자가 분실한 면허증을 찾았을 때 취하여야 할 조치로 옳은 것은?

① 시·도지사에게 찾은 면허증을 반납한다.
② 시장, 군수에게 찾은 면허증을 반납한다.
③ 본인이 모두 소지하여도 무방하다.
④ 재교부 받은 면허증을 반납한다.

56 영업자의 지위를 승계한 자는 몇 월 이내에 시장, 군수, 구청장에게 신고를 하여야 하는가?

① 1월 ② 2월
③ 6월 ④ 12월

57 이용사 또는 미용사의 면허를 받지 아니한 자 중, 이용사 또는 미용사 업무에 종사할 수 있는 자는?

① 이·미용 업무에 숙달된 자로 이·미용사 자격증이 없는 자
② 이·미용사로서 업무정지 처분 중에 있는 자
③ 이·미용업소에서 이·미용사의 감독을 받아 이·미용사를 보조하고 있는 자
④ 학원 설립·운영에 관한 법률에 의하여 설립된 학원에서 3월 이상 이용 또는 미용에 관한 강습을 받은 자

58 이·미용소의 조명시설은 얼마 이상이어야 하는가?

① 50룩스 ② 75룩스
③ 100룩스 ④ 125룩스

59 다음 위법사항 중 가장 무거운 벌칙기준에 해당하는 자?

① 신고를 하지 아니하고 영업한 자
② 변경신고를 하지 아니하고 영업한 자
③ 면허정지처분을 받고 그 정지 기간 중 업무를 행한 자
④ 관계 공무원 출입, 검사를 거부한 자

60 이·미용업 영업자가 위생교육을 받지 아니한 때에 대한 1차 위반 시 행정처분 기준은?

① 경고
② 개선명령
③ 영업정지 5일
④ 영업정지 10일

한권으로 끝내는
미용사(일반)

06 최신 기출문제

2011.4.17 최신 기출문제
2011.7.31 최신 기출문제
2011.10.9 최신 기출문제

최신 기출문제

※정답과 해설 : 318p

01 물에 적신 모발을 와인딩 한 후 퍼머넌트 웨이브 1제를 도포하는 방법은?
① 워터래핑　　② 슬래핑
③ 스파이럴 랩　　④ 크로키놀 랩

02 한국 현대 미용사에 대한 설명 중 옳은 것은?
① 경술국치 이후 일본인들에 의해 미용이 발달했다.
② 1933년 일본인이 우리나라에 처음으로 미용원을 열었다.
③ 해방 전 우리나라 최초의 미용교육기관은 정화고등기술학교이다.
④ 오엽주씨가 화신 백화점 내에 미용원을 열었다.

03 퍼머 제1액 처리에 따른 프로세싱 중 언더 프로세싱의 설명으로 틀린 것은?
① 언더프로세싱은 프로세싱 타임 이상으로 제1액을 두발에 방치한 것을 말한다.
② 언더프로세싱일 때에는 두발의 웨이브가 거의 나오지 않는다.
③ 언더프로세싱일 때에는 처음에 사용한 솔루션 보다 약한 제1액을 다시 사용한다.
④ 제1액의 처리 후 두발의 테스트컬로 언더프로세싱 여부가 판명된다.

04 헤어 컬러링 기술에서 만족할 만한 색채효과를 얻기 위해서는 색채의 기본적인 원리를 이해하고 이를 응용할 수 있어야 하는데 색의 3속성 중의 명도만을 갖고 있는 무채색에 해당하는 것은?
① 적색　　② 황색
③ 청색　　④ 백색

05 아이론의 열을 이용하여 웨이브를 형성하는 것은?
① 마셀 웨이브　　② 콜드 웨이브
③ 핑거 웨이브　　④ 새도우 웨이브

06 다음 중 산성 린스의 종류가 아닌 것은?
① 레몬 린스　　　② 비니거 린스
③ 오일 린스　　　④ 구연산 린스

07 다음 중 블런트 커트와 같은 의미인 것은?
① 클럽커트　　　② 싱글링
③ 클리핑　　　　④ 트리밍

08 브러시 세정법으로 옳은 것은?
① 세정 후 털은 아래로 하여 양지에서 말린다.
② 세정 후 털은 아래로 하여 응달에서 말린다.
③ 세정 후 털은 위로 하여 양지에서 말린다.
④ 세정 후 털은 위로 하여 응달에서 말린다.

09 콜드 퍼머넌트시 제1액을 바르고 비닐캡을 씌우는 이유로 거리가 가장 먼 것은?
① 체온으로 솔루션의 작용을 빠르게 하기 위하여
② 제1액의 작용이 두발 전체에 골고루 행하여지게 하기 위하여
③ 휘발성 알칼리의 휘산작용을 방지하기 위하여
④ 두발을 구부러진 형태대로 정착시키기 위하여

10 미용의 특수성에 해당하지 않는 것은?
① 자유롭게 소재를 선택한다.
② 시간적 제한을 받는다.
③ 손님의 의사를 존중한다.
④ 여러 가지 조건에 제한을 받는다.

11 염모제로서 해너를 처음으로 사용했던 나라는?
① 그리스　　　② 이집트
③ 로마　　　　④ 중국

12 빗의 보관 및 관리에 관한 설명 중 옳은 것은?
① 빗은 사용 후 소독액에 계속 담가 보관한다.
② 소독액에서 빗을 꺼낸 후 물로 딱지 않고 그대로 사용해야한다.
③ 증기소독은 자주 해주는 것이 좋다.
④ 소독액은 석탄산수, 크레졸비누액 등이 좋다.

13 유기합성 염모제에 대한 설명 중 틀린 것은?
① 유기합성 염모제 제품은 알칼리성의 제1액과 산화제인 제2액으로 나누어진다.
② 제1액은 산화염료가 암모니아수에 녹아있다.
③ 제1액의 용액은 산성을 띄고 있다.
④ 제2액은 과산화수소로서 멜라닌색소의 파괴와 산화염료를 산화시켜 발색시킨다.

14 비듬이 없고 두피가 정상적인 상태일 때 실시하는 것은?
① 댄드러프 스캘프 트린트먼트
② 오일리 스캘프 트린트먼트
③ 플레인 스캘프 트린트먼트
④ 드라이 스캘프 트린트먼트

15 땋거나 스타일링 하기에 쉽도록 3가닥 혹은 1가닥으로 만들어진 헤어피스는?
① 웨프트   ② 스위치
③ 폴   ④ 위글렛

16 다음 중 옳게 짝지어진 것은?
① 아이론 웨이브 - 1830년 프랑스의 무슈끄로와뜨
② 콜드 웨이브 - 1936년 영국의 스피크먼
③ 스파이럴 퍼머넌트 웨이브 - 1925년 영국의 조셉메이어
④ 크로키놀식 웨이브 - 1875년 프랑스의 마셀그라또

17 헤어스타일 또는 메이크업에서 개성미를 발휘하기 위한 첫 단계는?
① 구상   ② 보정
③ 소재의확인   ④ 제작

18 두정부의 가마로부터 방사상으로 나눈 파트는?

① 카우릭 파트 ② 이어투이어 파트
③ 센터 파트 ④ 스퀘어 파트

19 컬의 목적으로 가장 옳은 것은?

① 텐션, 루프, 스템을 만들기 위해
② 웨이브, 볼륨, 플러프를 만들기 위해
③ 슬라이싱, 스퀘어, 베이스를 만들기 위해
④ 세팅, 뱅을 만들기 위해

20 보습제가 갖추어야 할 조건이 아닌 것은?

① 휘발성이 있을 것
② 다른 성분과 혼용성이 좋을 것
③ 적절한 보습능력이 있을 것
④ 응고점이 낮을 것

21 간 흡충중(디스토마)의 제1중간 숙주는?

① 다슬기 ② 쇠우렁
③ 피라미 ④ 게

22 납중독과 가장 거리가 먼 증상은?

① 빈혈 ② 신경마비
③ 뇌중독증상 ④ 과다행동장애

23 간헐적으로 유행할 가능성이 있어 지속적으로 그 발생을 감시하고 방역대책의 수립이 필요한 감염병은?

① 말라리아 ② 콜레라
③ 디프테리아 ④ 유행성이하선염

24 수질오염의 지표로 사용하는 "생물학적 산소요구량"을 나타내는 용어는?
① BOD
② DO
③ COD
④ SS

25 국가의 건강 수준을 나타내는 지표로서 가장 대표적으로 사용하고 있는 것은?
① 인구증가율
② 조사망률
③ 영아사망률
④ 질병발생률

26 지역사회에서 노인층 인구에 가장 적절한 보건교육 방법은?
① 신문
② 집단교육
③ 개별접촉
④ 강연회

27 예방접종에서 생균제제를 사용하는 것은?
① 장티푸스
② 파상풍
③ 결핵
④ 디프테리아

28 저온폭로에 의한 건강장애는?
① 동상-무좀-전신체온 상승
② 참호족-동상-전신체온 하강
③ 참호족-동상-전신체온 상승
④ 동상-기억력저하-참호족

29 다음 식중독 중에서 치명률이 가장 높은 것은?
① 살모넬라증
② 포도상구균중독
③ 연쇄상구균중독
④ 보툴리누스균중독

30 다음 중 파리가 전파할 수 있는 소화기계 전염병은?
① 페스트
② 일본뇌염
③ 장티푸스
④ 황열

31 소독의 정의로서 옳은 것은?
① 모든 미생물 일체를 사멸하는 것
② 모든 미생물을 열과 약품으로 완전히 죽이거나 또는 제거하는 것
③ 병원성 미생물의 생활력을 파괴하여 죽이거나 또는 제거하여 감염력을 없애는 것
④ 균을 적극적으로 죽이지 못하더라고 발육을 저지하고 목적하는 것을 변화시키지 않고 보존하는 것

32 AIDS나 B형간염 등과 같은 질환의 전파를 예방하기 위한 이.미용기구의 가장 좋은 소독방법은?
① 고압증기 멸균기　　② 자외선 소독기
③ 음이온계면활성제　　④ 알코올

33 일반적으로 사용되는 소독용 알코올의 적정 농도는?
① 30%　　② 70%
③ 50%　　④ 100%

34 다음 중 이.미용사의 손을 소독하려 할 때 가장 알맞은 것은?
① 역성비누액　　② 석탄산수
③ 포르말린수　　④ 과산화수소수

35 다음 중 음용수 소독에 사용되는 약품은?
① 석탄산　　② 액체염소
③ 승홍　　④ 알코올

36 소독에 영향을 미치는 인자가 아닌 것은?
① 온도　　② 수분
③ 시간　　④ 풍속

37 소독법의 구비 조건에 부적합 한 것은?
① 장시간에 걸쳐 소독의 효과가 서서히 나타나야 한다.
② 소독대상물에 손상을 입혀서는 안 된다.
③ 인체 및 가축에 해가 없어야 한다.
④ 방법이 간단하고 비용이 적게 들어야 한다.

38 소독제의 살균력 측정검사의 지표로 사용되는 것은?
① 알코올
② 크레졸
③ 석탄산
④ 포르말린

39 화장실, 하수도, 쓰레기통 소독에 가장 적합한 것은?
① 알코올
② 크레졸
③ 승홍수
④ 생석회

40 상처소독에 적당치 않은 것은?
① 과산화수소
② 요오드딩크제
③ 승홍수
④ 머큐로크롬

41 생명력이 없는 상태의 무색, 무핵증으로서 손바닥과 발바닥에 주로 있는 층은?
① 각질층
② 과립층
③ 투명층
④ 기저층

42 천연보습인자(NMF)에 속하지 않는 것은?
① 아미노산
② 암모니아
③ 젖산염
④ 글리세린

43 즉시 색소 침착작용을 하는 광선으로 인공 선탠에 사용되는 것은?
① UV A
② UV B
③ UV C
④ UV D

44 갑상선의 기능과 관계있으며 모세혈관 기능을 정상화시키는 것은?
① 칼슘
② 인
③ 철분
④ 요오드

45 피부의 생리작용 중 지각 작용은?
① 피부표면에 수증기가 발산한다.
② 피부에는 땀샘, 피지선 모근은 피부생리 작용을 한다.
③ 피부 전체에 퍼져 있는 신경에 의해 촉각, 온각, 냉각, 통각 등을 느낀다.
④ 피부의 생리작용에 의해 생긴 노폐물을 운반한다.

46 교원섬유(collagen)와 탄력섬유(elastin)로 구성되어 있어 강한 탄력성을 지니고 있는 곳은?
① 표피
② 진피
③ 피하조직
④ 근육

47 자외선의 영향으로 인한 부정적인 효과는?
① 홍반반응
② 비타민D형성
③ 살균효과
④ 강장효과

48 피부에서 땀과 함께 분비되는 천연 자외선 흡수제는?
① 우로칸산
② 글리콜산
③ 글루탐산
④ 레틴산

49 광노화와 거리가 먼 것은?
① 피부두께가 두꺼워진다.
② 섬유아세포수의 양이 감소한다.
③ 콜라겐이 비정상적으로 늘어난다.
④ 점다당질이 증가한다.

50 피지분비와 가장 관계가 있는 호르몬은?
① 에스트로겐 ② 프로게스트론
③ 인슐린 ④ 안드로겐

51 이용 및 미용업 영업자의 지위를 승계한 자가 관계기관에 신고를 해야하는 기간은?
① 1년 이내 ② 3월 이내
③ 6월 이내 ④ 1월 이내

52 이용업 및 미용업은 다음 중 어디에 속하는가?
① 공중위생영업 ② 위생관련영업
③ 위생처리업 ④ 위생관리용역업

53 다음( )안에 알맞은 내용은?

> 이.미용업 영업자가 공중위생관리법을 위반하여 관계행정기관의 장의 요청이 있는 때에는 ( )이내의 기간을 정하여 영업의 정지 또는 일부시설의 사용중지 혹은 영업소 폐쇄 등을 명할 수 있다.

① 3월 ② 6월
③ 1년 ④ 2년

54 이.미용업소 내 반드시 게시하여야 할 사항으로 옳은 것은?
① 요금표 및 준수사항만 게시하면 된다.
② 이.미용업 신고증만 게시하면 된다.
③ 이.미용업 신고증 및 면허증사본, 요금표를 게시하면 된다.
④ 이.미용업 신고증, 면허증원본, 요금표를 게시하여야 한다.

55 다음 중 이·미용사의 면허정지를 명할 수 있는 자는?
① 행정안전부 장관 ② 시.도지사
③ 시장. 군수. 구청장 ④ 경찰서장

56 이·미용 영업소에서 1회용 면도날을 손님 2인에게 사용한 때의 1차위반시 행정처분은?

① 시정명령　　　　　　　　　② 개선명령
③ 경고　　　　　　　　　　　④ 영업정지 5일

57 관련법상 이·미용사의 위생교육에 대한 설명 중 옳은 것은?

① 위생교육 대상자는 이·미용업 영업자이다.
② 위생교육 대상자에는 이·미용사의 면허를 가지고 이·미용업에 종사하는 모든 자가 포함된다.
③ 위생교육은 시.군.구청장만이 할 수 있다.
④ 위생교육 시간은 분기 당 4시간으로 한다.

58 다음 중 이·미용사의 면허를 받을 수 없는 자는?

① 전문대학의 이·미용에 관한 학과를 졸업한 자
② 교육부장관이 인정하는 고등기술학교에서 1년 이상 이·미용에 관한 소정의 과정을 이수한 자
③ 국가기술자격법에 의한 이·미용사의 자격을 취득한 차
④ 외국의 유명 이·미용학원에서 2년 이상 기술을 습득한 자

59 신고를 하지 않고 영업소 명칭(상호)을 바꾼 경우에 대한 1차 위반 시의 행정처분은?

① 주의　　　　　　　　　　　② 경고 또는 개선명령
③ 영업정지 15일　　　　　　 ④ 영업정지 1월

60 다음 중 과태료처분 대상에 해당되지 않는 자는?

① 관계공무원의 출입, 검사 등 업무를 기피한 자
② 영업소 폐쇄명령을 받고도 영업을 계속한 자
③ 이·미용업소 위생관리 의무를 지키지 아니한 자
④ 위생교육 대생자 중 위생교육을 받지 아니한 자

2011 7.31 최신 기출문제

※정답과 해설 : 325p

01 다음 용어의 설명으로 틀린 것은?

① 버티컬 웨이브(vertical wave): 웨이브 흐름이 수평
② 리세트(reset): 세트를 다시 마는 것
③ 호리존탈 웨이브(horizontal wave): 웨이브 흐름이 가로 방향
④ 오리지널 세트(original set): 기초가 되는 최초의 세트

02 핑거 웨이브(finger wave)와 관계없는 것은?

① 세팅로션, 물, 빗
② 크레스트(crest), 리지(ridge), 트로프(trough)
③ 포워드비기닝(forward beginning), 리버스비기닝(reverse beginning)
④ 테이퍼링(tapering), 싱글링(shingling)

03 스캘프 트리트먼트(scalp treatment)의 시술과정에서 화학적 방법과 관련 없는 것은?

① 양모제   ② 헤어토닉
③ 헤어크림   ④ 헤어스티머

04 빗(comb)의 손질법에 대한 설명으로 틀린 것은? (단, 금속 빗은 제외)

① 빗살 사이의 때는 솔로 제거하거나 심한 경우는 비눗물에 담근 후 브러시로 닦고 나서 소독한다.
② 증기소독과 자비소독 등 열에 의한 소독과 알코올 소독을 해준다.
③ 빗을 소독할 때는 크레졸수, 역성비누액 등이 이용되며 세정이 바람직하지 않은 재질은 자외선으로 소독한다.
④ 소독용액에 오랫동안 담가두면 빗이 휘어지는 경우가 있어 주의하고 끄집어낸 후 물로 헹구고 물기를 제거 한다.

05 다음 중 헤어블리치에 관한 설명으로 틀린 것은?

① 과산화수소는 산화제이고 암모니아수는 알칼리제이다.
② 헤어블리치는 산화제의 작용으로 두발의 색소를 옅게 한다.
③ 헤어블리치제는 과산화수소에 암모니아수 소량을 더하여 사용한다.
④ 과산화수소에서 방출된 수소가 멜라닌색소를 파괴시킨다.

06 대부분 O/W형 유화타입이며, 오일양이 적어 여름철에 많이 상하고 젊은 연령층이 선호하는 파운데이션은?

① 크림 파운데이션
② 파우더 파운데이션
③ 리퀴드 파운데이션
④ 트윈 케이크

07 두발이 지나치게 건조해 있을 때나 두발의 염색에 실패했을 때의 가장 적합한 샴푸 방법은?

① 플레인 샴푸
② 에그 샴푸
③ 약산성 샴푸
④ 토닉 샴푸

08 미용의 과정이 바른 순서로 나열된 것은?

① 소재→구성→제작→보정
② 소재→보정→구상→제작
③ 구상→소재→제작→보정
④ 구상→제작→보정→소재

09 다음 중 커트를 하기 위한 순서로 가장 옳은 것은?

① 위그→수분→빗질→블로킹→슬라이스→스트랜드
② 위그→수분→빗질→블로킹→스트랜드→슬라이스
③ 위그→수분→슬라이스→빗질→블로킹→스트랜드
④ 위그→수분→스트랜드→빗질→블로킹→슬라이스

10 첩지에 대한 내용으로 틀린 것은?

① 첩지의 모양은 봉과 개구리 등이 있다.
② 첩지는 조선시대 사대부의 예장 때 머리 위 가리마를 꾸미는 장식품이다.
③ 왕비는 은 개구리첩지를 사용하였다.
④ 첩지는 내명부나 외명부의 신분을 밝혀주는 중요한 표시이기도 했다.

11 레이어드 커트(layered cut) 의 특징이 아닌 것은?

① 커트라인이 얼굴정면에서 네이프라인과 일직선인 스타일이다.
② 두피 면에서의 모발의 각도를 90도 이상으로 커트한다.
③ 머리형이 가볍고 부드러워 다양한 스타일을 만들 수 있다.
④ 네이프라인에서 탑 부분으로 올라가면서 모발의 길이가 점점 짧아지는 커트이다.

12 두발 커트 시 두발 끝 1/3 정도를 테이퍼링 하는 것은?

① 노멀 테이퍼링 ② 딥 테이퍼링
③ 앤드 테이퍼링 ④ 보스 사이드 테이퍼

13 시스테인 퍼머넌트에 대한 설명으로 틀린 것은?

① 아미노산의 일종인 시스테인을 사용한 것이다.
② 환원제로 티오글리콜산염이 사용 된다.
③ 모발에 대한 잔류성이 높아 주의가 필요하다.
④ 연모, 손상모의 시술에 적합하다.

14 영구적 염모제에 대한 설명 중 틀린 것은?

① 제1액의 알칼리제로는 휘발성이라는 점에서 암모니아가 사용 된다.
② 제2제인 산화제는 모피질내로 침투하여 수소를 발생시킨다.
③ 제1제 속의 알칼리제가 모표피를 팽윤시켜 모피질내 인공색소와 과산화수소를 침투시킨다.
④ 모피질내의 인공색소는 큰 입자의 유색 염료를 형성하여 영구적으로 착색된다.

15 두피타입에 알맞은 스캘프 트리트먼트(scalp treatment)의 시술방법의 연결이 틀린 것은?

① 건성두피-드라이스캘프 트리트먼트
② 지성두피-오일리 스캘프 트리트먼트
③ 비듬성두피-핫 오일스캘프 트리트먼트-댄드러프트리트먼트
④ 정상두피-플레인 스캘프 트리트먼트

16 샴푸제의 성분이 아닌 것은?

① 계면활성제 ② 점증제
③ 기포증진제 ④ 산화제

17 내가 좋아하는 향수를 구입하여 샤워 후 바디에 나만의 향으로 산뜻하고 상쾌함을 유지시키고자 한다면, 부향률은 어느 정도로 하는 것이 좋은가?

① 3~5% ② 1~3%
③ 6~8% ④ 9~12%

18 가위에 대한 설명 중 틀린 것은?

① 양날의 견고함이 동일해야 한다.
② 가위의 길이나 무게가 미용사의 손에 맞아야 한다.
③ 가위 날이 반듯하고 두꺼운 것이 좋다.
④ 협신에서 날 끝으로 갈수록 약간 내곡선인 것이 좋다.

19 모발의 측쇄 결합으로 볼 수 없는 것은?

① 시스틴결합(cystine bond)
② 염결합(salt bond)
③ 수소결합(hydrogen bond)
④ 폴리펩티드결합(Poly peptide bond)

20 두발에서 퍼머넌트 웨이브의 형성과 직접 관련이 있는 아미노산은?

① 시스틴(cystine) ② 알라닌(alanine)
③ 멜라닌(melanin) ④ 티로신(tyrosin)

21 수질오염을 측정하는 지표로서 물에 녹아있는 유리산소를 의미하는 것은?
① 용존산소(DO)
② 생물화학적산소요구량(BOD)
③ 화학적산소요구량(COD)
④ 수소이온농도(pH)

22 출생률보다 사망률이 낮으며 14세 이하인구가 65세 이상 인구의 2배를 초과하는 인구 구성형은?
① 피라미드형
② 종형
③ 항아리형
④ 별형

23 보건행정에 대한 설명으로 가장 올바른 것은?
① 공중보건의 목적을 달성하기 위해 공공의 책임하에 수행하는 행정활동
② 개인보건의 목적을 달성하기 위해 공공의 책임하에 수행하는 행정활동
③ 국가 간의 질병교류를 막기 위해 공공의 책임하에 수행하는 행정활동
④ 공중보건의 목적을 달성하기 위해 개인의 책임하에 수행하는 행정활동

24 콜레라 예방접종은 어떤 면역방법인가?
① 인공수동면역
② 인공능동면역
③ 자연수동면역
④ 자연능동면역

25 기생충의 인체 내 기생 부위 연결이 잘못된 것은?
① 구충증-폐
② 간흡충증-간의 담도
③ 요충증-직장
④ 폐흡충-폐

26 다음 중 불량 조명에 의해 발생되는 직업병이 아닌 것은?
① 안정피로
② 근시
③ 근육통
④ 안구진탕증

27 주로 여름철에 발병하며 어패류 등에 생식이 원인이 되어 복통, 설사 등의 급성위장염 증상을 나타내는 식중독은?

① 포도상구균식중독　② 병원성대장균식중독
③ 장염비브리오식중독　④ 보툴리누스균식중독

28 다음 중 비타민(Vitamin)과 그 결핍증과의 연결이 틀린 것은?

① Vitamin B2-구순염　② Vitamin D-구루병
③ Vitamin A-야맹증　④ Vitamin C-각기병

29 일반적으로 돼지고기 생식에 의해 감염될 수 없는 것은?

① 유구조충　② 무구조충
③ 선모충　④ 살모넬라

30 실내에 다수인이 밀집한 상태에서 실내공기의 변화는?

① 기온상승-습도증가-이산화탄소 감소
② 기온하강-습도증가-이산화탄소 감소
③ 기온상승-습도증가-이산화탄소 증가
④ 기온상승-습도감소-이산화탄소 증가

31 고압증기 멸균법에서 20파운드(Lbs)의 압력에서는 몇 분간 처리하는 것이 가장 적절한가?

① 40분　② 30분
③ 15분　④ 5분

32 광견병의 병원체는 어디에 속하는가?

① 세균(bacteria)　② 바이러스(virus)
③ 리케차(rickettsia)　④ 진균(fungi)

33 다음 중 열에 대한 저항력이 커서 자비소독법으로 사멸되지 않는 균은?
① 콜레라균
② 결핵균
③ 살모넬라균
④ B형간염 바이러스

34 레이저(Razor) 사용 시 헤어살롱에서 교차 감염을 예방하기 위해 주의할 점이 아닌 것은?
① 매 고객마다 새로 소독된 면도날을 사용해야 한다.
② 면도날을 매번 고객마다 갈아 끼우기 어렵지만, 하루에 한번은 반드시 새것으로 교체해야만 한다.
③ 레이저 날이 한 몸체로 분리가 안 되는 경우 70%알코올을 적신 솜으로 반드시 소독 후 사용한다.
④ 면도날을 재사용해서는 안 된다.

35 손 소독과 주사할 때 피부소독 등에 사용되는 에틸알코올(ethylalcohol)은 어느 정도의 농도에서 가장 많이 사용되는가?
① 20%이하
② 60%이하
③ 70~80%
④ 90~100%

36 이·미용업소에서 일반적 상황에서의 수건 소독법으로 가장 적합한 것은?
① 석탄산 소독
② 크레졸 소독
③ 자비 소독
④ 적외선 소독

37 이·미용업소에서 B형간염의 전염을 방지하려면 다음 중 어느 기구를 가장 철저히 소독하여야 하는가?
① 수건
② 머리빗
③ 면도칼
④ 클리퍼(전동형)

38 소독제의 살균력을 비교할 때 기준이 되는 소독약은?
① 요오드
② 승홍
③ 석탄산
④ 알코올

39 3%의 크레졸 비누액 900ml를 만드는 방법으로 옳은 것은?

① 크레졸 원액 270ml 에 물 630ml를 가한다.
② 크레졸 원액 27ml에 물 873ml를 가한다.
③ 크레졸 원액 300ml에 물 600ml를 가한다.
④ 크레졸 원액 200ml에 물 700ml를 가한다.

40 소독약의 구비조건으로 틀린 것은?

① 값이 비싸고 위험성이 없다.
② 인체에 해가 없으며 취급이 간편하다.
③ 살균하고자 하는 대상물을 손상시키지 않는다.
④ 살균력이 강하다.

41 다음 중 피부의 각질, 털, 손톱, 발톱의 구성성분인 케라틴을 가장 많이 함유한 것은?

① 동물성 단백질 ② 동물성 지방질
③ 식물성 지방질 ④ 탄수화물

42 노화피부의 특징이 아닌 것은?

① 노화피부는 탄력이 없고 수분이 없다.
② 피지분비가 원활하지 못하다.
③ 주름이 형성되어 있다.
④ 색소침착 불균형이 나타난다.

43 피부진균에 의하여 발생하며 습한 곳에서 발생빈도가 가장 높은 것은?

① 모낭염 ② 족부백선
③ 봉소염 ④ 티눈

44 기미를 악화시키는 주요한 원인이 아닌 것은?

① 경구피임약의 복용 ② 임신
③ 자외선 차단 ④ 내분비 이상

45 다음 중 피지선과 가장 관련이 깊은 질환은?
  ① 사마귀
  ② 주사(rosacea)
  ③ 한관종
  ④ 백반증

46 박하(peppermint)에 함유된 시원한 느낌으로 혈액순환 촉진 성분은?
  ① 자이리톨(xylitol)
  ② 멘톨(menthol)
  ③ 알코올(alcohol)
  ④ 마조람오일(majoram oil)

47 다음 중 표피에 존재하며, 면역과 가장 관계가 깊은 세포는?
  ① 멜라닌 세포
  ② 랑게르한스 세포
  ③ 메컬 세포
  ④ 섬유아 세포

48 다음 중 필수 아미노산에 속하지 않는 것은?
  ① 트립토판
  ② 트레오닌
  ③ 발린
  ④ 알라닌

49 AHA(alpha hydroxy acid)에 대한 설명으로 틀린 것은?
  ① 화학적 필링
  ② 글리콜산, 젖산, 주석산, 능금산, 구연산
  ③ 각질세포의 응집력 강화
  ④ 미백작용

50 다음 정유(essential oil) 중에서 살균, 소독작용이 가장 강한 것은?
  ① 타임 오일(thyme oil)
  ② 주니퍼 오일(juniper oil)
  ③ 로즈마리 오일(rosemary oil)
  ④ 클라리세이지 오일(clarysage oil)

51 영업신고를 하지 아니하고 영업소의소재지를 변경한 때 행정처분은?
① 경고 ② 면허정지
③ 면허취소 ④ 영업정지 1월

52 이·미용업에 있어 청문을 실시하여야 하는 경우가 아닌 것은?
① 면허취소처분을 하고자 하는 경우
② 면허정지 처분을 하고자 하는 경우
③ 일부시설의 사용중지처분을 하고자 하는 경우
④ 위생교육을 받지 아니하여 1차 위반한 경우

53 이·미용업소에서의 면도기 사용에 대한 설명으로 가장 옳은 것은?
① 1회용 면도날만을 손님1인에 한하여 사용
② 정비용 면도기를 손님1인에 한하여 사용
③ 정비용 면도기를 소독 후 계속 사용
④ 매 손님마다 소독한 정비용 면도기 교체사용

54 부득이한 사유가 없는 한 공중위생영업소를 개설할 자는 언제 위생교육을 받아야 하는가?
① 영업개시 후 2월 이내
② 영업개시 후 1월 이내
③ 영업개시 전
④ 영업개시 후 3월 이내

55 다음 중 공중위생영업을 하고자 할 때 필요한 것은?
① 허가 ② 통보
③ 인가 ④ 신고

56 공중위생영업자가 준수하여야 할 위생관리기준은 다음 중 어느 것으로 정하고 있는가?
① 대통령령 ② 국무총리령
③ 고용노동부령 ④ 보건복지부령

57 이용 또는 미용의 면허가 취소된 후 계속하여 업무를 행자 자에 대한 벌칙사항은?

① 6월 이하의 징역 또는 300만원 이하의 벌금
② 500만원 이하의 벌금
③ 300만원 이하의 벌금
④ 200만원 이하의 벌금

58 이·미용 영업자에게 과태료를 부과 징수 할 수 있는 처분권자에 해당되지 않는 자는?

① 보건복지부장관　　　② 시장
③ 군수　　　　　　　　④ 구청장

59 대통령령이 정하는 바에 의하여 관계전문기관 등에 공중위생관리 업무의 일부를 위탁 할 수 있는 자는?

① 시. 도지사　　　　　② 시장, 군수, 구청장
③ 보건복지부장관　　　④ 보건소장

60 이·미용사의 면허증을 재교부 받을 수 있는 자는 다음 중 누구인가?

① 공중위생관리법의 규정에 의한 명령을 위반한 자
② 간질병자
③ 면허증을 다른 사람에게 대여한 자
④ 면허증이 헐어 못쓰게 된 자

최신 기출문제

※정답과 해설 : 331p

01 주로 짧은 헤어스타일의 헤어커트 시 두부 상부에 있는 두발은 길고 하부로 갈수록 짧게 커트해서 두발의 길이에 작은 단차가 생기게 한 커트 기법은?

① 스퀘어 커트(square cut)
② 원랭스 커트(one length cut)
③ 레이어 커트(layer cut)
④ 그라데이션 커트(gradat cut)

02 한국의 고대 미용의 발달사를 설명한 것 중 틀린 것은?

① 헤어스타일(모발형)에 관해서 문헌에 기록된 고구려 벽화는 없었다.
② 헤어스타일(모발형)은 신분의 귀천을 나타냈다.
③ 헤어스타일(모발형)은 조선시대 때 쪽진머리, 큰머리, 조짐머리가 성행하였다.
④ 헤어스타일(모발형)에 관해서 삼한시대에 기록된 내용이 있다.

03 미용의 필요성으로 가장 거리가 먼 것은?

① 인간의 심리적 욕구를 만족시키고 생산의욕을 높이는데 도움을 주므로 필요하다.
② 미용의 기술로 외모의 결점 부분까지도 보완하여 개성미를 연출해주므로 필요하다.
③ 노화를 전적으로 방지해주므로 필요하다.
④ 현대생활에서는 상대방에게 불쾌감을 주지 않는 것이 중요하므로 필요하다.

04 프라이머의 사용 방법이 아닌 것은?

① 프라이머는 한 번만 바른다.
② 주요 성분은 메타크릴릭산(methacrylic acid)이다.
③ 피부에 닿지 않게 조심해서 다루어야 한다.
④ 아크릴 볼이 잘 접착되도록 자연 손톱에 바른다.

05 동물의 부드럽고 긴 털을 사용한 것이 많고 얼굴이나 턱에 붙은 털이나 비듬 또는 백분을 떨어내는데 사용 하는 브러시는?

① 포마드 브러시　　　　　　② 쿠션 브러시
③ 페이스 브러시　　　　　　④ 롤 브러시

06 누에고치에서 추출한 성분과 난황성분을 함유한 샴푸제로서 모발에 영양을 공급해 주는 샴푸는?

① 산성 샴푸(acid shampoo)
② 컨디셔닝 샴푸(conditioning shampoo)
③ 프로테인 샴푸(protein shampoo)
④ 드라이 샴푸(dry shampoo)

07 전체적인 머리모양을 종합적으로 관찰하여 수정 보완시켜 완전히 끝맺도록 하는 것은?

① 통칙　　　　　　　　　　② 제작
③ 보정　　　　　　　　　　④ 구상

08 과산화수소(산화제) 6%의 설명이 맞는 것은?

① 10볼륨　　　　　　　　　② 20볼륨
③ 30볼륨　　　　　　　　　④ 40볼륨

09 헤어세트용 빗의 사용과 취급방법에 대한 설명 중 틀린 것은?

① 두발의 흐름을 아름답게 매만질 때는 빗살이 고운살 로 된 세트빗을 사용한다.
② 엉킨 두발을 빗을 때는 빗살이 얼레살로 된 얼레빗을 사용한다.
③ 빗은 사용 후 브러시로 털거나 비눗물에 담가 브러시 로 닦은 후 소독하도록 한다.
④ 빗의 소독은 손님 약 5인에게 사용했을 때 1회씩 하는 것이 적합하다.

10 마셀웨이브 시술에 관한 설명 중 틀린 것은?

① 프롱은 아래쪽, 그루브는 위쪽을 향하도록 한다.
② 아이론의 온도는 120~140℃를 유지시킨다.
③ 아이론을 회전시키기 위해서는 먼저 아이론을 정확 하게 쥐고 반대쪽에 45° 각도로 위치시킨다.
④ 아이론의 온도가 균일할 때 웨이브가 일률적으로 완성된다.

11 모발의 결합 중 수분에 의해 일시적으로 변형되며, 드라이어의 열을 가하면 다시 재결합 되어 형태가 만들어지는 결합은?
① s-s 결합
② 펩타이드 결합
③ 수소결합
④ 염 결합

12 다음 중 염색시술시 모표피의 안정과 염색의 퇴색을 방지하기 위해 가장 적합한 것은?
① 샴푸(shampoo)
② 플레인 린스(plain rinse)
③ 알칼리 린스(akali rinse)
④ 산성균형 린스(acid balanced rinse)

13 자외선 차단을 도와주는 화장품 성분이 아닌 것은?
① 파라아미노안식향산(para-aminobenzoic acid)
② 옥탈디메틸파바(octyldimethyl PABA)
③ 콜라겐(collagen)
④ 티타늄디옥사이드(titanium dioxide)

14 두부 라인의 명칭 중에서 코의 중심을 통해 두부 전체를 수직으로 나누는 선은?
① 정중선
② 측중선
③ 수평선
④ 측두선

15 다음 중 스퀘어 파트에 대하여 설명한 것은?
① 이마의 양쪽은 사이드 파트를 하고, 두정부 가까이 에서 얼굴의 두발이 난 가장자리와 수평이 되도록 모나게 가르마를 타는 것
② 이마의 양각에서 나누어진 선이 두정부에서 함께 만난 세모꼴의 가르마를 타는 것
③ 사이드(side)파트로 나눈 것
④ 파트의 선이 곡선으로 된 것

16 헤어 샴푸의 목적과 가장 거리가 먼 것은?
① 두피와 두발에 영양을 공급
② 헤어트리트먼트를 쉽게 할 수 있는 기초
③ 두발의 건전한 발육 촉진
④ 청결한 두피와 두발을 유지

17 건강모발의 pH 범위는?
① pH 3~4
② pH 4.5~5.5
③ pH 6.5~7.5
④ pH 8.5~9.5

18 옛 여인들의 머리 모양 중 뒤통수에 낮게 머리를 땋아 틀어 올리고 비녀를 꽂은 머리 모양은?
① 민머리
② 얹은머리
③ 풍기병식 머리
④ 쪽진 머리

19 다음은 모발의 구조와 성질을 설명한 내용이다. 맞지 않는 것은?
① 두발은 주요 부분을 구성하고 있는 모표피, 모피질, 모수질 등으로 이루어졌으며, 주로 탄력성이 풍부한 단백질로 이루어져 있다.
② 케라틴은 다른 단백질에 비하여 유황의 함유량이 많은데, 황(s)은 시스틴(cystine)에 함유되어 있다.
③ 시스틴 결합 (-s-s)은 알칼리에는 강한 저항력을 갖고 있으나 물, 알코올, 약 산성이나 소금류에 대해서 약하다.
④ 케라틴의 폴리펩타이드는 쇠사슬 구조로서, 두발의 장축방향(長軸方向)으로 배열되어있다.

20 퍼머 2액의 취소산 염류의 농도로 맞는 것은?
① 1~2%
② 3~5%
③ 6~7.5%
④ 8~9.5%

21 고기압 상태에서 올 수 있는 인체 장애는?
① 안구 진탕증
② 잠함병
③ 레이노이드병
④ 섬유증식증

22 접촉자의 색출 및 치료가 가장 중요한 질병은?
① 성병
② 암
③ 당뇨병
④ 일본뇌염

23 다음 기생충 중 산란과 동시에 감염능력이 있으며 건조에 저항성이 커서 집단감염이 가장 잘되는 기생충은?
① 회충
② 십이지장충
③ 광절열두조충
④ 요충

24 보건행정의 정의에 포함되는 내용과 가장 거리가 먼 것은?
① 국민의 수명연장
② 질병예방
③ 공적인 행정활동
④ 수질 및 대기보전

25 생물학적 산소요구량(BOD)과 용존산소량(DO)의 값은 어떤 관계가 있는가?
① BOD와 DO는 무관하다.
② BOD가 낮으면 DO는 낮다.
③ BOD가 높으면 DO는 낮다.
④ BOD가 높으면 DO도 높다.

26 장티푸스, 결핵, 파상풍 등의 예방접종은 어떤 면역 인가?
① 인공 능동면역
② 인공 수동면역
③ 자연 능동면역
④ 자연 수동면역

27 식품을 통한 식중독 중 독소형 식중독은?
① 포도상구균 식중독
② 살모넬라균에 의한 식중독
③ 장염 비브리오 식중독
④ 병원성 대장균 식중독

28 야간작업의 폐해가 아닌 것은?

① 주야가 바뀐 부자연스런 생활
② 수면 부족과 불면증
③ 피로회복 능력 강화와 영양 저하
④ 식사시간, 습관의 파괴로 소화불량

29 일반적으로 이·미용업소의 실내 쾌적 습도 범위로 가장 알맞은 것은?

① 10~20%
② 20~40%
③ 40~70%
④ 70~90%

30 다음 중 환경보전에 영향을 미치는 공해 발생 원인으로 관계가 먼 것은?

① 실내의 흡연
② 산업장 폐수방류
③ 공사장의 분진 발생
④ 공사장의 굴착작업

31 소독과 멸균에 관련된 용어 해설 중 틀린 것은?

① 살균: 생활력을 가지고 있는 미생물을 여러 가지 물리·화학적 작용에 의해 급속히 죽이는 것을 말한다.
② 방부: 병원성 미생물의 발육과 그 작용을 제거하거나 정지시켜서 음식물의 부패나 발효를 방지 하는 것을 말한다.
③ 소독: 사람에게 유해한 미생물을 파괴시켜 감염의 위험성을 제거하는 비교적 강한 살균작용으로 세균의 포자까지 사멸하는 것을 말한다.
④ 멸균: 병원성 또는 비병원성 미생물 및 포자를 가진 것을 전부 사멸 또는 제거하는 것을 말한다.

32 이상적인 소독제의 구비조건과 거리가 먼 것은?

① 생물학적 작용을 충분히 발휘할 수 있어야 한다.
② 빨리 효과를 내고 살균 소요시간이 짧을수록 좋다.
③ 독성이 적으면서 사용자에게도 자극성이 없어야 한다.
④ 원액 혹은 희석된 상태에서 화학적으로는 불안정된 것이라야 한다.

33 소독약 10mL를 용액(물) 40mL에 혼합시키면 몇%의 수용액이 되는가?

① 2% ② 10%
③ 20% ④ 50%

34 건열멸균법에 대한 설명 중 틀린 것은?

① 드라이 오븐(dry oven)을 사용한다.
② 유리제품이나 주사기 등에 적합하다.
③ 젖은 손으로 조작하지 않는다.
④ 110~130℃에서 1시간 내에 실시한다.

35 이·미용업소에서 종업원이 손을 소독할 때 가장 보편적이고 적당한 것은?

① 승홍수 ② 과산화수소
③ 역성비누 ④ 석탄수

36 살균력이 좋고 자극성이 적어서 상처소독에 많이 사용되는 것은?

① 승홍수 ② 과산화수소
③ 포르말린 ④ 석탄산

37 다음 중 음용수의 소독에 사용되는 소독제는?

① 표백분 ② 염산
③ 과산화수소 ④ 요오드팅크

38 다음 중 음료수의 소독방법으로 가장 적당한 방법은?

① 일광소독 ② 자외선등 사용
③ 염소소독 ④ 증기소독

39 이·미용실의 기구(가위, 레이저) 소독으로 가장 적당한 약품은?

① 70~80%의 알코올 ② 100~200배 희석 역성비누
③ 5% 크레졸비누액 ④ 50%의 페놀액

40 소독작용에 영향을 미치는 요인에 대한 설명으로 틀린 것은?

① 온도가 높을수록 소독 효과가 크다.
② 유기물질이 많을수록 소독 효과가 크다.
③ 접속시간이 길수록 소독 효과가 크다.
④ 농도가 높을수록 소독 효과가 크다.

41 다음 중 탄수화물, 지방, 단백질의 3가지 지칭하는 것은?

① 구성영양소   ② 열량영양소
③ 조절영양소   ④ 구조영양소

42 다음 중 기초화장품의 주된 사용 목적에 속하지 않는 것은?

① 세안   ② 피부정돈
③ 피부보호   ④ 피부채색

43 상피조직의 신진대사에 관여하며 각화정상화 및 피부재생을 돕고 노화방지에 효과가 있는 비타민은?

① 비타민C   ② 비타민E
③ 비타민A   ④ 비타민K

44 다음 중 일반적으로 건강한 모발의 상태는?

① 단백질 10~20%, 수분 10~15%, pH 2.5~4.5
② 단백질 20~30%, 수분 70~80%, pH 4.5~5.5
③ 단백질 50~60%, 수분 25~40%, pH 7.5~8.5
④ 단백질 70~80%, 수분 10~15%, pH 4.5~5.5

45 다음 중 글리세린의 가장 중요한 작용은?

① 소독작용   ② 수분유지작용
③ 탈수작용   ④ 금속염제거작용

46 다음 중 멜라닌 색소를 함유하고 있는 부분은?
① 모표피
② 모피질
③ 모수질
④ 모유두

47 피지선의 활성을 높여주는 호르몬은?
① 안드로겐
② 에스트로겐
③ 인슐린
④ 멜라닌

48 다음 중 식물성 오일이 아닌 것은?
① 아보카도 오일
② 피마자 오일
③ 올리브 오일
④ 실리콘 오일

49 피부의 기능이 아닌 것은?
① 피부는 강력한 보호 작용을 지니고 있다.
② 피부는 체온의 외부발산을 막고 외부온도 변화가 내부로 전해지는 작용을 한다.
③ 피부는 땀과 피지를 통해 노폐물을 분비, 배설 한다.
④ 피부도 호흡한다.

50 여러 가지 꽃 향의 혼합된 세련되고 로맨틱한 향으로 아름다운 꽃다발을 안고 있는 듯, 화려하면서도 우아한 느낌을 주는 향수의 타입은?
① 싱글 플로럴(single floral)
② 플로럴 부케(floral boupuet)
③ 우디(woody)
④ 오리엔탈(oriental)

51 공중위생관리법에서 규정하고 있는 공중위생영업의 종류에 해당되지 않는 것은?
① 이·미용업
② 위생관리용역업
③ 학원영업
④ 세탁업

52 영업소 외의 장소에서 이·미용 업무를 행할 수 있는 경우가 아닌 것은?
① 질병으로 영업소에 나올 수 없는 경우
② 결혼식 등의 의식 직전은 경우
③ 손님의 간곡한 요청이 있을 경우
④ 시장·군수·구청장이 인정하는 경우

53 영업자의 지위를 승계한 자로서 신고를 하지 아니하였을 경우 해당하는 처벌기준은?
① 1년 이하의 징역 또는 1천만원 이하의 벌금
② 6월 이하의 징역 또는 500만원 이하의 벌금
③ 200만원 이하의 벌금
④ 100만원 이하의 벌금

54 공익상 또는 선량한 풍속유지를 위하여 필요하다고 인정하는 경우에 이·미용업의 영업시간 및 영업행위에 관한 필요한 제한을 할 수 있는 자는?
① 관련 전문기관 및 단체장
② 보건복지부장관
③ 시·도지사
④ 시장·군수·구청장

55 다음 중 이·미용사 면허를 취득할 수 없는 자는?
① 면허 취소 후 1년 경과자
② 독감환자
③ 마약중독자
④ 전과기록자

56 처분기준이 2백만원 이하의 과태료가 아닌 것은?
① 규정을 위반하여 영업소 이외 장소에서 이·미용업무를 행한 자
② 위생교육을 받지 아니한 자
③ 위생 관리 의무를 지키지 아니한 자
④ 관계 공무원의 출입·검사·기타 조치를 거부·방해 또는 기피한 자

57 다음 중 이·미용사 면허를 받을 수 없는 경우에 해당 하는 것은?

① 전문대학 또는 동등 이상의 학력이 있다고 교육부장관이 인정하는 학교에서 이용 또는 미용에 관한 학과 졸업자
② 교육부장관이 인정하는 인문계 학교에서 1년 이상 이·미용사 자격을 취득한 자
③ 국가기술자격법에 의한 이·미용사 자격을 취득한 자
④ 교육부장관이 인정한 고등기술학교에서 1년 이상 이·미용에 관한 소정의 과정을 이수한 자

58 이·미용기구의 소독기준 및 방법을 정한 것은?

① 대통령령　　　　② 보건복지부령
③ 환경부령　　　　④ 보건소령

59 이·미용업자의 준수사항 중 틀린 것은?

① 소독한 기구와 하지 아니한 기구는 각각 다른 용기에 넣어 보관할 것
② 조명은 75룩스 이상 유지되도록 할 것
③ 신고증과 함께 면허증 사본을 게시할 것
④ 1회용 면도날은 손님 1인에 한하여 사용할 것

60 공중위생관리법상의 위생교육에 대한 설명 중 옳은 것은?

① 위생교육 대상자는 이·미용업 영업자이다.
② 위생교육 대상자는 이·미용사이다.
③ 위생교육 시간은 매년 8시간이다.
④ 위생교육은 공중위생관리법 위반자에 한하여 받는다.

한권으로 끝내는
미용사(일반)

정답과 해설

1회 실전모의고사
2회 실전모의고사
3회 실전모의고사

2011.4.17 최신 기출문제
2011.7.31 최신 기출문제
2011.10.9 최신 기출문제

1회 정답과 해설 — 실전모의고사

정답									
1	2	3	4	5	6	7	8	9	10
④	③	①	④	①	③	④	①	②	②
11	12	13	14	15	16	17	18	19	20
②	②	③	④	③	③	①	③	③	④
21	22	23	24	25	26	27	28	29	30
③	②	③	④	②	③	①	③	①	③
31	32	33	34	35	36	37	38	39	40
④	①	③	③	②	①	④	②	①	④
41	42	43	44	45	46	47	48	49	50
①	①	③	①	③	③	④	③	①	③
51	52	53	54	55	56	57	58	59	60
②	③	③	①	①	②	④	③	④	③

01. 첩지는 조선시대 왕비를 비롯한 내외명부가 머리를 치장하던 장신구의 하나로 머리의, 정수리 부분에 꽂던 것이다. 장식과 재료에 따라 신분을 나타내기도 했다.

02. 미용의 특수성
  ㉠ 자기의 의사표현이 극히 제한되어 있다.
  ㉡ 소재선정도 손님신체의 일부이므로 제한되어 있어 자유롭지 못하다.
  ㉢ 시간적인 제약을 받는다.
  ㉣ 미적 효과의 표현을 고려해야 한다.

03. 블로우 드라이의 적당한 온도는 70~90도 정도이다.

04. 샴푸의 목적
  ㉠ 두피와 두발을 청결히 하고 아름다움을 유지하는데 있다.
  ㉡ 두발의 성상에 따라 시술을 조절함으로서 발육을 촉진한다.
  ㉢ 혈액의 순환을 촉진시켜 모근을 강화하는 동시에 상쾌감을 준다.
  ㉣ 두발시술의 기초이다.

05. 그림과 같이 와인딩 했을 때 나오는 웨이브의 형상은))))) 이다.

06. 빗을 두발 스트랜드의 뒷면에 직각으로 넣고 두피 쪽을 향해 빗을 내리누르듯이 빗질하여 머리카락을 세우는 것을 백코밍이라 한다.

07. 패치 테스트(=스킨 테스트)는 알레르기 유무를 알아보기 위한 테스트이다.

08. ② 롤 뱅: 롤로 형성된 뱅이다.
③ 프렌치 뱅: 두발 끝이 너풀너풀하게 부풀린 느낌의 뱅으로, 뱅으로 만든 부분의 두발을 치켜 빗기고 두발 끝을 라운드 플러스 처리하는 뱅이다.
④ 프린지 뱅: 가리마 근처에 적게 만든 뱅이다.

09. ① 페더링: 페더링을 테이퍼링이라고도 하는데 두발끝을 점차적으로 가늘게 커트하는 테크닉으로 두발의 양을 쳐내어 두발 끝으로 갈수록 붓끝과 같이 가늘게 커트하는 법이다.
③ 클리핑: 튀어나온 모발을 제거하거나 손상된 모발의 끝부분만을 잘라내는 것이다.
④ 트리밍: 완성된 두발선을 마무리하는 것으로 손상된 모발 같은 불필요한 두발 끝을 제거하기 위한 커트방법이다.

10. ① 그라데이션: 층이 약간 들어가고 무게감 있어 매우 품위 있고 고급스러워 보이는 스타일 커트이다.
③ 이사도라: 앞쪽머리가 짧고 뒤쪽머리가 긴 원랭스 커트이다.
④ 레이어: 전체적으로 층이 나 있으며 상부로 올라갈수록 두발이 짧아지고 하부로 갈수록 길어지는 커트로 단차가 큰 커트를 말한다.

11. 롤러 컬을 시술할 때 탑 부분에 사각으로 파트를 나누는 것을 스퀘어 파트라 한다.

12. 핑거 웨이브의 주요 3대 요소: 크레스트(정점), 리지(융기), 트로프(골)

13. ① 모표피: 모발의 가장 바깥 층으로 케라틴(Keratin)이라는 경단백질로 구성되어 있으며 5~15층의 투명하고 얇은 세포가 마치 물고기 비늘 모양으로 겹쳐져 있어 모발 특유의 모양을 하고 있다.
② 모수질: 모발의 중심 부위로서 속이 비고 죽어 있는 세포들이 모발의 길이 방향으로 쌓여 내부가 벌집 모양을 한 공공(空胞)이 있으며 그 속에는 공기가 들어 있고 공기의 양이 많으면 많을수록 모발에 광택을 준다.
④ 모낭: 모발의 근원이 되는 곳으로 모발이 생겨나 성장하고 보호를 받는 곳이다. 따라서 모낭에 문제가 생기면 모발 자체가 생성되지 않으며, 모낭이 두피 쪽으로 이동하게 되면 모발이 저절로 빠진다. 모낭의 숫자는 태어날 때 정해지고 20대 후반부터 그 수가 감소하기 시작한다.

14. 케이크 타입의 파운데이션은 지성피부에 적합하다.

15. ① 음이온성 계면활성제: 친수성 부분이 음이온 원자단인 계면 활성제로 비누가 대표적인 예이다.
② 양이온성 계면활성제: 양이온 원자단인 계면 활성제로 살균제, 소독제, 방부제로 쓰며 섬유의 방수성(防水性), 유연성, 염색성 따위의 향상에도 쓴다.
④ 비이온성 계면활성제: 물에서 이온으로 해리되지 않는 계면 활성제로 전 세계 계면활성제 시장의 약 40%를 차지하고 있다.

16. ③ 신징: 전기 신징기 등을 사용하여 두발을 적당히 그슬리거나 지진다.

17. 약 5000년 이전부터 가발을 즐겨 사용했던 고대국가는 이집트이다.

18. ① **장티푸스**: 살모넬라 타이피균에 감염되어 발생하며 발열과 복통 등의 신체 전반에 걸친 증상이 나타나는 질환이다.
② **쯔쯔가무시병**: 오리엔티아 쯔쯔가무시균에 의해 발생하는 감염성 질환이다.
④ **발진열**: 급성 전염병의 한 가지로 고열과 전신성의 발진을 주증세로 하며, 발진티푸스와 유사하다.

19. 감각 온도의 3요소: 기온, 기류, 습도

20. 제1군 전염병: 전염속도가 빠르고 국민건강에 미치는 위해 정도가 매우 커서 발생 또는 유행 즉시 방역대책을 수립해야 하는 전염병이다. 종류로는 페스트, 콜레라, 장티푸스, 세균성이질, 장출혈성대장균감염증 등이 있다.

21. 활성오니법: 오수정화의 한 방법. 폭기법에 의한 침전을 효과적으로 하도록 고안된 것이다. 세균류, 원생동물 등의 생물과 수중의 철, 알루미늄, 마그네슘의 수산화물 등의 미생물로 이루어져 있고 여러 가지 유기물을 분해하여 응집, 침전시키는 능력이 있는 것을 활성오니라고 하며 이것을 이용하여 하수 등의 처리를 하는 방법을 활성오니법이라고 한다.

22. ① **피라미드형**: 유·소년층 비율이 높고 평균 수명이 짧다. 특징으로는 후진국 및 개발도상국에 많은 유형으로 다산 다사 및 다산 소사형에 해당된다.
③ **항아리형**: 유·소년층 비율이 낮고, 청·장년층 및 노년층의 비중이 크게 나타나 국가 경쟁력 약화가 우려된다. 특징으로는 출산 기피에 따라 출생률이 사망률보다 더 낮아서 인구가 감소하는 형이다.
④ **별형**: 생산 연령층이 도시 및 근교 농촌 지역에 전입함으로써 나타나는 유형으로 청·장년층 비율이 높다.

23. 기온역전: 상공으로 올라갈수록 기온이 상승하는 현상으로 역전층이 발생하면 하층의 공기밀도가 상층의 공기밀도보다 크게 되어 하층의 공기가 상층으로 이동하는 것을 강력히 억제하고, 지표 부근의 대기 오염도를 증가시킨다.

24. 영아사망률은 한 국가의 건강 수준을 나타내는 지표로서 사용되는 동시에 한 나라의 보건수준을 측정하는 자료로서 사용된다.

25. ① **열허탈증**: 순환기능의 흐트러짐이 주원인으로 전신권태, 두통, 구역질, 의식몽롱이 되어 혼도한다. 맥박은 약해지며, 혈압저하, 혈당감소가 나타난다.
③ **열경련**: 고온에서 작업하는 일에 종사하여 땀이 많이 나고, 급성의 염분손실과 수분손실의 결과, 사지근, 배근, 안면근 등에 경련이 일어난 상태. 소아기의 발열에 따르는 경련이다.
④ **울열증**: 체온 조절의 흐트러짐이 주원인으로 체온상승에 따라 두통, 귀울림을 느끼며 감정의 움직임이 심하게 된다.

26. 보건행정: 국민이 심신의 건강을 유지함과 동시에 적극적으로 건강 증진을 도모하도록 돕는 보건정책을 목표로 하는 행정이며, 구체적으로는 영유아 및 성인에서 노인까지의 보건대책, 성인병이나 전염병을 포함한 각종 질병대책, 정신위생대책 등을 그 내용으로 한다.

27. ② **진폐증**: 폐에 분진이 침착하여 이에 대해 조직 반응이 일어난 상태를 말한다.
　　③ **열경련**: 고온에서 작업하는 일에 종사하여 땀이 많이 나고, 급성의 염분손실과 수분손실의 결과, 사지근, 배근, 안면근 등에 경련이 일어난 상태. 소아기의 발열에 따르는 경련이다.
　　④ **잠함병**: 잠수부나 잠함내 작업자 또는 고기압 하에서 일하는 사람에게서 볼 수 있는 질병. 케이슨병 또는 잠수부병이라고도 한다.

28. ① **표피각질층**: 표피 각질층은 약산성으로 유지되어야 박테리아 등의 외부 침입자를 효과적으로 막을 수 있다.
　　② **교원섬유**: 결합조직 기질의 가장 주요한 요소로서 병적으로는 육아조직 등 섬유아세포증식에 수반하여 증가함. 교원섬유는 섬유아세포의 세포질 중에서 프로 콜라겐으로서 형성된 물질이 섬유아세포에 분비된 기질 중에 배설되어 불용성이 되어 숙성함.
　　④ **피하지방**: 몸의 피부와 근육 사이에 저장된 지방으로, 보온과 방한에 유용하다.

29. 땀띠: 땀관이나 땀관 구멍의 일부가 막혀서 땀이 원활히 표피로 배출되지 못하고 축적되어 작은 발진과 물집이 발생하는 질환이다.

30. 뜨거운 물이 피부에 미치는 영향
　　㉠ 세정효과가 매우 크며 각질제거가 용이하다.
　　㉡ 혈관을 강하게 확장시키고, 혈액순환이 촉진된다.
　　㉢ 모공이 확장되고 땀, 피지분비가 촉진된다.
　　㉣ 피부의 긴장감을 저하시켜 오랜 기간 사용하면 탄력이 저하된다.

31. 지성피부의 특징
　　㉠ 피지의 분비량이 많아서 오염물질이나 먼지 등이 피부에 달라붙기 쉽다.
　　㉡ 모공이 막혀 여드름이나 뾰루지 같은 피부트러블이 자주 생긴다.
　　㉢ 유분기가 많기 때문에 얼굴이 번들거려 보이기도 한다.
　　㉣ 모공이 넓어서 색조화장이 피지 때문에 금방 지워져 피부가 더 어둡게 보일 수도 있다.

32. ② **유두층**: 진피와 표피를 연결하며, 이 부분에는 유두체와 모세혈관이 분포되어 표피에 영양공급을 한다. 또한 피부의 신경 종말 기관도 존재하는 층이다.
　　③ **유두하층**: 유두층의 밑바닥에 해당되는 곳이며 망상층과 이어지는 부분으로 피부의 탄력, 윤기, 긴장도에 관여한다.
　　④ **과립층**: 3~5개층의 평평한 케라티노사이트층으로 구성되어있다. 과립층에서는 케라틴(거칠며 피부 보호 작용을 하는 섬유 단백질)이 케라티노사이트 내에서 형성되기 시작한다.

33. 단백질의 최종 가수 분해 물질은 조미료로 사용되는 아미노산 화합물이다.

34. 모발의 성분 머리카락은 딱딱하게 각화된 케라틴 단백질 성분이다.

36. 소독은 전염병의 전염을 방지할 목적으로 병원균을 멸살하는 것으로 비병원균의 멸살에 대하여는 별로 문제시하지 않는다.

37. 크레졸은 물에 녹기 어려우므로 비누와 혼합해 크레졸 비누액으로 만들어 소독해 쓴다.

38. 고압증기 멸균법
  ㉠ 이 방법은 고압증기솥(오토클레이브)을 사용해 121℃, 2기압(15파운드), 15~20분의 조건에서 증기열에 의해 멸균한다(멸균시간이 짧다).
  ㉡ 의료기기, 기자재 중 고압, 고온에 견디어내는 물품, 금속제품, 유리제품, 종이 또는 섬유제품, 물, 배지, 시약이나 액상의약품 등의 멸균에 적합하다.

39. 자비소독법: 100℃에서 10~30분간 끓이는 방법으로 주사기, 주사바늘, 금속, 유리제품의 소독 등에 사용된다. 중조, 석탄산, 크레졸비누액을 넣어주면 소독력을 높일 수 있다.

40. 일광소독법: 일주일에 한번정도 햇볕에 말려 소독하거나 가스레인지 옆처럼 열기가 남아 있는 곳에 두어 말리는 방법도 있다. 일광소독법의 가장 큰 장점은 비용이 적게 든다는 것이다.

41. 균의 내성: 어떤 균에 어느 항생물질을 연속적으로 작용시키면 처음엔 그 항생물질의 항균력이 균의 발육이 저지되지만, 다음에 균이 적응하여 그 항생 물질에 의해 발육이 영향을 받지 않게 된다는 것이다. 이때 그 균은 그 항생물질에 대해 내성을 획득하였다고 한다.

42. ② **결핵균**: 결핵을 일으키는 병원균으로 간균의 형태를 띠며 호기성의 그램 양성균이다.
  ③ **디프테리아균**: 열이 나고 목이 아프게 하는 병인 디프테리아를 일으키는 원인이 되는 균이다. 길이는 2~5μm, 폭이 0.5~1.0μm이며, 양끝은 다소 둥글고 환경 조건에 따라 형태와 크기가 다르다.
  ④ **백일해균**: 그람음성에서 0.3~1μm정도의 소간균, 편모 및 아포는 없다. 신선주에서 병원성의 강한 S형 1상균에는 협막이 있다.

43. ① **열탕소독**: 끓는 물에 의하여 어떤 대상을 소독하는 것을 말한다.
  ② **건열소독**: 100℃ 이상의 건열로 수분이 없이 균을 사멸하는 방법으로 증기멸균기에 거즈, 솜, 수술용 기계 등을 넣어 60분간 소독하는 것을 말한다.
  ④ **자비소독**: 소독법의 하나로, 끓는 물속에 넣어 소독하는 것으로 100℃ 이상으로는 올라가지 않으므로 균 전부를 사멸시키는 것은 불가능하다.

44. ② **레이크**: 수용성의 유기 색소에 금속염이나 타닌 따위를 결합하여 만든 불용성 유기 안료로 피복력을 강화하기 위하여 고령토 따위를 함께 섞어 쓴다.
  ③ **아로마**: 사람에게 이로운 식물의 향기 또는 이를 사용하기 편리하도록 정유 상태로 가공한 방향 물질이다.
  ④ **왁스**: 마루나 가구, 자동차 따위에 광택을 내는 데 쓰는 납(蠟)을 말한다.

45. 페이스 파우더의 사용목적 및 기능
  • 파운데이션의 유분과 수분을 흡수하여 피부를 투명하고 자연스럽게 표현해 준다.
  • 피부표면의 피지나 땀을 흡수하여 번들거림을 방지하고 메이크업을 고정시켜 준다.
  • 자외선으로부터 피부를 보호해 준다.
  • 기초와 색조 메이크업을 오래 지속시켜 준다.

46. 눈썹연필(아이브로우 펜슬): 눈썹을 그리거나 눈의 가장자리에 선을 그리는 데 사용하는 눈썹용 화장품으로 빛깔은 갈색·청색·검정 등이 있다. 아이브라우 펜슬로 눈썹을 그릴 때는 짤막짤막하게 눈썹 하나 하나를 칠하듯이 그리며, 균등하게 그려주는 것이 좋다.

47. 주름개선 기능성 화장품의 효과는 콜라겐 활성화로 피부탄력 증진을 도와준다.

48. 파라옥시안식향산 메찰은 의약품 제제할 때 또는 화장품을 만들 때 사용하는 방부제이다.

49. 미네랄오일은 광물성 원료에서 만들어지는 기름을 총칭하는 것이다.

50. 레티놀은 항노화 작용을 하는 성분으로 묵은 각질을 제거하는 기능을 가지고 있기 때문에 저녁에 발라주는 것이 좋다.

51. 소독을 한 기구와 소독을 하지 않은 기구를 각각 다른 용기에 넣어 보관하지 않거나 1회용 면도날을 2인 이상의 손님에게사용한 경우 1차 위반 시 행정처분은 경고이다.

52. 미용사의 면허를 받을 수 있는 경우
  ㉠ 고등학교, 전문대학 또는 이와 동등 이상의 학력이 있다고 교육부장관이 인정하는 학교에서 미용에 관한 학과를 졸업한 자 및 「학점인정 등에 관한 법률」에 따라 대학 또는 전문대학을 졸업한 자와 동등 이상의 학력이 있는 것으로 인정되어 미용에 관한 학위를 취득한 자
  ㉡ 교육부장관이 인정하는 고등기술학교에서 1년 이상 미용에 관한 소정의 과정을 이수한 자
  ㉢ '국가기술자격법'에 따라 미용사(일반) 또는 미용사(피부) 자격증을 취득한 자가 '전자정부법' 제38조제1항에 따른 행정정보의 공동이용에 동의하지 않은 경우

53. 영업정지처분을 받고 그 영업정지기간 중 영업을 한 경우에 1차 위반 시에는 바로 영업소폐쇄명령을 할 수 있다.

54. ① 위생교육을 받은 자가 위생교육을 받은 날부터 2년 이내에 위생교육을 받은 업종과 같은 업종의 영업을 하려는 경우에는 해당 영업에 대한 위생교육을 받은 것으로 본다.

55. ② 위생관리 기준을 위반하여 환경오염 허용기준을 지키지 아니한 자는 300만원 이하의 벌금에 처해진다.
  ③ 공중위생영업자의 지위를 계승하고도 변경신고를 아니한 자는 6월 이하의 징역 또는 500만원 이하의 벌금에 처해진다.
  ④ 건전한 영업질서를 위반하여 공중위생업자가 지켜야 할 사항을 준수하지 아니한 자는 6월 이하의 징역 또는 500만원 이하의 벌금에 처해진다.

56. 신고를 하지 아니하고 영업소의 명칭, 상호 및 영업장 면적의 1/3이상을 변경할 때에는 경고 또는 개선명령에 처해진다.

57. 이중으로 면허를 취득한 경우에는 나중에 발급받은 면허만 취소한다.

58. 공중위생영업자의 위생관리의무 등을 규정한 법령은 보건복지부령이다.

59. 시장·군수·구청장은 공중위생업자가 영업소 폐쇄명령을 받고도 계속하여 영업을 할 때에는 관계공무원으로 하여금 당해 영업소를 폐쇄하기 위하여 다음의 조치를 하게 할 수 있다.
㉠ 당해 영업소의 간판이나 기타 영업표지물의 제거
㉡ 당해 영업소가 위법한 영업소임을 알리는 게시물 등의 부착
㉢ 영업을 위하여 필수불가결한 기구 또는 시설물을 사용할 수 없게 하는 봉인

60. 이·미용 업소에서 손님에게 윤락행위 또는 음란행위를 하거나 이를 알선 또는 제공한 때 1차 위반 행정처분은 영업정지 3월이다.

2회 정답과 해설
실전모의고사

정답

1	2	3	4	5	6	7	8	9	10
③	③	③	④	③	③	①	④	③	③
11	12	13	14	15	16	17	18	19	20
③	③	③	②	②	①	②	③	②	④
21	22	23	24	25	26	27	28	29	30
④	①	①	④	④	②	②	②	①	④
31	32	33	34	35	36	37	38	39	40
①	③	①	④	④	③	②	①	①	①
41	42	43	44	45	46	47	48	49	50
③	②	④	②	④	③	③	①	④	①
51	52	53	54	55	56	57	58	59	60
②	③	④	③	③	②	④	③	③	④

01. 조선중기
  ㉠ 첩지: 조선시대 왕비를 비롯한 내외명부가 머리를 치장하던 장신구의 하나로 머리의 정수리 부분에 꽂던 것이다. 장식과 재료에 따라 신분을 나타내기도 했다.
  ㉡ 분화장(주로 신부화장에 사용): 장분을 물에 기여 발랐다.
  ㉢ 밑화장: 참기름, 눈썹은 모시실로 밀어내었다.

02. 스켈톤 브러쉬: 샴푸 후에나 세트를 마무리할 때 사용.

03. ① 원랭스 커트: 밑라인을 평행하게(두발을 일직선으로) 자르는 커트로 이사도라, 스파니엘 등이 있다.
  ② 쇼트 헤어 커트: 짧은 머리의 총칭으로, 특히 목덜미에서 2~3cm 이내로 커트되어 있는 것을 가리키는 경우가 많다.
  ④ 스퀘어 커트: 사각형의 느낌이 가도록 자르거나 두피로부터 90의 각도로 커트하는 것이다.

04. 스킵 웨이브
  ㉠ 핑거웨이브나 핀컬 패턴의 결합으로 핀컬과 핑거웨이브가 서로 엇갈리면서(교대로)모양이 만들어진다.
  ㉡ 모양이 넓고 매끈하게 흐르는 수직웨이브를 만들 때 이런 테크닉이 사용된다.
  ㉢ 모발 길이는 7~12cm 정도인 중간 길이 일 때 curl이 잘 형성되며, 약간 perm이 된 모결 또한 좋은 결과를 기대 할 수 있다.

05. 핫 오일 샴푸: 플레인 샴푸를 하기 전에 실시한다. 연수, 경수 겸용 샴푸로 건성일 때 사용한다. 따뜻하게 데운 식물성 오일(올리브유, 아몬드유 등)을 두피나 두발에 충분히 침투시킨 후에 플레인 샴푸를 한다.

06. ① 패치 테스트: 향료, 색소, 특수 성분 등이 피부에 미치는 자극성을 시험하기 위한 테스트이다.
② 스트랜드 테스트: 머리카락 손상 등의 문제를 확인하는 것을 말한다.
④ 컬러 테스트: 필름에 촬영된 애니메이션의 캐릭터와 배경 및 색상의 부조화를 방지하기 위해서 하는 작업공정이다.

07. ② 하프스템: 볼륨감이 적은 것으로 수직으로 셰이프해서 와인딩
③ 풀스템: 컬의 움직임이 가장 크다(45°)
④ 컬 스템: 베이스에서 피벗 포인트까지 까지를 말한다.

08. 우리나라의 현대미용은 한일합방 이후 유학여성들에 의해서 발달하였다.
1933년대 오엽주 여사(일본에서 미용 연구)가 화신백화점 내에 화신미용실을 최초로 개설하였다.

09. 두피의 지방막을 제거해서 두발을 깨끗하게 해주는 것은 샴푸의 기능이다.

10. 블리치제 조합은 정확히 해야 하며 남은 것은 버려야 한다.

11. 오리지날 세트의 기본 요소는 헤어 파팅, 헤어 셰이핑, 헤어 컬링이다.

12. ① 와이드 웨이브: 크레스트가 가장 뚜렷한 웨이브이다.
② 새도우 웨이브: 크레스트가 뚜렷하지 못하고 느슨한 웨이브로 가장 아름답다.
④ 마셀 웨이브: 마셀 아이론의 열에 의해 형성된 웨이브로 일시적 웨이브이다.

13. 노멀 테이퍼(nomar taper)는 모발의 양이 보통일때 스트랜드의 1/2지점을 폭넓게 테이퍼 하는 경우이다.

14. 퍼머약의 제1액 중 티오글리콜산의 적정 농도는 6%이다.

15. 가발은 아래에서부터 위로 올라가며 빗어주어야 한다. 위에서부터 빗을 경우 엉킴이 겹쳐서 아래로 내려 와 점점 더 엉킴이 심해진다.

16. ② 포화습도: 일정한 기온에 있어서 그 공기 속에 함유될 수 있는 최대량의 수증기가 함유된 상태를 말한다.
③ 비교습도: 1kg의 건조한 기체 속에 함유되어 있는 수증기의 양을, 동일한 온도에서 포화한 경우에 건조한 기체 1kg속에 함유되는 수증기의 양으로 나눈 값을 말한다.
④ 포차: 습도를 표시하는 방법의 하나로 주어진 온도에서 공간을 완전히 포화시켰다고 생각할 때의 수증기압에서 현재 공기가 가지고 있는 절대 습도를 뺀 차로 표시한다.

17. 생물학적산소요구량(BOD)이란 생존에 산소를 필요로 하는 세균(산소성 또는 호기성(好氣性) 미생물이나 박테리아고도 한다)이 일정기간(보통 20도에서 5일간) 수중의 유기물을 산화 분해시켜 정화하는 데 소비되는 산소량이다. 호기성 미생물은 유기물을 분해할 때 산소를 소모한다. 물이 많이 오염될수록 유기물 이 많으므로 그만큼 미생물이 이를 분해하는데 필요한 산소량도 증가한다. 따라서 BOD가 높을수록 오염 이 심한 물이다.

18. 나병: 나병균에 감염되어 발생하는 것으로 현재는 전 세계적으로 24개국을 제외한 나머지 지역에서 연간 1만 명당 1건 미만으로 발생하는 드문 질환이다.

19. **잠함병**: 기압이 높은 곳에 있을 때 혈액에 녹아 있던 질소가 급격한 감압에 의해 체내에서 기포화하여 혈관폐색이나 여러 조직의 압박을 초래하는 질환. 잠수부, 케이슨공법이나 압기실드공법 등의 가압 상태에서의 작업자에게서 볼 수 있다.

20. **무구조충**: 촌충과에 속하는 기생충. 4~10m에 달하고, 다수의 세로의 편절로 되어 있다. 두부에는 4개의 흡반이 있다. 소가 중간숙주이며, 사람은 무구조충의 유충(무구낭충)이 포함된 쇠고기를 생식함으로써 감염된다.

21. **에르고톡신**: 맥각 알칼로이드의 일종으로 에르고크리스틴, 에르고크리스티닌, 에르고크립틴, 에르고콜린 등의 혼합물이다. 에르고타민과 같은 작용을 갖고, 자궁수축제로 이용된다.

22. 우리나라는 임신 중이거나 산후 1년이 경과되지 아니한 여성과 18세 미만자를 도덕상 또는 보건상 유해, 위험한 사업에 사용하지 못하도록 규정하고 있다.

23. **공중보건학의 목적**: 질병예방, 수명연장, 신체적·정신적 건강 및 효율의 증진 등이 있다.

24. ① **평균수명**: 어떤 연령의 사람이, 평균해서 몇 년 살 수 있는가 하는 기대값으로 0세의 평균여명(平均餘命)을 평균수명이라 한다. 국민의 건강상태, 즉 공중위생의 정도를 알아보는 데에 가장 중요한 수치이다.
    ② **조사망률**: 1년간의 사망수를 그 해의 인구로 나눈 것. 보통 1,000배하여 인구 1,000대로 표시된다. 연령계층, 성별, 사인 등을 고려하지 않고 정정하지 않은 채로 나타낸 사망률을 말한다.
    ③ **영아사망률**: 출생에서 1년까지의 영아의 사망을 의미하는데, 한 국가의 건강수준을 나타내는 대표적인 지표이다. 영아사망은 모자보건, 환경위생 및 영양수준 등에 민감하며, 또한 생후 12개월 미만의 일정한 연령군을 이루기 때문에 일반 사망률에 비해 통계적 유의성이 매우 높다.

25. ① **투명층**: 핵과 색이 없는 세포로 모든 피부에 있으나 주로 손, 발바닥에 많이 분포한다. 반유동성 물질을 함유하고 있으며 수분침투방지, 자외선 반사충격을 흡수한다.
    ② **유극층**: 표피에서 가장 두꺼운층이며 수분과 영양을 많이 함유하고 있다. 피부의 면역반응에 관여하는 랑게르한스세포가 존재하며 림프액이 흐른다.
    ③ **기저층**: 표피의 가장 아래에 있는 층으로 세포분열을 한다. 각질형성세포와 멜라닌형성세포가 존재한다.

26. ① **안륜근**: 눈꺼풀 속에 있는 고리 모양의 힘살을 말함.
    ③ **전두근**: 머리의 앞면에 있는 근육으로 눈썹을 올리고 또는 이마에 가로 주름을 나타내는 작용을 한다.
    ④ **후두근**: 후두내에 있는 9종의 횡문근으로 이것은 주로 발성에 관여하고 있다.

27. 비타민은 건강한 신체를 유지하기 위해서는 반드시 필요한 영양소들이다. 성장발육에서 새로운 세포의 생성, 상처치유, 몸 보호 등을 위해서는 비타민 섭취는 꼭 필요하다. 그러나 비타민 과다복용 시에도 우리가 예기치 못한 부작용들이 발생할 수 있다. 특히 지용성 비타민의 경우에는 과다 섭취할 경우 신체 내에서 쌓여 몸에 이상반응을 일으킬 수 있다.

28. **2도화상**: 발적, 부종이 뚜렷하고 몇 시간 또는 24시간 이내에 크고 작은 수포가 형성된다. 자각적으로는 작열감, 동통이 심하다.

29. ② 일광피부염: 빛에 대하여 피부가 과민하게 되는 것으로 어떤 종류의 물질을 피부에 부착하거나, 복용 또는 주사했을 때 체내대사에 의해 피부를 빛에 대하여 과민하게 만들기 때문에 발생한다.
　③ 베를로크 피부염: 향수 사용 후 일광을 쐬면 피부 노출부위에 생기는 색소침착으로 예방은 비타민C를 많이 섭취하고 향수를 일광 노출부위에 바르지 말아야 한다.
　④ 약진: 약물 알레르기는 약물 부작용 중 면역 반응에 의한 것으로 예측이 불가능하다.

30. 필수지방산: 고등동물의 성장 또는 건강상태의 유지를 위하여 체외로부터 섭취해야 할 지방산으로 비타민 F 라고도 한다. 필수지방산에는 리놀산, 리놀렌산, 아라키돈산이 있다.

31. ② 피지선 모반: 일반적으로 두피에 생기나 피지선이 있으면 어느 부위에도 생길 수 있다. 이 피지선 모반은 5~7% 기저 세포암이 발생할 가능성이 있으며 드물게 극세포암도 발생할 수 있다고 한다.
　③ 한관종: 피부에 생기는 지름 2~3mm의 노란색 또는 살색 작은 혹으로 눈 밑 물사마귀 라고도 한다. 진피내 땀샘 분비관의 변화에 의해 생기는 양성종양으로 추정된다.
　④ 표피낭종: 단단한 원형의 진피내 종양으로 1~5cm 정도의 직경을 가지며 중심부에는 면포에서와 같은 구멍이 있고, 짜면 악취가 나는 치즈 같은 물질이 배출된다.

32. 손톱이 푸른색을 띄는 것은 신체에 산소공급이 잘 되고 있지 않다는 것이다. 폐에 산소공급이 잘 되지 않는 이유는 폐가 감염되는 폐렴 등의 질환이 있을 수 있다. 폐질환의 경우 중증으로 발전하면 치료하기 어려워지기 때문에 적절한 시기에 검사받는 것이 중요하다. 또한 손톱이 푸른색을 띄면 당뇨병을 앓고 있다는 것을 알려주는 신호이기도 하다.

33. 천연보습인자: 주로 아미노산들과 그들의 대사산물들로 구성되어 있는데 이들은 필라그린이 분해되면서 형성된 부산물들이며, 이 외에도 각종 무기염류들도 포함되어 있다.

34. ① 화염 멸균법: 알코올램프나 분젠버너의 화염을 통해 멸균하는 방법이다. 주로 접종기구나 시험관구 면전 등의 멸균에 이용한다.
　② 건열 멸균법: 160℃에서 30분간 가열을 계속하거나 180℃까지 상승시켜 오르면 열원을 끊고 그대로 자연스럽게 온도가 내려가는 것을 기다리는 방법으로 주로 유리기구의 멸균에 사용된다.
　③ 소각 소독법: 불에 태워 병원체를 없애버리는 방법으로 소독법 중에서 가장 완전한 방법이라고 할 수 있다. 전염병 환자가 썼던 의복 등 물건을 처리할 때 사용한다.

35. ① 알코올: 알코올 농도가 70%일 때 높은 살균력을 지닌다. 수지와 피부소독, 날이 있는 소독에 주로 사용된다.
　② 질산은: 은을 질산에 녹여 증발하면 석출하는 무색투명한 판상결정이다. 은 도금, 분석용 시약, 도자기의 착색, 상아 등의 부식제로서 사용된다.
　③ 승홍: 균력이 매우 강하기 때문에 1000배 희석액으로 대장균이나 포도상구균을 5~10분 이내에 사멸시킬 수 있지만 살균력은 저하된다. 손이나 발, 유리제품이나 도자기 의류 소독에 적합하나 금속제품, 장난감, 식기소독은 안된다.

36. 양이온 계면활성제: 수용액에서 이온으로 해리하고 계면활성을 나타내는 원자단이 양이온이 되는 계면활성제이다. 역성비누 또는 양성비누라고도 하며 세척력은 약하나 살균작용과 용혈작용, 단백질 침전작용이 있다.

37. 소독약의 구비조건
① 살균력이 강해야 한다.　② 금속부식성이 없어야 한다.
③ 표백성이 없어야 한다.　④ 용해성이 높아야 한다.
⑤ 사용하기에 간편해야 한다.　⑥ 가격이 저렴(경제적)해야 한다.
⑦ 침투력이 강해야 한다.

38. 방사선 멸균법
① 방사선을 식품에 쬐어서 선의 전리 작용에 의해 부패 미생물을 사멸시키는 방법이다.
② 주로 건강식품, 의약품, 화장품용 고부가가치 천연 기능성 물질 개발 등에 이용된다.
③ 비 가열 멸균법이며 원정 포장한 상태에서 멸균되므로 재래식 가열멸균법이나 가스멸균법에 비해 뚜렷한 장점이 있다.
④ 시설설비에 소요되는 비용이 비싼 단점이 있다.

39. 건열소독: 100℃ 이상의 건열로 수분이 없이 균을 사멸하는 방법으로 증기멸균기에 거즈, 솜, 수술용 기계 등을 넣어 60분간 소독하는 것을 말한다.

40. 여드름은 혈액이 탁해짐으로써 발생하는 것이다. 따라서 여드름 짜는 기계를 소독하지 않고 사용할 경우 후천성면역결핍증(AIDS)에 감염될 가능성이 높다.

41. 석탄산: 소독약으로써 사용되고, 다른 소독약의 효력을 비교할 때의 표준으로 되어 있다.

42. 산화작용에 의한 소독법으로는 산소와 오존이 있다.

43. 여과멸균법: 혈청, 약제, 당류 등의 용액멸균에 쓰이는 멸균법으로 지름 200~300mm의 작은 구멍이 무수히 있는 여과기에 이들 용액을 통과시키면 그 용액 속에 함유된 세균은 구멍에 걸리고 흘러나온 여액은 무균이 된다.

44 ① **싱글 플로럴**: 한 가지 꽃의 향기만 사용하는 향수이다.
③ **우디**: 나무껍질, 향목을 연상시키는 온화하고 차분한 향의 향수이다.
④ **오리엔탈**: 동양에서 구할 수 있었던 원료인 무스크(사향), 앰버(용연향), 시벳(영묘향) 등의 동물성향료와 안식향, 유향, 샌달우드, 바닐라 등의 향이 주로 이용되는 향수로 달콤하고 관능적인 여성향수이다.

45 화장품 제조와 주요 기술
① **가용화 기술**: 수성성분에 소량의 유성성분을 투명하게 용해한다. 향수, 화장수, 에센스 등에 사용한다.
③ **분산 기술**: 액체와 고체입자를 계면활성제와 균일하게 혼합하는 것으로 마스카라, 아이라이너 같은 메이크업 화장품에 사용된다.
② **유화 기술**: 수성성분과 다량의 유성성분을 안정한 상태로 균일하게 혼합하는 것으로 로션, 크림 등의 메이크업 화장품에 사용된다.
　- **수중유(O/W)형**: 물에 기름이 분산된 형태이다.
　- **유중수(W/O)형**: 기름에 물이 분산된 형태이다.

46 기능성 화장품류의 주요 효과에는 피부 주름개선에 도움을 주고, 자외선으로부터 보호해주며, 피부 미백에 도움을 준다.

47 향료의 함유량
① 퍼퓸: 15~20%   ② 오데 토일렛: 5~7%
③ 샤워 코롱: 2~5%   ④ 오데 코롱: 2~7%

48 팩제는 피부의 혈액순환과 신진대사를 촉진하고, 피부표면을 청결히 하고, 보습작용을 하는 효과가 있다.

49 ④ 기초화장품-세안-클렌징 폼, 클렌징 크림

50 메이크업 화장품을 만드는데 주로 사용되는 것은 안료다.

51. 명예 공중위생 감시원의 자격 및 위촉방법, 업무 범위 등에 관하여 필요한 사항은 대통령령으로 정한다.

52. 위생교육은 영업 신고 전에 미리 받아야 한다.

53. 위생교육을 받지 않은 자는 200만원 이하의 과태료가 부과된다.

54. 면허를 받지 아니한 자가 업무를 개설하거나 업무에 종사한 자는 300만원 이하의 벌금형에 처해진다.

55. 영업소 이외의 장소에서 예외적으로 이·미용을 할 수 있도록 규정한 법령은 보건복지부령이다.

56. 이·미용업은 공중위생영업에 속한다.

57. 시·도지사는 위생서비스평가의 전문성을 높이기 위하여 필요하다고 인정하는 경우에는 관련 전문기관 및 단체로 하여금 위생서비스평가를 실시하게 할 수 있다.

58. 공중위생영업자의 지위를 승계한 자는 1월 이내에 보건복지부령이 정하는 바에 따라 시장, 군수 또는 구청장에게 신고하여야 한다.

59. 영업자 지위 승계신고 시 구비서류
 ㉠ 양도의 경우: 양도·양수를 증명할 수 있는 서류 사본 1부
 ㉡ 상속의 경우: '가족관계의 등록 등에 관한 법률' 제15조제1항제1호의 가족관계증명서 및 상속인임을 증빙하는 서류 1부
 ㉢ 그 밖의 경우: 해당사유별로 영업자의 지위를 승계하였음을 증빙할 수 있는 서류 1부

60. 개선명령에 따르지 아니한 자, 위반한 자는 300만원 이하의 과태료에 처해진다.

3회 정답과 해설
실전모의고사

정답

1	2	3	4	5	6	7	8	9	10
④	④	④	①	②	③	③	③	②	②
11	12	13	14	15	16	17	18	19	20
②	④	①	③	②	④	②	②	④	④
21	22	23	24	25	26	27	28	29	30
④	②	②	④	③	③	②	①	②	②
31	32	33	34	35	36	37	38	39	40
④	④	②	①	④	④	③	②	①	①
41	42	43	44	45	46	47	48	49	50
④	①	②	①	④	③	②	①	④	①
51	52	53	54	55	56	57	58	59	60
③	②	①	③	②	①	③	②	①	①

01. 산성 린스: 두발에 남아있는 알칼리 성분을 중화시키며, 금속성 피막을 제거한다.
레몬 린스: 레몬 1개의 즙을 약 0.5L의 따뜻한 물에 타서 모발을 헹궈낸다.

02. 테스트 컬: 모발에 대한 제1제의 작용 정도를 판단하며 정확한 프로세싱 타임을 결정하고 웨이브의 형성 정도를 조사하는 것이다. 즉, 제1제가 어느 정도 모발에 작용하고 있는지를 조사하는 것이다.

03. 스트록 커트는 부분적으로 블런트 커트를 더함으로써 라인의 날카로움을 나타내는 것으로 스트록 커트의 테크닉에 사용하기에 가장 적합한 것은 곡선날 시저스다.

04. ② 와이드 웨이브: 폭이 넓은 웨이브로 섀도 웨이브 보다 파고가 뚜렷한 웨이브이다.
③ 섀도 웨이브: 모근부터 모발 끝까지 동일한 웨이브이다.
④ 호리존탈 웨이브: 웨이브 리지가 수평으로 형성된 것이다.

05. 두발의 양이 많으면 스트랜드를 적게 해야하며, 로드도 작은 것을 사용해야 한다.

06. 보색대비: 색상 대비 중에서 서로 보색이 되는 색들끼리 나타나는 대비 효과로 보색끼리 이웃하여 놓았을 때 색상이 더 뚜렷해지면서 선명하게 보이는 현상. 녹색계통의 색의 보색은 적색계통이다.

07. 헤어린스의 목적
㉠ 샴푸 후 두발에 남아 있는 불용성 알칼리 성분중화와 금속성 피막을 제거한다.
㉡ 엉킨 두발을 풀어주고, 윤기와 유분을 공급한다.
㉢ 샴푸에 의해 건조해진 두발에 대전성을 방지한다.

08. 붉은 찰흙에 샤프란을 섞어서 이것을 볼에 붉게 칠하고 입술연지로도 사용한 때는 고대 이집트였다.

09. ① 이숙종 여사: 높은머리(다까머리)
③ 김상진 선생: 현대 미용학원을 설립하였다.
④ 오엽주 선생: (일본에서 미용 연구)화신미용실을 최초로 개설하였다.

10. ① 스퀘어 파트: 이마의 양각에서 사이드 파트하여 두정부 근처에서 이마의 헤어 라인에 수평하게 한파트 이다.(가로, 세로선의 길이가 똑같은 파트)
③ 카우릭 파트: 두정부의 가리마로부터 방사선으로 나눈 파트이다.
④ 렉탱귤러 파트: 이마의 양각에서 사이드 파트하여 두정부에서 수평으로 나눈 파트이다.

11. 원랭스 커트: 밑라인을 평행하게(두발을 일직선으로) 자르는 커트로 이사도라, 스파니엘 등이 있다.

12. 미용의 과정
소재-구상-제작-보정
㉠ 소재: 개성미를 파악하여 연출 시킬 수 있는 첫 단계이다.
㉡ 구상: 특징을 살려서 계획하는 단계이다.
㉢ 제작: 자유자재로 표현하는 단계로 제일중요한 단계이다.
㉣ 보정: 수정, 보완하여 전체적인 조화미를 살리는 단계이다.

13. 플랫컬은 루프에서 두피에 평평하게 붙도록 되어 있으며 볼륨감이 없다.

14. ① 테이퍼링: 두발끝을 점차적으로 가늘게 커트하는 테크닉으로 두발의 양을 쳐내어 두발 끝으로 갈수록 붓끝과 같이 가늘게 커트하는 법이다.
② 틴닝: 두발의 길이는 그대로 두고 틴닝가위로 두발 숱을 쳐내는 것이다.
④ 싱글링: 목덜미 쪽은 짧게, 뒤통수 쪽은 길게 하는 커트이다.

15. 초보자는 세이핑 레이저를 사용하는 것이 좋다.

16. 다공성 모발: 손상이 상당히 진전된 손상모로 손상에는 질적인 변성과 시각적인 손상이 있으며 질적인 변성은 화학적인 퍼머넨트, 헤어칼라 등에 의한 것과 물리적인 열, 자외선 등에 의한 것이 있다. 다공성 정도가 클수록 프로세싱 타임을 짧게 하고, 보다 순한 용액을 사용하도록 해야 한다.

17. ① 비타민A 결핍: 야맹증, 안구 건조증
② 비타민B 복합체 결핍: 가벼운 우울증, 근심, 불안 등과 같은 정신 질환의 원인임
④ 비타민D 결핍: 구루병, 골연화증, 불면증

18. 산성비는 공기중의 황산화물(이산화황)이나 질소산화물 등이 녹아 pH가 5.6 미만인 강한 산성의 산성비가 내리는 것을 말한다.

19. 세계보건기구(WHO)에서의 건강의 정의: 건강이란 질병이 없고 허약하지 않을 뿐만이 아니라 신체적, 정신적, 사회적으로 안녕한 상태를 말한다.

20. ① 포도상구균 식중독: 포도상구균이 생성한 독소에 의해서 일어나는 식중독으로 잠복기는 1~6시간으로 복통·설사 등으로 발병한다. 포도상구균 식중독은 식품중에서 엔테로톡신을 산생하는 균주에 의해서 일어나는 독소형의 식중독이다.
　② 살모넬라 식중독: 쥐티프스균, 장염균 등의 살모넬라 속에 의한 식중독. 이들 식중독은 감염형이며, 독소형 식중독과 달리 원인독소가 발견되지 않고 있다.
　③ 보툴리누스 식중독: 독소형식중독의 하나로 Clostridium botulinum 균이 증식하면서 생산한 단백질계의 독소물질을 섭취하여 일어나는 식중독이다.

21. 발진티푸스: 발진티푸스 리케치아에 감염되어 발생하는 급성 열성 질환으로, 한랭지역의 이(louse)가 많이 서식하는 비위생적인 환경에서 거주하는 사람들 사이에서 발생한다.

22. 영아사망률: 출생 후 1년 안에 사망한 영아의 사망률. 영아의 생존이 모체의 건강상태, 양육조건 등의 영향을 강하게 받으므로, 영아사망률은 그 지역의 위생상태의 좋고 나쁨, 더 나아가서는 생활수준을 반영하는 중요한 지표의 하나가 된다.

23. 위생해충의 구제법으로 가장 확실한 방법에는 환경적인 방법인 발생원 및 서식처를 제거하는 것이다.

24. ① 페스트: 페스트는 페스트균에 의해 발생하는 급성 열성 전염병으로 페스트균은 숙주 동물인 쥐에 기생하는 벼룩에 의해 사람에게 전파된다.
　③ 사상충증: 열대, 아열대에 많은 기생충 질환으로 필라리아에 의해서 일어난다. 모기가 매개하는 것으로 잠복기는 수개월에서 1년이다.
　④ 황열: 아프리카와 남아메리카 지역에서 유행하는 바이러스에 의한 출혈열이다. 질병을 일으키는 바이러스는 아르보 바이러스로 모기에 의해 전파된다.

25. 기온이 가장 낮은 때는 오전 3시 부터 9시 사이이며, 기온이 가장 높은 때는 오후 2시부터 4시사이이다.

26. 진피: 척추동물의 피부 가운데서 표피와 피하조직 사이의 부분으로, 중배엽으로부터 발생하며, 두께 0.3~2.4mm의 섬유성 결합조직으로 되어 있다. 진피는 유두층과 망상층으로 구분된다.

27. AHA(글리콜산)는 피부의 각질층과 표피의 일부 즉, 죽은 피부만을 녹여내는 기능이 있다.

28. 정상적인 피부: 외부의 충격으로 파괴된 후 자연재연 되는데 약 2시간이 걸린다.
　민감성 피부: 외부의 충격으로 파괴된 후 자연재연 되는데 약 3시간 이상이 걸린다.

29. ② 비타민D 결핍: 구루병, 골연화증, 불면증
　③ 탄수화물 결핍: 체중감소와 발육불량, 체액의 산성화가 일어날수 있으며 지속적인 결핍은 저혈당증을 유발하는 원인이 된다.
　④ 무기질 결핍: 골격과 치아가 약해지고 핵단백질과 세포핵이 모자라지며 신경조직에도 문제가 생긴다.

30. ① 조체: 조판(Nail plate) 이라고도 하며 손가락 끝의 등쪽에 붙어 있고 신경이나 혈관이 없다.
③ 조소피: 큐티클이라고도 하며 손톱 주위를 덮고 있는 피부를 말한다.
④ 조하막: 손톱끝살을 말하며 박테리아의 침입으로부터 손톱과 발톱을 보호한다.

31. ① 과립층: 각화과정이 시작되는 층으로 외부물질로부터 침투하는 수분을 막는다(레인방어막).
② 유극층: 표피에서 가장 두꺼운 층이며 수분과 영양을 많이 함유하고 있다. 피부의 면역반응에 관여하는 랑게르한스세포가 존재하며 림프액이 흐른다.
③ 각질층: 핵이 존재하지 않는 죽은 세포들로, 외부의 자극으로부터 보호해주며, 수분증발을 억제해 준다(구성성분: 세라마이드50%, 지방산30%).

32. 한선(땀샘)의 특징
㉠ 신체의 전체 표면에 분포되어 있는데, 특히 손바닥과 발바닥에 많고 큰 것은 겨드랑이에 있다.
㉡ 땀샘은 땀의 형태로 노폐물과 수분을 몸 밖으로 배설하고, 피부표면에서 주위의 열을 흡수하면서 증발하므로 체온을 낮추어 우리 몸의 체온을 일정하게 유지시킨다.

33. 랑게르한스 세포: 피부기저층직상에서 표피 전층에 걸쳐서 산재하는 수지상 세포로 전현적으로 라켓상의 랑게르한스 세포과립(바베크과립)을 가진다. 탐식능을 가진 조직구성의 세포로 마크로파지와 유사한 성질을 가지며 면역에 관계하고 있다.

34. ② 모유두: 모구의 가장 아래에 존재하며 모발에 영양을 공급해 준다. 유두의 모양으로 생겨 모유두라 하며, 모세혈관이 복잡하게 엉켜 있으나 각종 영양소와 산소를 모발에 공급한다. 모발이 생성되고 성장하는 것을 조절하는 기능을 한다.
③ 모구: 모발의 뿌리를 둘러싸고 있는 곳으로 머리카락을 뽑으면 희고 두툼한 것이 딸려오는데 이것을 모구라 한다.
④ 모소피: 털의 가장 바깥층 조직으로 얇은 막과 작은 비늘 조각으로 되어 있다.

35. 고압멸균기: 고압의 증기를 이용한 멸균기로 고압에 충분히 견딜 수 있는 철제로 되어 있고 뚜껑도 튼튼한 철제로 되어 있으며 조임새로 밀폐할 수 있게 되어 있다. 유리기구나 금속기구 등의 소독에 적합하다.

36. 병원성 미생물은 일반적으로 pH6.5~7.2 범위인 중성 또는 약염기성에서 잘 자란다.

37. ① 옴(개선)병: 옴은 옴진드기 벌레에 감염된 사람과의 접촉은 물론이고 침구, 의류 등에 의해서도 전염되는 경우가 많다. 증상은 무좀과 흡사하며 특히 어린 아이의 발바닥의 옴은 무좀과 거의 동일하다.
② 일본뇌염: 일본뇌염 바이러스에 감염된 작은 빨간 집모기(뇌염모기)가 사람을 무는 과정에서 인체에 감염되어 발생하는 급성 바이러스성 전염병이다. 증상으로는 두통, 현기증, 구토, 복통, 지각 이상 등의 증세를 보인다.
④ 무좀: 표재성 곰팡이증은 진균이 피부의 가장 바깥층인 각질층이나 손발톱, 머리카락에 감염되어 발생하는 질환이다. 원인균에 따라 백선(피부사상균증), 칸디다증, 어루러기로 나눌 수 있다.

38. 석탄산: 옛날부터 소독약으로써 사용되었으며, 다른 소독약의 살균력 지표로 가장 많이 사용되고 있다.

39. ② 혐기성균: 공기가 거의 없는 곳에서 번식하는 종류의 균으로, 오염원의 유기물을 환원 또는 분해한 후, 산소를 뽑아내고 생존한다.
③ 통성혐기성균: 세균 중에서 공기중 또는 그 보다 산소분압이 낮은 곳. 즉 산소가 있거나 없거나 증식가능한 균을 말한다. 대장균 등의 장내세균이나 기타 대부분의 세균이 이 속에 속한다.

40. 물리적 살균법: 가열법, 자외선살균법, 감마선살균법 등이 있다.

41. 소독약의 구비조건
- 살균력이 강할 것
- 금속 부식성이 없을 것
- 표백성이 없을 것
- 용해성이 높을 것
- 사용하기 간편하고 값이 쌀 것
- 침투력이 강할 것

42. ② 희석: 대상으로 하는 물질의 농도가 감소하도록 이것과 반응하지 않는 물질 또는 용매를 가하는 것을 말한다.
③ 냉각: 주위 온도보다 높은 온도의 물체로부터 열을 흡수하여 영상의 온도로 그 물체가 필요로 하는 온도까지 낮게 유지시켜 주는 상태이다.
④ 여과: 다공성의 막이나 층을 사용하여 고체를 포함하는 용액 중 액체만을 통과시켜 고체를 액체에서 분리하는 조작을 말한다.

43. ① 푼: 예전에, 엽전을 세던 단위로 한 푼은 돈 한 닢을 이른다.
③ 퍼밀리: 해수 1kg 에 들어 있는 염분의 총g을 말한다.
④ 피피엠: 100만분의 1(parts per million)을 나타내는 농도의 단위이며, 미량분석의 정량범위, 검출한계 등을 수적으로 표현할 때 널리 쓰인다.

44 세안용 화장품의 구비조건 중 안정성은 변질, 변색, 변취, 미생물 오염 등이 없어야 한다.

45 화장수의 작용
- 세안 후 남아있는 노폐물이나 메이크업 잔여물을 닦아내 피부를 청결하게 한다.
- 각질층의 수분 공급 및 피부 생리 작용의 조절
- 피부의 pH 밸런스 조절

46 아로마테라피에 사용되는 에센셜 오일은 원액 그대로 사용하는 것이 아니라 캐리오 오일과 블랜딩해서 사용해야 한다.

47 • 디스퍼, 프로펠러믹서: 분산기
• 호모게나이져: 연속식 유화기

48 무기 안료: 아연, 티탄, 납, 철, 구리 등 금속화합물을 원료로 만든다. 일반적으로 내광성, 내열성, 은폐력은 우수하지만, 선명도는 떨어진다.

49 알부틴은 미백 화장품에 사용되는 성분이다.

50 화장품: 화장품은 인체를 청결하게 미화하여 용모를 밝게 변화시키거나 피부나 모발의 건강을 유지 또는 증진하기 위하여 인체에 사용하는 것으로 인체에 대한 작용이 경미한 것을 말한다. 화장품 법 상 화장품은 신체의 구조, 기능에 영향을 미치는 것과 같은 사용 목적을 겸하는 물품이다.

51. 이·미용사 면허를 받을 수 있는자
- 고등학교, 전문대학 또는 이와 동등 이상의 학력이 있다고 교육부장관이 인정하는 학교에서 미용에 관한 학과를 졸업한 자
- 교육부장관이 인정하는 고등기술학교에서 1년 이상 미용에 관한 소정의 과정을 이수한 자
- '국가기술자격법'에 따라 미용사(일반) 또는 미용사(피부) 자격증을 취득한 자

52. 이·미용업 영업자가 변경신고를 해야하는 것
- 영업소의 상호 또는 명칭
- 영업소의 소재지
- 신고한 영업장 면적의 1/3 이상의 증감
- 대표자의 성명(법인의 경우에 한함)

53. 보건복지부령이 정하는 특별한 사유의 경우
- 질병으로 인하여 영업소에 나올 수 없는 자에 대하여 이·미용을 하는 경우
- 혼례에 참여하는 자에 대하여 그 의식 직전에 이·미용을 하는 경우
- 시장·군수·구청장이 특별한 사정이 있다고 인정한 경우

54. 해당 영업정지처분이 고객들에게 심한 불편을 주거나 그 밖에 공익을 해칠 우려가 있다고 시장·군수 또는 구청장이 판단한 경우 미용업자는 영업정지를 대신해 과징금 처분(위반행위의 종류·정도 등 감안하여 최대 3천만원 한도로 '공중위생관리법 시행령' 별표 1을 기준으로 산정됨)을 받을 수 있다.

55. 미용사 면허증을 분실하여 재교부를 받은 자가 분실한 면허증을 찾았을 때는 시장, 군수에게 찾은 면허증을 반납한다.

56. 공중위생영업자의 지위를 승계한 자는 1월 이내에 보건복지부령이 정하는 바에 따라 시장, 군수 또는 구청장에게 신고하여야 한다.

57. 이용사 또는 미용사의 면허를 받지 아니한 자 중, 이용사 또는 미용사 업무에 종사할 수 있는 자는 이·미용업소에서 이·미용업무를 보조하고 있는 자이다.

58. 이·미용소의조명시설은 75룩스 이상이어야 한다.

59. ① 신고를 하지 아니하고 영업한 자: 3년 이하의 징역 또는 3천만원 이하의 벌금에 처해진다.
② 변경신고를 하지 아니하고 영업한 자: 6월 이하의 징역 또는 500만원 이하의 벌금에 처해진다.
③ 면허정지처분을 받고 그 정지 기간 중 업무를 행한 자: 1년 이하의 징역 또는 1천만원 이하의 벌금에 처해진다.
④ 관계 공무원 출입, 검사를 거부한 자: 300만원 이하의 과태료에 처해진다.

60. 이·미용업 영업자가 위생교육을 받지 아니한 때에 대한 1차 위반 시 경고에 행정처분에 처해진다.

정답과 해설
최신 기출문제

정답

1	2	3	4	5	6	7	8	9	10
①	④	①	④	①	③	①	②	④	①
11	12	13	14	15	16	17	18	19	20
②	④	③	③	②	②	③	①	②	①
21	22	23	24	25	26	27	28	29	30
②	④	①	③	③	③	②	④	④	③
31	32	33	34	35	36	37	38	39	40
③	①	②	①	②	④	①	③	④	③
41	42	43	44	45	46	47	48	49	50
③	④	①	④	③	②	①	①	③	④
51	52	53	54	55	56	57	58	59	60
④	①	②	④	③	③	①	④	②	②

01. 물에 적신 모발을 와인딩 한 후 퍼머넌트 웨이브 1제를 도포하는 방법을 워터래핑이라 한다.

02. ① 한일합방 이후 유학여성들에 의해서 발달하였다.
② **오엽주 여사**(일본에서 미용 연구): 화신미용실을 최초로 개설하였다.
③ 정화 미용고등기술학교의 설립은 해방 이후이다.

03. 언더 프로세싱: 프로세싱 타임이 약한 경우로 작용 시간이 너무 짧아 컬이 약하고 탄력성이 없어 금방 풀린다.

04. 무채색: 명도에는 차이가 있으나 색상과 순도가 없는 색으로 흰색과 회색, 검정색 등이 있다.

05. ② **콜드 웨이브**: 전기나 기타 열을 사용하지 않고 약품을 이용하여 상온으로 환원작용을 일으켜서 웨이브를 주는 방법이다.
③ **핑거 웨이브**: 컬이나 핀 종류를 사용하지 않고 손가락으로 모발을 눌러 빗으로 빗으면서 방향잡기를 하여 만드는 웨이브이다.
④ **새도우 웨이브**: 크레스트가 뚜렷하지 못하고 느슨한 웨이브로 가장 아름답다.

06. 오일린스: 유성 린스로 머리를 감은 후에 사용하는 린스제로 정전기의 발생을 방지하며 머리를 부드럽게 한다.

07. 블런드 커트: 직선으로 커트하는 방법이다. 클럽 커트라고도 하며, 원랭스, 스퀘어, 그라데이션, 레이어가 대표적인 커트이다.

08. 브러쉬 세정법
㉠ 적당한 용기에 브러쉬가 담길 정도로 클렌져를 붓는다.
㉡ 브러쉬로 원을 그리듯이 움직여 세정한다.
㉢ 세척 후, 흐르는 물에 가볍게 헹궈준다.
㉣ 타올로 지그시 눌러 물기를 제거한 후, 브러쉬 모를 아래로 향해 응달에서 말린다.

09. 콜드 퍼머넌트시 제1액을 바르고 비닐캡을 씌우는 이유
- 휘발성 알칼리(암모니아 가스)의 산일을 막기 위해서이다.
- 체온에 의한 설류선 작용을 촉진시키고 컬의 균일화를 이루기 위해서이다.

10. 미용의 특수성
- 자기의 의사표현이 극히 제한되어 있다.
- 소재선정도 손님신체의 일부이므로 제한되어 있어 자유롭지 못하다.
- 시간적인 제약을 받는다.
- 미적 효과의 표현을 고려해야 한다.

11. B.C 1500년경에 이집트인들은 그들의 자연적인 흑색모발에 멋을 내기 위해서 '헤너'라는 것을 진흙에 개어 바르고 태양광선에 건조시켰다고 하는데, 지금도 일부 지방에선 애용된다고 전해진다.

12. 빗을 사용 후에 소독액에 계속 담가두면 형태가 변한다.
빗을 소독할 때 사용하는 소독액은 석탄산수, 크레졸비누액 등을 사용한다.

13. 유기합성 염모제 제1액
- 산화염료가 암모니아수에 녹아있어 알칼리성을 띠며 모발에 침투하는 작용과 제2제인 과수를 분해하는 작용을 한다.
- 암모니아와 산화원료(색조), 계면활성제(침투제, 유화제), 양모제 등으로 구성되어 있다.
- 암모니아는 모발을 팽윤시켜 큐티클을 열어 색조의 코텍스층의 침투를 돕는다.

14. ① 댄드러프 스캘프 트리트먼트: 댄드러프는 비듬이란 뜻으로, 이것은 비듬을 제거하기 위해서 실시하는 방법이다.
② 오일리 스캘프 트리트먼트: 두피에 피지가 과잉 분비되어 기름기가 많을 때 실시하는 방법이다.
④ 드라이 스캘프 트리트먼트: 두피에 피지가 부족하여 두피가 건조한 상태일 때에 실시하는 방법이다.

15. ① 웨프트: 실습용 부분가발로, 블록에 T핀으로 고정시켜 핑거 웨이브의 연습 등에 사용된다.
③ 폴: 짧은 두발을 일시적으로 길게 보이게 하기 위하여 사용한다.
④ 위글렛: 두부의 특정 부위에 특별한 효과를 연출하기 위하여 사용된다.

16.
- 아이론 웨이브: 1875년 프랑스의 마셀그라또
- 스파이럴 퍼머넌트 웨이브: 1905년 영국의 찰스 네슬러
- 크로키놀식 웨이브: 1925년 영국의 조셉메이어

17. 미용의 과정

소재-구상-제작-보정
- 소재: 개성미를 파악하여 연출 시킬 수 있는 첫 단계이다.
- 구상: 특징을 살려서 계획하는 단계이다.
- 제작: 자유자재로 표현하는 단계로 제일 중요한 단계이다.
- 보정: 수정, 보완하여 전체적인 조화미를 살리는 단계이다.

18. ② 이어투이어 파트: 한쪽 귀부분에서 top을 지나 반대 귀 부분까지 가로로 나눈 것.
③ 센터파트: 앞가르마라고 하며 전두부 헤어라인 중앙부터 두정부를 향해 직선으로 나눈 것을 말한다.
④ 스퀘어 파트: 이마에서 사이드 파트하여 두정부 근처에서 이마의 헤어 라인에 수평하게 나눈 파트이다.

19. 컬은 웨이브, 볼륨을 만들고, 모발의 끝에 변화와 움직임을 주기 위해 한다.

20. 보습제의 구비조건
- 흡습력이 좋아야 한다.
- 다른 성분과의 공존성이 높아야 한다.
- 안정성이 높아야 한다.
- 가능한 저 휘발성 이어야 한다.
- 피부와의 친화성이 좋아야 한다.
- 무색, 무취, 무미일 것이어야 한다.

21. 간 흡충증(디스토마)는 제1중간 숙주인 쇠우렁이에 먹혀서 그 몸 속에서 스포로시스트, 레디아 등을 거쳐 세르카리아(cercaria)가 된다.

22. 과다해동장애: 아동기에 많이 나타나는 장애로, 지속적으로 주의력이 부족하여 산만하고 과다활동, 충동성을 보이는 상태를 말한다. 이러한 증상들을 치료하지 않고 방치할 경우 아동기 내내 여러 방면에서 어려움이 지속되고, 일부의 경우 청소년기와 성인기가 되어서도 증상이 남게 된다. 이 질환의 정확한 원인은 현재까지 알려진 바가 없다.

23. ② 콜레라: 콜레라균의 감염으로 급성 설사가 유발되어 중증의 탈수가 **빠르게** 진행되며, 이로 인해 사망에 이를 수도 있는 전염성 감염 질환이다. 해외 여행객 및 근로자의 증가로 해외 유행지역에서 콜레라균의 국내 유입이 증가하고 있는 추세이다.
③ 디프테리아: 디프테리아균의 외독소에 의한 급성 감염 질환이다. 주로 겨울철에 유행하며 사람이 유일한 디프테리아균의 숙주로 환자나 보균자와 직접 접촉하여 전염된다. 적절한 치료를 받은 경우에는 4일 이내에 전염성이 소실된다.
④ 유행성이하선염: 볼거리 바이러스에 의한 감염으로 발생하는 급성 유행성 전염병으로, 타액선이 비대해지고 동통을 특징적인 소견으로 한다. 대부분 자연 치유되므로 증상을 완화하기 위한 대증 요법만으로도 충분하지만, 합병증이 있을 시는 합병증의 증상에 따른 치료가 필요하다.

24. ② DO(용존산소): 물 또는 용액 속에 녹아 있는 분자상태의 산소량을 말하며 mg/ℓ 로 표시한 것이다. DO가 5mg/ℓ 이하가 되면 어패류가 살 수 없는 상태를 나타내는 것이다.
③ COD(화학적 산소요구량): 일정한 용적의 수중에 있는 물질을 산화하는데 요구되는 산소량으로 자연수 중의 피산화물질은 주로 유기물이기 때문에, 생화학적 산소요구량(BOD)과 같이 물의 유기물오염시간의 지표가 된다.
④ SS(Suspended Solid): 물속의 부유물질. 물의 혼탁의 원인이 됨. 공중의 부유물질에 대해서는 분진, 매연 등의 말을 사용함.

25. ① 인구증가율: 일정 지역안에 사는 사람이 증가하는 비율을 말한다.
② 조사망율: 연령계층, 성별, 사인 등을 고려하지 않고 정정하지 않은 채로 나타낸 사망률을 말한다.
④ 질병발생률: 질병이 생긴 일정한 기간에 어떤 집단 속에서 새로 발생된 질병이나 유병상태의 빈도로 나타낸다.

26. 노인층 인구에게 가장 좋은 보건교육은 개별적으로 상담하는 것이 가장 좋은 방법이다.

27. 예방접종에서 생균제제를 사용하는 것은 결핵의 치료를 할 때이다.

28. 저온 폭로에 의한 건강장애에는 전신체온강하, 동상, 참호족 등이 있다.

29. ① 살모넬라증: 장티푸스와 같은 증세를 나타내는 패혈증형과 식중독인 급성위장염형으로 식후 12~24시간에 설사·구토, 가벼운 발열 등이 나타나지만 회복이 빠르고 수일 내에 치유가 된다.
② 포도상구균중독: 원구상으로 지름 1㎛ 미만의 작은 구균인데, 고형배지에서 생장한 콜로니를 염색하면, 개개의 세균이 포도송이 모양으로 밀집한 배열을 나타낸다. 주요 증상으로 구토, 설사, 복통 등이 있다.
③ 연쇄상구균중독: 연쇄상으로 되어 있는 그람 양성 구균. 지름은 0.5~1㎛이며 구형 및 난원형이다. 실온에서 약 1~2주일간 생존이 가능하며 객담 및 조직의 침출액 속에서 수주일 생존한다. 열(60℃에서 30~60분)에 대해 비교적 약한 편이다.
④ 보툴리누스균중독: 1896년 햄의 소금절임에 의한 중독에서 처음으로 균이 분리되어 결정을 얻게 되었는데, 200g만으로도 전세계의 인류를 죽게 할 수 있다고 한다.

30. ① 페스트: 페스트균에 의해 발생하는 급성 열성 전염병이다. 숙주 동물인 쥐에 기생하는 벼룩에 의해 사람에게 전파된다.
② 일본뇌염: 일본뇌염 바이러스에 감염된 작은 빨간 집모기(뇌염모기)가 사람을 무는 과정에서 인체에 감염되어 발생하는 급성 바이러스성 전염병이다.
④ 황열: 아프리카와 남아메리카 지역에서 유행하는 바이러스에 의한 출혈열이다. 질병을 일으키는 바이러스는 아르보 바이러스로 모기에 의해 전파된다.

31. 소독의 정의: 소독이라 함은 수중의 병원성 미생물로부터 감염력을 상실시켜 수요자를 병원성 미생물에 의한 질병으로부터 보호하는 것을 의미한다.

32. 고압증기 멸균법: 물을 끓여 수증기를 이용하여 압력솥 안에서 기구를 멸균시키며 고압증기멸균기(autoclave)의 경우 121℃에서 15~20분간 노출시키며 주사기, 수술기구 등을 멸균하는데 쓰인다.

33. 소독용 알코올의 적정 농도는 70%이다.

34. ② 석탄산수: 페놀과 물을 혼합한 액체로 방부제나 소독제 따위로 쓰인다.
③ 포르말린수: 수지의 합성원료 외에 소독제, 살균제, 방부제, 방충제, 살충제로 30~50배로 희석하여 약 1%액(포르말린수)으로 사용한다.
④ 과산화수소수: 과산화수소를 물에 녹인 액체. 약간의 쓴맛이 있는 맑은 액체로, 3% 수용액은 소독약으로, 30% 수용액은 화학 약품으로 쓰인다. 또한 과망간산칼륨 등을 환원하여 환원제로써 작용하는 경우도 있다.

35. 액체염소: 압력으로 염소를 액화한 것으로 녹는점은 -100.98℃이며, 끓는점은 -34.1℃이다. 염소는 액화하기 쉬운 기체로서, 음용수 소독에 사용되는 약품이다.

36. 소독에 영향을 미치는 인자에는 온도, 대기압, 수분, 시간 등이 있다.

37. 소독법의 구비조건
- 살균력이 강하고 무해해야 한다.
- 취급하는 방법이 간단해야 한다.
- 소독대상물을 손상시키지 않아야 한다.
- 생산이 용이하고 값이 저렴해야 하며, 냄새가 없어야 한다.

38. 석탄산: 옛날부터 소독약으로써 사용되었으며, 다른 소독약의 살균력 지표로 가장 많이 사용되고 있다.

39. ① **알코올**: 탄화수소의 수소 원자가 하이드록실기(-OH)로 치환된 화합물의 총칭이다. 피부나 튜브류 소독에 적합하다.
② **크레졸**: 오르토, 메타, 파라 3종의 이성체 혼합물로 무색, 황색, 황·적갈색의 투명한 액체이다. 손과 오물, 의류, 헝겊 등의 소독에 적합하다.
③ **승홍수**: 이염화수은의 수용액. 강력한 살균력이 있어 기물의 살균이나 피부 소독에는 0.1% 용액, 매독성 질환에는 0.2% 용액을 쓰며, 점막이나 금속 기구를 소독하는 데는 적당하지 않다.

41. ① **각질층**: 핵이 존재하지 않는 죽은 세포들로, 외부의 자극으로부터 보호해주며, 수분증발을 억제해 준다(구성성분: 세라마이드50%, 지방산30%).
② **과립층**: 각화과정이 시작되는 층으로 외부물질로부터 침투하는 수분을 막는다(레인방어막).
④ **기저층**: 표피의 가장 아래에 있는 층으로 세포분열을 한다. 각질형성세포와 멜라닌형성세포가 존재한다.

42. 천연보습인자는 주로 아미노산들과 그들의 대사산물들로 구성되어 있는데 이들은 필라그린이 분해되면서 형성된 부산물들이며, 이 외에도 각종 무기염류들도 포함되어 있다. 천연보습인자에는 아미노산, 암모니아, 젖산염, 인산염 등이 있다.

43. UV-A(A는 aging: 노화를 의미)
- 피부 노화, 색소성 질환(기미, 주근깨)을 유발 혹은 악화시킨다.
- 일광 자외선의 90% 차지한다.
- 유리창을 투과 하며 흐린 날에도 90% 살아 있다.
- 만성적으로 노출 시 색소 침착작용을 유발한다.

44. 요오드의 작용
- 갑상선 호르몬인 티록신의 주성분으로 기초 신진 대사율을 조절한다.
- 갑상선과 부신의 기능을 향상시켜서 피부를 아름답게 해준다.
- 모세혈관의 활동을 활발하게 해 준다.

45. 지각작용: 피부 및 여기에 접촉되는 점막에서는 냉·온·압(壓)·통(痛) 등의 지각을 일으키는 감각이 일어나는데 피부감각이라 총칭한다.

46. ① 표피: 피부의 제일 바깥 층으로 외기로부터 모든 자극이나 상해에 대해서 내부를 보호한다. 신진대사 작용이 이루어진다.
③ 피하조직: 진피보다 매우 두꺼운 층으로 피부의 가장 아래층에 있고, 그물모양의 느슨한 결합조직으로 지방을 저장한다.
④ 근육: 동물의 운동을 일으키는 기관으로 동물의 운동에는 의지에 의한 수의운동과 의지로는 조절할 수 없는 불수의운동이 있다.

47. 자외선의 특징
- 화학선, 건강선이라고도 하며 단파장이다.
- 살균작용 및 소독작용을 하며 혈액작용을 촉진한다.
- 멜라닌 색소를 증가시켜 주근깨나 기미 등이 발생한다.
- 피부에 홍반을 생기게 하여 화상을 입히곤 한다.

48. 천연 자외선흡수제인 우로칸산은 1989년에 면역억제작용이 발표되어 안전성에 문제가 제기되어 지금은 거의 사용하지 않고 있다.

49. 광노화란 햇빛에 항상 노출되는 얼굴, 목, 손등, 팔의 피부에서 관찰되는 피부노화현상을 말한다. 광노화된 피부의 특징은 자연적인 피부노화에 비하여 노화의 정도가 심하고, 일찍부터 노화현상이 시작된다는 것이다.

50. 안드로겐의 분비 정도에 따라 피지 정도도 차이가 난다.

51. 공중위생영업자의 지위를 승계한 자는 1월 이내에 보건복지부령이 정하는 바에 따라 시장, 군수 또는 구청장에게 신고하여야 한다.

52. 이·미용업은 공중위생영업에 속한다.

53. 이·미용 영업자가 공중위생관리법을 위반하여 관계행정기관의 장의 요청이 있을 때에는 6월 이내의 기간을 정하여 영업의 정지 또는 일부시설의 사용중지 혹은 영업소 폐쇄 등을 명할 수 있다.

54. 이·미용 영업소에는 반드시 이·미용 신고증, 면허증원본, 요금표를 게시하여야 한다.

55. 이·미용사의 면허정지를 할 수 있는 자는 시장·군수·구청장이다.

56. 1회용 면도날을 2인 이상의 손님에게 사용한 때의 1차 위반 시 행정처분은 경고이다.

57.
- 미용업자(양수인, 승계인 포함)는 위생교육 실시기관으로부터 매년 3시간의 위생교육을 받아야 한다.
- 위생교육대상자는 공중위생관리법 제2조 및 시행령 제4조의 규정에 의한 숙박업·목욕장업·이용업·세탁업·미용업(일반)·미용업(피부)·미용업(종합)·위생관리용역업을 하고자 하는 자이다.

58. 이·미용사 면허를 받을 수 있는 자
- 고등학교, 전문대학 또는 이와 동등 이상의 학력이 있다고 교육부장관이 인정하는 학교에서 미용에 관한 학과를 졸업한 자
- 교육부장관이 인정하는 고등기술학교에서 1년 이상 미용에 관한 소정의 과정을 이수한 자
- '국가기술자격법'에 따라 미용사(일반) 또는 미용사(피부) 자격증을 취득한 자

59. 신고를 하지 아니하고 영업소의 명칭, 상호 및 영업장 면적의 1/3이상을 변경할 때의 1차 위반 시에는 경고 또는 개선명령의 행정처분을 받았다.

60. 영업정지처분을 받고 그 영업정지기간 중 영업을 한 경우에는 폐쇄명령에 처해진다.

정답과 해설
최신 기출문제

정답

1	2	3	4	5	6	7	8	9	10
①	④	④	②	④	③	②	①	①	③
11	12	13	14	15	16	17	18	19	20
①	③	②	②	③	④	②	③	④	①
21	22	23	24	25	26	27	28	29	30
①	①	①	②	①	③	③	④	②	③
31	32	33	34	35	36	37	38	39	40
③	②	④	②	③	③	③	③	②	①
41	42	43	44	45	46	47	48	49	50
①	①	②	③	②	②	②	④	③	①
51	52	53	54	55	56	57	58	59	60
④	④	①	③	④	④	③	①	③	④

01. 오리지널 세트란 롤이나 핀컬 웨이브 등의 방법으로 두발에 컬을 만드는 것을 말한다.

02. 핑거 웨이브: 세팅로션이나 물을 사용하여 모발을 적신 후에 손가락과 세팅 빗에 의해 형성된 웨이브이다.(포워드와 리버스 방향으로 반복 손동작을 하여 웨이브를 만드는 기법이다.)
※ 핑거 웨이브의 주요 3대 요소: 크레스트(정점), 리지(융기), 트로프(골)

03. 헤어스티머: 따뜻한 스팀 공급을 통해 모발과 두피에 수분을 공급하고 두피의 오래된 각질을 쉽게 제거할 수 있도록 연화시키며 헤어필링이 제대로 작용할 수 있도록 도와주는 역할을 한다.

04. 빗 손질법: 빗살 사이에 때가 가장 많이 끼므로 솔로 털어 내거나 정도가 심할 경우는 비눗물에 닦아 준다. 아주 얇은 것은 부러질 염려가 있으므로 평평한 곳에 올려놓고 손질한다.

05. 블리치제의 조제 비율: 6% 과산화수소 90cc+28%의 암모니아수 3~4cc(30~40방울)의 비율로 제조한다. 이 때 발생하는 산소의 힘을 이용해서 멜라닌색소를 파괴해서 이루어진다.

06. O/W형 유화타입은 기름에 물이 분산된 형태의 화장품으로 리퀴드 파운데이션이 이에 해당한다.

07. ① 플레인 샴푸: 합성세제나 비누를 세정주제로 하여 샴푸제와 물을 사용하여 실시한다.
③ 약산성 샴푸: pH 5.5 모발의 염색제나 토너 성분이 빠지지 않도록 제조되었다. 컨디셔너 성분을 포함하고 있으며 알칼리 성분이 낮고 순하다.
④ 토닉 샴푸: 비듬제거, 두발과 두피의 생리기능을 높인다.(탈모 방지용 제품에 특히 많이 쓰임)

08. 미용의 과정: 소재-구상-제작-보정

09. 커트를 하기 위한 순서: 위그→수분→빗질→블로킹→슬라이스→스트랜드

10. 첩지: 조선시대 왕비를 비롯한 내외명부가 머리를 치장하던 장신구의 하나로 은이나 구리로 만들어 도금해서 썼는데, 왕비는 도금한 용첩지를 쓰고, 비·빈은 도금한 봉첩지, 내외명부는 신분에 따라 도금하거나 흑각으로 만든 개구리 첩지를 썼다.

11. 레이어드 커트: 층층 모양으로 조금씩 단차를 주는 커트방법을 말한다.

12. ① 노멀 테이퍼링: 모발의 양이 보통인 경우 스트랜드 1/2부분에서부터 폭 넓게 테이퍼하는 기법이다.
② 딥 테이퍼링: 모발의 양이 지나치게 많아서 모발의 양이 적게 보이게 하고 싶을 때 사용되는 기법으로 스트랜드의 2/3지점에서부터 테이퍼를 시작하여 많은 양의 모발을 쳐 냄으로써 무겁고 고정된 이미지의 모발에 가벼움과 움직임을 부여한다.
④ 보스 사이드 테이퍼: 가벼운 끝맺음을 하고 싶을 때나 모발의 안쪽, 바깥쪽(표면)양쪽에서 면도날을 써서 테이퍼하는 것을 말한다.

13. 시스테인 퍼머넌트: 제1액의 티오글리콜산 대신 시스테인이라고하는 아미노산을 사용한다. 시스테인은 두발에서 취한 것으로 두발의 손상이 적고 시간이 경과할수록 웨이브를 안정시킨다는 장점이 있으나 웨이브 형성력이 떨어진다.

14. 영구적 염모제에서 제2제는 산화제로 과산화수소가 배합된다. 분해가 쉬우므로 안정제로 킬레이트제, pH조정제 등이 배합된다. 색상을 피질층에 가두는 역할을 한다.

15. 비듬성 두피는 댄드러브 스캘프 트리트먼트를 해야 한다.

16. 샴푸제의 성분 중에 산화제는 포함되어 있지 않다.

17. 부향률은 향수 원액에 대한 알코올의 비율을 말하는 것으로 내가 좋아하는 향수를 구입하여 샤워 후 바디에 나만의 향으로 산뜻하고 상쾌함을 유지시키고자 한다면, 부향률은 1~3% 정도로 하는 것이 좋다.

18. 가위는 가위날이 날렵한 것이 좋다.

19. 측쇄결합에는 시스틴 결합, 염결합, 수소결합 등이 있다.

20. 두발에서 퍼머넌트 웨이브의 형성과 직접적인 관련이 있는 아미노산은 시스틴이다.

21. ② 생물화학적산소요구량(BOD): 오염된 물의 수질을 표시하는 한 지표로 BOD가 높다는 것은 유기물질이 많고 오염도가 크다는 것이다.
③ 화학적산소요구량(COD): 일정한 용적의 수중에 있는 물질을 산화하는 데 요구되는 산소량으로 자연수 중의 피산화물질은 주로 유기물이기 때문에, 생화학적 산소요구량(BOD)과 같이 물의 유기물오염시간의 지표가 된다.

④ **수소이온농도(pH)**: 물질의 산성, 알칼리성의 정도를 나타내는 수치로, 수소 이온 활동도의 척도이다. 용액 1L 속에 존재하는 수소 이온의 몰수를 의미한다.

22. ② 종형
  ㉠ **특징**: 선진국의 소산 소사형에 해당된다.
  ㉡ 유·소년층의 비율이 낮고, 청·장년층 및 노년층의 비율이 높다.
  ㉢ 평균 수명 연장으로 인구의 노령화 현상이 나타나 노인 복지 문제가 대두된다.
  ㉣ 현재 우리나라가 이에 해당한다.
  ③ 항아리형
  ㉠ **특징**: 출산 기피에 따라 출생률이 사망률보다 더 낮아서 인구가 감소하는 형이다.
  ㉡ 유·소년층의 비율이 낮고, 청·장년층 및 노년층의 비중이 크게 나타나 국가 경쟁력 약화가 우려된다.
  ㉢ 일부 선진국에서 나타난다.
  ④ 별형
  ㉠ **특징**: 생산 연령층이 도시 및 근교 농촌 지역에 전입함으로써 나타나는 유형으로 청·장년층의 비율이 높다.
  ㉡ 도시형으로 각종 도시 사회 문제가 유발된다.
  ㉢ 대도시, 위성도시, 신흥 공업도시, 근교촌 등에 나타난다.

23. 보건행정: 국민이 심신의 건강을 유지함과 동시에 적극적으로 건강 증진을 도모하도록 돕는 보건정책을 목표로 하는 행정이며, 구체적으로는 영유아 및 성인에서 노인까지의 보건대책, 성인에서 노인까지의 보건대책, 성인병이나 전염병을 포함한 각종 질병대책, 정신위생대책 등을 그 내용으로 한다.

24. ② **인공능동면역**: 병원성이 없는 병원체를 인위적으로 감염시켜 체내가 능동적으로 면역반응을 나타내는 것이다.
  ① **인공수동면역**: 이미 만들어진 항체를 몸에 주사하여 면역을 주는 것으로 이 방법으로 디프테리아, 파상풍, 가스괴저 등이 있다.
  ③ **자연수동면역**: 태아가 모체로부터 태반을 통해서 항체를 받거나 생후에 모유를 통해서 항체를 받는 방법을 말한다.
  ④ **자연능동면역**: 각종 질환에 이환된 후 형성되는 면역으로서 그 면역의 지속 기간은 질환의 종류에 따라 다르다.

25. 구충증: 십이지장충증으로 통칭되는 질환이며 십이지장충이 공장에 기생하며 피를 빨아먹어 각종 이상 증세가 나타난다.

26. 근육통: 근육통이란 근육에 생기는 통증으로 감염성 질환을 비롯한 수없이 많은 질환이나 장애에서도 근육통은 발생할 수 있다.

27. ① **포도상구균식중독**: 식품 중에서 엔테로톡신을 산생하는 균주에 의해서 일어나는 독소형의 식중독이며, 이 독소는 열에 대한 저항성이 강하여 100℃에서 30분간 가열하여도 독소는 파괴되지 않고, 독소형이기 때문에 잠복기가 비교적 짧아 평균 3시간 정도이며, 주증상은 급성위장염이다.
  ② **병원성대장균식중독**: 설사, 장염을 일으키는 병원성을 가진 대장균으로서 이들 병원성대장균은 유아에게서 증상이 심하며 성인의 경우 오염이 심한 식품을 섭취할 경우 급성장염 등의 증상을 나타낼 수 있다.

④ **보툴리누스균식중독**: 그람양성의 아포를 형성하는 혐기성 간균으로 이 균의 포자가 햄이나 소시지 등의 통조림 등 혐기성 조건하에 있는 식품 속에서 발아·증식하면 균체외독소를 생성하는데, 이것을 먹으면 매우 중증인 식중독(보툴리누스 중독)을 일으킨다.

28. 비타민C 결핍 시 잇몸에서의 출혈, 멍이 잘 생기고, 피부가 거칠어져 잔주름이 늘고, 두통이나 어깨결림, 근육통을 잘 일으키며, 심하면 괴혈증이 발생된다.

29. **무구조충**: 소고기를 덜 익혀 먹었을 때 감염된다.

30. 실내에 다수인이 밀집해 있으면 사람들의 체온 때문에 기온이 상승하며 습도가 증가한다. 또한 사람들이 숨을 내쉴 때마다 이산화탄소가 배출되기 때문에 이산화탄소는 증가하게 된다.

31. 고압처리 멸균법에서 20파운드의 압력에서는 −126.5℃에서 약 15분간 처리한다.

32. 광견병의 병원체는 100~150nm의 RNA 바이러스로서, 각종 동물의 뇌내접종으로서 잘 증식한다.

33. 결핵균은 저온 멸균법으로 멸균해야 한다.

34. 레이저의 면도날은 10일 정도 사용 후에 교체해 주는 것이 좋다.

35. 손소독이나 피부 소독에 사용되는 에틸알코올의 농도는 70%가 적당하다.

36. 수건 소독에 가장 적합한 소독법은 자비 소독이다.

37. B형간염은 혈액이나 체액에 노출되는 경우, 즉 감염자와의 성 접촉 및 주사바늘 등을 같이 사용하는 경우와 B형간염 양성인 혈액 및 혈액제제의 수혈을 통해 전파된다.

38. 소독제의 살균력을 비교할 때 기준이 되는 소독약은 석탄산이다.

39. 크레졸원액 3%를 물 900ml로 만들기 위해 900×0.03=27ml
따라서 크레졸 원액 27ml를 넣은 후 나머지를 물로 채우면 된다.
그러므로 물의 양은 900-27=873ml이다.

40. 소독약의 구비조건
    - 물에 잘 용해될 것
    - 지시된 농도로 희석할 때는 충분한 살균력을 유지할 것
    - 경수나 유기물에 대해 비교적 안정성을 유지할 것
    - 목표 미생물에 대하여만 유효할 것
    - 보관기간 중 약효의 감소가 적을 것
    - 소독대상물을 녹슬게 하는 등의 부작용이 적을 것

41. 케라틴: 머리털·손톱·피부 등 상피구조의 기본을 형성하는 것으로 동물성 단백질에 많이 들어 있다.

42. 노화피부의 특징
- 유분함량의 감소로 인해 피부가 건조해진다.
- 파괴된 콜라겐이 피부를 제대로 지탱해주지 못하기 때문에 탄력이 떨어지고 주름이 생성된다.
- 멜라닌 세포수의 감소와 기능약화로 색소 침착 불균형이 일어나고 얼룩 반점이 생기며 자외선에 대한 방어능력이 저하된다.

43. ① 모낭염: 모낭(피부 속에서 털을 감싸고 영양분을 공급하는 주머니)에서 시작되는 세균 감염에 의한 염증을 말한다.
③ 붕소염: 모낭이 세균에 감염이 되어 노란 고름이 잡히면 모낭염이라고 하는데, 모낭염이 심해지고 커져서 결절이 생긴 것을 붕소염(종기)이라 한다.
④ 티눈: 손과 발 등의 피부가 기계적인 자극을 지속적으로 받아 작은 범위의 각질이 증식되어 원뿔모양으로 피부에 박혀 있는 것을 말한다.

44. 자외선을 차단하면 기미를 예방하는데 도움이 된다.

45. ① 사마귀: 피부나 점막에 유두종 바이러스의 감염이 발생하는 것으로 표피의 과다한 증식이 일어나 임상적으로는 표면이 오돌도돌한 구진이 나타나는 것이다. 심상성사마귀, 족저사마귀, 첨규사마귀, 편평사마귀 등 종류가 다양하다.
③ 한관종: 피부에 생기는 지름 2~3mm의 노란색 또는 살색 작은 혹. 눈밑물사마귀라고도 한다. 진피내 땀샘 분비관의 변화에 의해 생기는 양성종양으로 추정되고 있다.
④ 백반증: 멜라닌 세포의 파괴로 인하여 여러 가지 크기와 형태의 백색 반점이 피부에 나타나는 후천적 탈색소성 질환을 말한다.

46. 멘톨: 박하의 잎에 함유 된 정유의 주성분으로 이른바 박하의 방향 성분. 페퍼민트 같은 청량감이 있는 향기를 가진다. 박하유의 70~90%는 멘톨이다.

47. 랑게르한스 세포: 표피세포의 2~8%를 차지하는 골수 기원성 세포로 사람에게는 500~1,000/mm²존재하며, 피부에 외래항원을 도입하여 림프관으로 이동시켜베일세포가 되는 항원을 세포 내에서 부분분해하고, 이어서 주변의 림프계 기관으로 이동하여 전형적인 수상세포로 분화되는 동시에 T세포에 항원을 제공한다.

48. 필수 아미노산: 단백질의 기본 구성단위로 체내에서 합성할 수 없는 아미노산을 말한다. 필수 아미노산에는 발린, 루이신, 아이소루이신, 메티오닌, 트레오닌, 라이신, 페닐알라닌, 트립토판 등이 있다.

49. AHA필링: 여러 과일에서 추출한 과일산으로 글리콜산(사탕수수 추출물), 젖산(발효우유추출물), 주석산(포도추출물), 능금산(능금추출물), 구연산(감귤추출물) 등이 있다. AHA는 각질세포의 응집력을 약화시켜 자연탈피를 유도한다.

51. 영업신고를 하지 아니하고 영업소의소재지를 변경했을 때에는 영업정지 1월에 처해진다.

52. 청문: 규칙 제정이나 행정처분을 하기에 앞서 관계 전문가 또는 이해관계인으로 하여금 증거를 제출하며, 의견을 진술케 함으로써 사실조사를 하는 절차로 시장·군수·구청장이 미용사의 면허취소·면허정지 처분을 하려는 때에는 '행정절차법'에 따른 청문절차를 거쳐야 한다.

53. 1회용 면도날을 2인 이상의 손님에게 사용하게 하면 안된다.

54. 공중위생영업소를 개설한 자는 부득이한 사유가 없는 한 영업개시 전에 위생교육을 받아야 한다.

55. 공중위생영업의 신고를 하려는 자는 공중위생영업의 종류별 시설과 설비기준에 적합한 시설을 갖춘 뒤 신고서와 서류를 함께 첨부하여 시장, 군수, 구청장에게 제출해야 한다.

56. 공중위생업자가 준수하여야 할 위생관리기준은 보건복지부령으로 정하고 있다.

57. 면허가 취소된 후 계속하여 업무를 행한 자는 300만원 이하의 벌금에 처해진다.

58. 과태료는 대통령령이 정하는 바에 의하여 시장, 군수, 구청장이 부과, 징수한다.

59. 대통령령이 정하는 바에 의하여 관계전문기관 등에 업무의 일부를 위탁할 수 있는 자는 보건복지부장관이다.

60. 미용사는 다음의 어느 하나에 해당하는 경우 면허증의 재발급을 신청할 수 있다.
    • 면허증의 기재사항 중 성명 및 주민등록번호가 변경된 경우
    • 면허증을 잃어버린 경우
    • 면허증이 헐어 못쓰게 된 경우

정답과 해설
최신 기출문제

정답

1	2	3	4	5	6	7	8	9	10
④	①	③	①	③	③	③	②	④	①
11	12	13	14	15	16	17	18	19	20
③	④	③	①	①	①	①	②	③	②
21	22	23	24	25	26	27	28	29	30
②	①	④	④	③	①	①	③	③	①
31	32	33	34	35	36	37	38	39	40
③	④	③	④	③	②	①	③	①	②
41	42	43	44	45	46	47	48	49	50
②	④	④	④	②	②	①	④	②	②
51	52	53	54	55	56	57	58	59	60
③	③	②	③	③	④	②	②	③	①

01. ① 스퀘어 커트: 사각형의 느낌이 가도록 자르거나 두피로부터 90°의 각도로 커트하는 것이다.
② 원랭스 커트: 밑라인을 평행하게(두발을 일직선으로) 자르는 커트로 이사도라, 스파니엘 등이 있다.
③ 레이어 커트: 전체적으로 층이 나 있으며 상부로 올라갈수록 두발이 짧아지고 하부로 갈수록 길어지는 커트로 단차가 큰 커트를 말한다.

02. 고구려 시대
- 얹은머리: 머리를 앞으로 감아 올려 끄트머리를 가운데로 감아 꽂은 모양임
- 쪽머리: 뒤통수에 머리를 낮게 틀어 올린모양이다.
- 중발머리: 뒷머리에 낮게 묶은 모양이다.
- 풍기명머리: 일부머리를 양쪽 귀 옆으로 늘어뜨린 모양이다.
- 민머리: 쪽지지 않은 머리이다.
- 댕기 머리: 두 갈래로 땋아 늘어뜨린 머리이다.

04. 프라이머는 한번 바른 뒤 마른 후에 다시 한 번 발라줘야 한다.

05. 페이스 브러시: 긴 털로 부드럽게 만들어져 백분이나 커트 시 잘린 머리를 제거하는데 사용된다.

06. ① 산성 샴푸: 모발의 안정을 주며 린스가 필요하지 않다.
② 컨디셔닝 샴푸: 강력한 세정력과 부드러운 컨디셔닝 기능 카퍼펩타이드 성분으로 두피문제와 탈모를 개선해주는 샴푸이다.
④ 드라이 샴푸: 물을 사용하지 않는 것으로 환자나 임산부 등 물과 직접적인 접촉이 제한되는 특수한 경우에 사용한다.

07. 미용의 과정
- **소재**: 개성미를 파악하여 연출 시킬 수 있는 첫 단계이다.
- **구상**: 특징을 살려서 계획하는 단계이다.
- **제작**: 자유자재로 표현하는 단계로 제일중요한 단계이다.
- **보정**: 수정, 보완하여 전체적인 조화미를 살리는 단계이다.

08. 과산화수소
- **3%**: 10V 0~1레벨업
- **6%**: 20V 1~2레벨업
- **9%**: 30V 2~3레벨엡
- **12%**: 40V 3~4레벨업

10. 프롱과 그루브의 접촉면이 매끈해서 요철과 비틀어짐이 없는 것이 좋은 아이론이다. 아이론은 프롱은 위쪽, 그루브는 아래쪽으로 향하도록 한다.

11. 수분에 의해 일시적으로 변형되며, 드라이어의 열을 가하면 다시 재결합 되어 형태가 만들어 지는 결합을 측쇄결합이라 하는데 측쇄결합은 수소결합이다.

12. ① **샴푸**: 주로 머리를 감는 데 쓰는 비누로 설폰 화합물을 쓰며 주로 액체로 되어 있다.
② **플레인 린스**: 보통 물이나 따뜻한 물로 헹구는 방법(파마시 중간 린스)으로, 적정한 물의 온도는 38~40℃이다.

13. 콜라겐은 수분 함량이 많아 피부의 재생을 도와주는 효과가 있다.

14. ② **측중선**: 사이드 가르마로 타는 것으로 오른쪽, 왼쪽의 T.P(탑 포인트)~E.P.(이어 포인트) 까지를 말하며, Ear to Ear(이어 투 이어)라고도 한다.
③ **수평선**: E.P.(이어 포인트)의 높이를 수평으로 두른선을 말한다.
④ **측두선**: 대체로 눈끝을 수직으로 세운 머리 앞쪽에서 측중선까지를 말한다.

15. 스퀘어 파트: 이마에서 사이드 파트하여 두정부 근처에서 이마의 헤어 라인에 수평하게 나눈 파트이다.

16. 샴푸의 목적
- 두피와 두발을 청결히 하고 아름다움을 유지하는데 있다.
- 두발의 성상에 따라 시술을 조절함으로서 발육을 촉진한다.
- 혈액의 순환을 촉진시켜 모근을 강화하는 동시에 상쾌감을 준다.
- 두발시술의 기초이다.

17. 건강모발의 pH범위는 4.5~5.5 정도이다.

18. ① 민머리: 쪽지지 않은 머리이다.
② 얹은머리: 머리를 앞으로 감아 올려 끄트머리를 가운데로 감아 꽂은 모양의 머리이다.
③ 풍기병식 머리: 일부머리를 양쪽 귀 옆으로 늘어뜨린 모양이다.

19. 시스틴 결합: 모발내에 14~18%를 차지하고 있는 시스테인 주사슬이 인접한 주사슬 시스테인과 결합된 체계를 말한다. 흔히 말하고 있는 s-s결합을 말하며 황결합 이라고도 한다. 이는 천연, 합성섬유에서 볼 수 없는 측쇄결합이고 케라틴의 성질을 결정하는 중요한 결합이다. 싸이오글리콜산에 의하여 끊어진다.

20. 퍼머 2액의 취소산 염류의 농도는 3~5%이다.

21. ① 안구 진탕증: 무의식적으로 눈이 움직이는 증상으로 한 방향으로는 부드럽게, 다른 방향으로는 경련을 일으키면서 번갈아 움직이는 것이 특징이다. 안구진탕은 반고리관, 이석, 전정 소뇌를 포함한 전정기관 중 한 가지 이상의 손상으로 발생한다.
③ 레이노이드병: 손발이 과도하게 차가운 말초혈관순환장애이다. 혈액이 지나다니는 혈관이 막히거나 선천적으로 작아서 몸의 끝부분(말초)까지 보내는 혈액의 양이 저하되면서 발생한다.
④ 섬유증식증: 미숙아에서는 망막혈관 완성이 부족할 뿐만 아니라 출생시에도 성인혈색소보다 산소친화력이 더 많은 태아혈색소를 80%가지고 있다. 신생아 실명의 가장 큰 원인이며 동막산소압력 증가나 장기적으로 O_2투여로 만삭아 보다 미숙아에게 잘 나타난다.

22. 접촉자의 색출 및 치료가 가장 중요한 질병은 성병이다.

23. ① 회충: 인체에 기생하는 연충의 일종이며, 우리나라에서는 장내 기생충으로서 가장 많이 알려진 것의 하나이다.
② 십이지장충: 주로 열대와 아열대 지방에 흔하며 온대 지방에도 분포한다. 성충은 사람의 소장 윗부분에 기생하고 점막에 달라붙어서 피를 빨며 철결핍성빈혈을 일으킨다.
③ 광절열두조충: 전체길이가 9m에 달하는 대형 촌충. 여러 토막으로 되어 있다. 머리부분에는 두 개의 흡구가 있다. 제1중간 숙주는 물벼룩(수서갑각류), 제2중간 숙주는 연어, 송어 등의 민물고기이다.

24. 보건행정의 정의: 지역사회 주민의 건강을 유지, 증진시키고 정신적 안녕 및 사회적 효율을 도모할 수 있도록 하기 위한 공적인 행정 활동을 말한다. 즉, 국가나 지방자치단체가 주도적으로 수행하는 국민의 건강을 위한 제반활동을 말하는 것이다.

25.
- 생물학적 산소요구량(Biochemical Oxygen Demand: BOD): 오염된 물의 수질을 표시하는 한 지표로 BOD가 높다는 것은 유기물질이 많고 오염도가 크다는 것이다.
- 용존산소(Dissolved Oxygen: DO): 물 또는 용액 속에 녹아 있는 분자상태의 산소량을 말하며 mg/ℓ로 표시한 것이다. DO가 5mg/ℓ 이하가 되면 어패류가 살 수 없는 상태를 나타내는 것이다. 물이 맑으면 BOD 수치는 낮으나 DO 수치는 높다.

26. ① **인공능동면역**: 병원성이 없는 병원체를 인위적으로 감염시켜 체내가 능동적으로 면역반응을 나타내는 것으로 장티푸스, 결핵, 파상풍, 백일해 등이 있다.
② **인공수동면역**: 이미 만들어진 항체를 몸에 주사하여 면역을 주는 것으로 이 방법으로 디프테리아, 파상풍, 가스괴저 등이 있다.
③ **자연능동면역**: 각종 질환에 이환된 후 형성되는 면역으로서 그 면역의 지속 기간은 질환의 종류에 따라 다르다.
④ **자연수동면역**: 태아가 모체로부터 태반을 통해서 항체를 받거나 생후에 모유를 통해서 항체를 받는 방법을 말한다.

27. 포도상구균 식중독은 포도상구균이 생성한 독소에 의해서 일어나는 식중독으로 식품 중에 생산된 독소가 원인물질이다.

28. 야간작업을 계속하게 되면 피로회복 능력은 저하되게 된다.

29. 이·미용소의 실내를 쾌적하게 해주는 습도는 40~70%이다.

30. 실내의 흡연은 환경보전에 영향을 미치는 공해로 보기는 어렵다.

31. **소독**: 사람에게 유해한 미생물을 파괴시켜 감염의 위험성을 제거하는 비교적 약한 살균 작용으로 세균의 포자 까지는 작용하지 못한다.

32. 소독제는 화학적인 결합이 안정된 것이어야 한다.

33. 농도(%)={용질(알코올)}/{용액(물+알코올)}×100
=10/50×100=20%

34. **건열멸균법**: 주로 유리기구의 멸균에 사용된다. 160℃에서 30분간 가열을 계속하거나 180℃까지 상승시켜 오르면 열원을 끊고 그대로 자연스럽게 온도가 내려가는 것을 기다리는 방법이 있다.

35. **역성비누**: 원액을 200~400배 희석하여 손, 식품, 기구 등에 사용하며 무독성이고 살균력이 강하다.

36. ① **승홍수**: 이염화수은의 수용액. 강력한 살균력이 있어 기물의 살균이나 피부 소독에는 0.1% 용액, 매독성 질환에는 0.2% 용액을 쓰며, 점막이나 금속 기구를 소독하는 데는 적당하지 않다.
③ **포르말린**: 메틸알코올을 산화하여 만든 포름알데히드의 37% 전후 수용액으로 무색 투명하고, 강한 자극적 냄새가 있다.
④ **석탄산**: 옛부터 소독약으로써 사용되는 것으로 다른 소독약의 효력을 비교할 때의 표준으로 되어 있다(페놀계수).

37. 음용수의 소독에 사용되는 소독제는 표백분이다.

38. **염소 소독**: 염소 소독제를 물에 넣어 병원균을 사멸시키는 것으로 특히 급속히 여과한 물에는 약간의 세균류가 제거되지 않고 잔류하기 때문에 반드시 여과수를 소독하지 않으면 안된다.

39. 이·미용실의 가위나 레이저 등의 소독에 가장 적당한 약품은 알코올(70~80%)이다.

40. 소독작용에 영향을 주는 것은 세균과의 접촉, 청결, 수분, 농도, 온도, 시간 등이다.

41. • **열량영양소**: 힘을 내는데 쓰는 영양소로 탄수화물, 지방, 단백질이 있다.
- **구성영양소**: 우리 몸을 구성하는 요소로 단백질, 지방, 무기질, 물 등이 있다.
- **조절영양소**: 체내에서 일어나는 반응이나 상태를 조절하는 영양소로 단백질, 무기염류, 비타민 등이 있다.
- **구조영양소**: 신체의 골격 구조와 성능을 유지하는 영양소로 물, 단백질, 지질, 그리고 무기질 등이 있다.

42. 기초화장품의 사용목적
- 피부를 구성하고 있는 가장 기본적인 피부조성의 불균형을 보완해 준다.
- 세정작용, 정돈작용, 보호작용, 영양공급작용을 한다.
- 피부를 정상이 되도록 항상성을 유지하는 것이다.
- 피부를 손질하여 곱게 다듬어 주는 것이다.
- 효율적인 메이크업이 가능하도록 토대를 마련해 준다.

43. ③ **비타민A**: 피부 상피세포의 형성, 재생, 유지에 관여하며 피부의 재생과 노화방지에 효과가 있다.
① **비타민C**: 항산화제 작용, 백내장을 예방한다.
② **비타민E**: 노화를 지연시키고 갱년기 장애, 근무력증을 예방하고 치료한다.
④ **비타민K**: 모세혈관의 벽을 튼튼하게 한다. 피부염과 습진에 효과적이다.

44. 건강한 모발
- **단백질**: 모발은 80% 정도가 단백질의 일종인 케라틴이며 나머지는 멜라닌색소 3%, 지질 1%, 수분 10%, 미량 원소 0.6~1% 정도이다.
- **수분**: 모발은 수분을 흡수하는 성질이 있어 보통 10~15%, 세정직후 30~35%, 드라이 후 10% 정도이며 모발의 손상도가크면 수분보유력이 약화되어 수분량이 적게되며 10%이하의 모발은 건조모이다.
- **pH**: 피부표면의 pH는 피지선과 한선에서 분비되는 분비물에 의해서 결정되는데 대략 pH 4.5~6으로 약산성을 나타나게 되며, 나이가 들면서 알카리성으로 변하게 된다.

45. 글리세린은 화학구조상 물에 잘 섞이며 오랫동안 수분을 유지하는 효과가 있다. 따라서 화장품의 보습제로 사용된다.

46. ① **모표피**: 모발의 가장 바깥 층으로 케라틴이라는 경단백질로 구성되어 있으며 5~15층의 투명하고 엷은 세포가 마치 물고기 비늘 모양으로 겹쳐져 있어 모발 특유의 모양을 하고 있다.
③ **모수질**: 모발의 중심 부위로서 속이 비고 죽어 있는 세포들이 모발의 길이 방향으로 쌓여 내부가 벌집 모양을 한 공공이 있으며 그 속에는 공기가 들어 있고 공기의 양이 많으면 많을수록 모발에 광택을 준다.
④ **모유두**: 모낭 끝에 있는 작은 말발굽 모양의 돌기 조직으로 대부분은 모발을 형성시켜 주는 특수하고 작은 세포층이며 모발 성장을 위해 영양분을 공급해 주는 혈관과 신경이 몰려있다.

47. 안드로겐: 남성 생식계의 성장과 발달에 영향을 미치는 호르몬의 총칭으로 남성호르몬이라고도 한다. 안드로겐은 피지선의 활성을 높여준다.

48. 실리콘 오일: 중합도가 비교적 낮은 액체 상태의 규소 수지. 맛과 냄새가 없는 기름 모양의 액체로, 응고점이 낮고 온도에 따른 점성의 변화가 작다. 기계류의 감마재, 변압기 오일, 석유의 방수제 따위로 쓴다.

49. 피부의 기능: 보호작용, 감각·지각 작용, 배설 및 분비작용, 체온조절작용, 호흡작용, 비타민D의 생산 및 흡수

50. ① 싱글 플로럴: 한 가지 꽃의 향기만 사용하는 향수이다.
③ 우디: 나무의 담백하고 은은한 향을 느끼게 하는 향수이다.
④ 오리엔탈: 이름처럼 주로 동양에서 구할 수 있었던 원료인 무스크(사향), 앰버(용연향), 시벳(영묘향) 등의 동물성향료와 안식향, 유향, 샌달우드, 바닐라 등의 향조가 주로 이용되는 향수이다.

51. 공중위생관리법에서 규정하고 있는 공중위생영업에는 숙박업, 목욕장, 이·미용업, 세탁업, 위생관리용역업 등이 있다. 학원영업은 학원의 설립·운영 및 과외교습에 관한 법률에 포함된다.

52. 보건복지부령이 정하는 특별한 사유의 경우
- 질병으로 인하여 영업소에 나올 수 없는 자에 대하여 이 미용을 하는 경우
- 혼례에 참여하는 자에 대하여 그 의식 직전에 이 미용을 하는 경우
- 시장·군수·구청장이 특별한 사정이 있다고 인정한 경우

53. 공중위생영업자의 지위를 승계한 자로서 규정에 의해 신고를 하지 아니한 자는 6월 이하의 징역 또는 500만원 이하의 벌금에 처해진다.

54. 공익상 또는 선량한 풍속유지를 위하여 필요하다고 인정하는 경우에 이·미용업의 영업시간 및 영업행위에 관한 필요한 제한을 할 수 있는 자는 시·도지사다.

55. 미용사 면허 결격사유에 해당하는 경우

구분	행정처분
금치산자	면허취소
정신질환자(정신질환자이지만 전문의가 미용사로서 적합하다고 인정하는 사람은 제외)	면허취소
공중의 위생에 영향을 미칠 수 있는 전염성 결핵환자	면허취소
마약·대마 또는 향정신성의약품의 중독자	면허취소

56. 200만원 이하의 과태료
- 이·미용업소의 위생관리 의무를 지키지 아니한 자.
- 영업소 외의 장소에서 이용 또는 미용 업무를 행한 자.
- 위생교육을 받지 아니한 자.

57. 이·미용사 면허를 받을 수 있는 경우
- 고등학교, 전문대학 또는 이와 동등 이상의 학력이 있다고 교육부장관이 인정하는 학교에서 미용에 관한 학과를 졸업한 자 및 '학점인정 등에 관한 법률'에 따라 대학 또는 전문대학을 졸업한 자와 동등 이상의 학력이 있는 것으로 인정되어 미용에 관한 학위를 취득한 자
- 교육부장관이 인정하는 고등기술학교에서 1년 이상 미용에 관한 소정의 과정을 이수한 자
- '국가기술자격법'에 따라 미용사(일반) 또는 미용사(피부) 자격증을 취득한 자가 '전자정부법' 제38조제1항에 따른 행정정보의 공동이용에 동의하지 않은 경우

58. 이·미용기구의 소독기준 및 방법을 정한 것은 보건복지부령이다.

59. 신고증과 함께 면허증은 원본을 게시하여야 한다.

60. 위생교육
- 미용업자(양수인, 승계인 포함)는 위생교육 실시기관으로부터 매년 3시간의 위생교육을 받아야 한다.
- 위생교육은 '공중위생관리법' 및 관리 법규, 소양교육(친절 및 청결에 관한 사항 포함), 기술교육, 그 밖에 공중위생에 관하여 필요한 내용을 교육한다.
- 이 경우 위생교육 실시단체는 교육교재를 편찬하여 교육대상자에게 제공해야 한다.
- 영업신고 전에 위생교육을 받아야 하는 자 중 다음 각 호의 어느 하나에 해당 하는 자는 영업 신고를 한 후 6개월 이내에 위생교육을 받을 수 있다.
  - 천재지변, 본인의 질병·사고, 업무상 국외출장 등의 사유로 교육을 받을 수 없는 경우
  - 교육을 실시하는 단체의 사정 등으로 미리 교육을 받기 불가능할 경우
- 위생교육을 받은 자가 위생교육을 받은 날부터 2년 이내에 위생교육을 받은 업종과 같은 업종의 영업을 하려는 경우에는 해당 영업에 대한 위생교육을 받은 것으로 본다.